Boris Iwanschitz

Degradation von Ni-Cermet-Anoden in SOFC Brennstoffzellen

Boris Iwanschitz

Degradation von Ni-Cermet-Anoden in SOFC Brennstoffzellen

Eine Zusammenfassung elektrochemischer und mikrostruktureller Analysen

Südwestdeutscher Verlag für Hochschulschriften

Impressum / Imprint
Bibliografische Information der Deutschen Nationalbibliothek: Die Deutsche Nationalbibliothek verzeichnet diese Publikation in der Deutschen Nationalbibliografie; detaillierte bibliografische Daten sind im Internet über http://dnb.d-nb.de abrufbar.
Alle in diesem Buch genannten Marken und Produktnamen unterliegen warenzeichen-, marken- oder patentrechtlichem Schutz bzw. sind Warenzeichen oder eingetragene Warenzeichen der jeweiligen Inhaber. Die Wiedergabe von Marken, Produktnamen, Gebrauchsnamen, Handelsnamen, Warenbezeichnungen u.s.w. in diesem Werk berechtigt auch ohne besondere Kennzeichnung nicht zu der Annahme, dass solche Namen im Sinne der Warenzeichen- und Markenschutzgesetzgebung als frei zu betrachten wären und daher von jedermann benutzt werden dürften.

Bibliographic information published by the Deutsche Nationalbibliothek: The Deutsche Nationalbibliothek lists this publication in the Deutsche Nationalbibliografie; detailed bibliographic data are available in the Internet at http://dnb.d-nb.de.
Any brand names and product names mentioned in this book are subject to trademark, brand or patent protection and are trademarks or registered trademarks of their respective holders. The use of brand names, product names, common names, trade names, product descriptions etc. even without a particular marking in this works is in no way to be construed to mean that such names may be regarded as unrestricted in respect of trademark and brand protection legislation and could thus be used by anyone.

Coverbild / Cover image: www.ingimage.com

Verlag / Publisher:
Südwestdeutscher Verlag für Hochschulschriften
ist ein Imprint der / is a trademark of
AV Akademikerverlag GmbH & Co. KG
Heinrich-Böcking-Str. 6-8, 66121 Saarbrücken, Deutschland / Germany
Email: info@svh-verlag.de

Herstellung: siehe letzte Seite /
Printed at: see last page
ISBN: 978-3-8381-3496-3

Zugl. / Approved by: Aachen, RWTH, Dissertation, 2012

Copyright © 2012 AV Akademikerverlag GmbH & Co. KG
Alle Rechte vorbehalten. / All rights reserved. Saarbrücken 2012

Degradation von Ni-Cermet-Anoden in SOFC Brennstoffzellen

Zusammenfassung

Der Nachweis der Langlebigkeit von Komponenten der keramischen Hochtemperaturbrennstoffzelle (SOFC) ist ein wesentlicher Bestandteil in der SOFC-Materialentwicklung geworden. Die Nickel-Cermet-Anode ist diesbezüglich eine Schlüsselkomponente, da diese extremen Betriebsbedingungen wie hohen Temperaturen, reduzierenden und oxidierenden Gasatmosphären, hohen Wasserdampfgehalten, externen mechanischen Spannungen usw. ausgesetzt ist. Das Ziel dieser Arbeit war, die mikrostrukturelle Degradation von Nickel-Cermet-Anoden zu untersuchen und mit der Zellleistung zu korrelieren. Die experimentellen Ergebnisse dienen zur Validierung eines Elektrodenmodells zur Vorhersage der Lebensdauer. Die Entwicklung von leistungsfähigen Modellen wird in Zukunft immer wichtiger werden, da die Lebensdauer der Komponenten stetig steigt. Lebensdauervorhersagen können somit den Einsatz von neuen Werkstoffen beschleunigen und dadurch Kosten einsparen. Schwerpunkte der Arbeit wurden auf (1) die elektrochemische Charakterisierung von Zellen mit verschiedenen Anoden unter verschiedenen Betriebsbedingungen gesetzt und (2) die quantitative Analyse der Mikrostrukturen zur Beschreibung der Degradation. Es wurde gezeigt, dass die mehrfache Redox-Zyklierung, im Vergleich zum kontinuierlichen Betrieb, zu einer stärkeren mikrostrukturellen Degradation führt, was die Abnahme der Zellleistung beschleunigt. Eine Verminderung der Degradation wurde durch ein Absenken der Temperatur erreicht. Für Zellen mit Ni/YSZ-Anoden zeigte die Zellleistung, bzw. die Abnahme der Zellleistung mit der Zeit, eine deutliche Abhängigkeit von der Anodenmikrostruktur und der Phasenzusammensetzung. Zellen mit Ni/CGO-Anoden zeigten ein anderes Degradationsverhalten. Die Mikrostrukturen der gealterten Nickel-Cermet-Anoden wurden im Rasterelektronenmikroskop und mittels energiedispersiver

Röntgenmikrobereichsanalyse untersucht und quantitativ ausgewertet. Die offensichtlichen Veränderungen der Mikrostruktur waren die Vergröberung des Nickels, die Zerstörung des keramischen Netzwerkes und die Erhöhung der Porosität. Die Temperaturabhängigkeit der Ni-Agglomeration konnte mit einer Arrhenius-Gleichung beschrieben werden. Daneben spielt der Wasserdampf für den Vergröberungsmechanismus von Nickel eine signifikante Rolle. Diesbezüglich wurde gezeigt, dass nicht nur der Wasserdampfgehalt sondern auch die Menge an Wasserdampf in der Probenkammer die Vergröberung des Nickels beeinflusst. Der Materialtransport erfolgt vermutlich über einen Oberflächendiffusionsprozess, unter Beteiligung des Nickel-Hydroxids. Die Ni-Agglomeration in wasserdampfhaltiger Atmosphäre wurde über einen Zeitraum von 2'000 h im Rasterelektronenmikroskop analysiert und mit einem 4te-Wurzel-Zeit Wachstumsgesetz (Ostwald-Reifung an Oberflächen) beschrieben.

Degradation of Ni-Cermet-Anodes in Solid Oxide Fuel Cells (SOFC)

Abstract

The proof of lifetimes of Solid Oxide Fuel Cell (SOFC) components has become a major issue in SOFC materials research. The Nickel-Cermet-Anode is considered to be a key component, because it is exposed to tough working conditions such as high temperatures, reducing and oxidizing atmospheres, high water vapour contents, mechanical stresses etc. The aim of this work was to experimentally investigate the microstructural degradation of Ni-Cermet-Anodes and to correlate the microstructural parameters to the cell performance. The experimental results serve to validate an electrode model to predict the lifetime of a Ni-Cermet-Anode. The development of such models will become more and more important for the future, because the lifetime of SOFC components is continuously increasing. Lifetime predictions can therefore accelerate the development of new materials and reduce the costs. The major topics considered in this work were (1) the electrochemical characterization of different Ni-Cermet-Anodes under different operating conditions and (2) the quantitative analysis of microstructures to describe the degradation phenomena. It was shown that redox-cycles have a major impact on both the degradation of the microstructure and the cell performance. Both, the microstructural degradation and the decrease in cell performance could be lowered by reducing the operating temperature. For the cells with Ni/YSZ-Anodes the cell performance was clearly influenced by the microstructure and the phase composition. In contrast, cells with Ni/CGO-Anodes showed a different degradation behaviour. Microstructures of aged anodes were investigated by quantitative analysis of scanning electron microscope images and energy dispersive X-ray mappings. The most obvious microstructural changes were the Ni-agglomeration, the destruction of the ceramic backbone and the increase of the porosity. The temperature dependency of the Ni-agglomeration could be described with an Arrhenius-type equation. Furthermore, water vapour was shown to play a significant role for the Ni-agglomeration mechanism. It could be seen, that not only the water vapour concentration but also the amount of water influences the Ni agglomeration. Material transport may occur over a surface diffusion process, where the nickel hydroxide is involved. The Ni-agglomeration in humidified reducing atmosphere was observed over 2'000 hours and described by a $t^{1/4}$-growth law (surface Ostwald-ripening).

INHALTSVERZEICHNIS

Zusammenfassung 1
Abstract 3
INHALTSVERZEICHNIS 5
SYMBOLVERZEICHNIS 8
ABKÜRZUNGSVERZEICHNIS 11
KAPITEL 1: Einleitung 13
    1.1. Problemstellung 16
    1.2. Ziele 17
KAPITEL 2: Stand der Kenntnisse 19
    2.1. Die Brennstoffzelle 19
    2.2. Historie der Brennstoffzelle 21
    2.3. Typen von Brennstoffzellen 25
    2.4. Die Festelektrolytbrennstoffzelle (SOFC) 27
    2.5. Konzepte der SOFC 28
    2.6. Werkstoffe der SOFC 32
        2.6.1. Stromsammler/Interkonnektor 32
        2.6.2. Elektrolyt 34
        2.6.3. Kathode 37
        2.6.4. Anode 39
    2.7. Elektrochemische Grundlagen der SOFC 46
        2.7.1. Strom-Spannungs-Charakteristik 48
        2.7.2. Impedanzspektroskopie 51
    2.8. Degradation der Ni-Cermet-Anode 56
        2.8.1. Einfluss der Betriebsparameter 57
        2.8.2. Degradationsmechanismen in Ni-Cermet-Anoden 64
        2.8.2.1. Materialtransport 64
        2.8.2.2. Deaktivierungsmechanismen 74
        2.8.2.3. Thermomechanische Mechanismen 75
        2.8.3. Einfluss des Stackkonzeptes auf die Degradation 79
        2.8.4. Zusammenfassung zur Degradation von SOFC-Brennstoffzellen ... 80

2.9. Schlussfolgerungen aus der Literaturzusammenfassung für die
Problemstellung der Arbeit und die geplanten Experimente 82
KAPITEL 3: Probenherstellung, Messmethoden und Analytik 85
3.1. Probenherstellung 85
3.2. Messmethoden und Prüfstände 88
3.2.1. Auslagerungen 88
3.2.2. Leitfähigkeitsmessung 90
3.2.3. Elektrochemische Charakterisierung 92
3.3. Analytik 96
3.3.1. Elektronenmikroskopie 97
3.3.2. Lichtmikroskopie 98
3.3.3. Röntgenbeugungsanalyse 98
KAPITEL 4: Ergebnisse und Diskussion 99
4.1. Elektrische und elektrochemische Charakterisierung von Zellen 99
4.1.1. Elektrochemische Charakterisierung und Modellierung
verschiedener Zellen 99
4.1.1.1. Verwendete Messtechniken und Fehlerbetrachtung 100
4.1.1.2. Elektrische und elektrochemische Charakterisierung
verschiedener Zellen 108
4.1.1.2. Impedanzmessungen an symmetrischen Zellen 110
4.1.1.3. Impedanzmessungen an Vollzellen 119
4.1.1.4. Diskussion der Ergebnisse 124
4.1.2. Vergleich der Stabilität von Zellen mit Ni/CG40- und
Ni/8YSZ-Anoden 135
4.1.2.1. Degradation der Zellen unter Redox-Zyklierung 135
4.1.2.2. Degradation der Zelle unter konstanten Betriebsbedingungen ... 150
4.1.2.3. Diskussion der Ergebnisse 153
4.1.3. Einfluss der Ionenleitfähigkeit im Ni-Cermet auf
Elektrochemie und Degradation 162
4.1.3.1. Degradation der Zellen unter Redox-Zyklierung 164
4.1.3.2. Degradation der Zelle unter konstanten Betriebsbedingungen ... 166
4.1.3.4. Diskussion der Ergebnisse 168

4.1.4. Einfluss der Anodenmikrostruktur auf die Elektrochemie und die Degradation 173
4.1.4.1. Degradation der Zellen unter Redox-Zyklierung 177
4.1.4.2. Degradation der Zellen unter konstanten Betriebsbedingungen. 185
4.1.4.4. Diskussion der Ergebnisse 189
4.1.5. Einfluss der Phasenanteile von Nickel und 8YSZ auf die Degradation 205
4.1.5.1. Degradation der Zellen unter Redox-Zyklierung 208
4.1.5.2. Degradation der Zellen unter konstanten Betriebsbedingungen. 217
4.1.5.3. Diskussion der Ergebnisse 218
4.1.6. Übergreifende Zusammenfassung der vorangegangenen Ergebnisse 224
4.2. Degradation der Mikrostruktur 225
4.2.1. Einfluss der Betriebsparameter auf die Veränderungen in der Mikrostruktur 225
4.2.1.1. Einfluss von Wasserdampf auf die Ni-Vergröberung 226
4.2.1.2. Einfluss der Temperatur auf die Ni-Vergröberung 246
4.2.1.3. Einfluss der Stromdichte auf die Degradation der Anodenmikrostruktur 254
4.2.1.4. Diskussion der Ergebnisse 256
4.2.2. Einfluss der Keramik auf die Stabilität des Nickels 270
4.2.2.1. Vergleich der Mikrostrukturen 270
4.2.2.2. Diskussion der Ergebnisse 273
4.2.3. Redox-Stabilität: Modellexperimente, Elektrochemie und Leitfähigkeit 277
4.2.3.1. Redox-Zyklierung an Modellanoden 278
4.2.3.2. Irreversible Volumenausdehnung an realen Anoden 280
4.2.3.3. Charakterisierung von Zellen unter Redox-Beanspruchung: .. 281
4.2.3.4. Diskussion der Ergebnisse 286
KAPITEL 5. Zusammenfassung und Ausblick 295
REFERENZEN 305

SYMBOLVERZEICHNIS

Symbol	Bezeichnung	Einheit/Wert
A	Fläche	[m²]
A_i	spezifische Oberfläche	[m²/kg]
A_i^∞	spezifische Oberfläche nach unendlicher Auslagerungszeit	[m²]
ASR	flächenbezogener Widerstand	[Ω/m²]
c_0	Gleichgewichtskonzentration	[mol/m³]
c_i	Konzentration der Komponente i	[mol/m³]
C_i	Gewichtungsfaktor für die Leitfähigkeitsabnahme	[%]
C	Kapazität	[F]
C_{dl}	Doppelschichtkapazität	[F]
D	Diffusionskoeffizient	[m²/s]
D_0	Diffusionskonstante	[m²/s]
D'_s	Massentransportkoeffizient	[m²/s]
E_A	Aktivierungsenergie	[kJ/mol]
E	E-Modul	[Pa]
e_0	Elementarladung	$1.602177 \cdot 10^{-19}$ [C]
f	Frequenz	[Hz]
F	Faraday-Konstante	96485 [C/mol]
ΔG	freie Enthalpie	[kJ/mol]
ΔH_0	Standard-Reaktionsenthalpie	[kJ/mol]
ΔH	Reaktionsenthalpie	[kJ/mol]
H_i	Heizwert	[J/kg]
I	Strom	Ampere [A]
i	Stromdichte	[A/m²]
j	imaginäre Zahl	dimensionslos
i_0	Austauschstromdichte	[A/m²]
K	Konstante / Gleichgewichtskonstante	dimensionslos
k	Boltzmann-Konstante	$1.38 \cdot 10^{-23}$
k_p	parabolische Zunderkonstante	[m²/s]

KZ	Koordinationszahl	dimensionslos
L	Induktivität	[H]
L	Faktor abhängig von der Diffusionslänge	dimensionslos
l	Länge	[m]
m_i	Masse	[kg]
M	Molmasse	[g/mol]
m	Exponent	dimensionslos
$\dot{m}_{fuel}$	Brenngasmassenstrom	[kg/s]
n	Exponent des Zundergesetztes	dimensionslos
n_0	Anzahl der Fehlstellen pro Oberfläche	[1/m^2]
N_A	Avogadro-Konstante	$6.022 \cdot 10^{23}$ [mol^{-1}]
$\dot{n}$	Molenstrom	[mol/s]
P_{el}	elektrische Leistung	Watt [W]
p_r	Dampfdruck des kleinen Partikels	[Pa]
p_∞	Dampfdruck über der unendlich großen Fläche	[Pa]
Q	Ladung	[A·s]
Q_0	Koeffizient im RQ Element	dimensionslos
R_Ω	ohmscher Widerstand der Impedanz	Ohm [Ω]
R	elektrischer Widerstand	Ohm [Ω]
R	universelle Gaskonstante	8.314 [J/mol·K]
r_0	Radius zum Zeitpunkt 0 h	[m]
r_c	kritischer Radius	[m]
r	Radius	[m]
ΔS	Entropie	[J/mol·K]
T	Temperatur	Klevin [K]
t	Zeit	[h]
U	elektrische Spannung	Volt [V]
U_0	theoretisch maximale Spannung	Volt [V]
U_L	Leerlaufspannung / Nernst-Spannung (OCV)	Volt [V]
V_m	Molares Volumen	[m^3/mol]
x	Dicke / Abstand	[m]
X	Blindwiderstand	Ohm [Ω]

X_L	induktiver Widerstand	Ohm [Ω]
X_C	kapazitiver Widerstand	Ohm [Ω]
Z	Impedanz	Ohm [Ω]
Z'	Realanteil der Impedanz	Ohm [Ω]
Z''	Imaginäranteil der Impedanz	Ohm [Ω]
Z_{RQ}	Impedanz des Konstantphasenelements	Ohm [Ω]
z	Anzahl der Elektronen	dimensionslos
α	Symmetriefaktor	dimensionslos
ε	Ostwald-Reifungskonstante	[m^3/s]
ε_0	elektrische Feldkonstante	[F/m]
ε_i	Dehnung	[%]
ε_r	Permittivität / Dielektrizitätszahl	[F/m]
σ	spezifische Leitfähigkeit	[S/m]
σ	mechanische Spannung	
η_{act}	Aktivierungspolarisation	Volt [V]
$\eta_{el,Sys}$	elektrischer Systemwirkungsgrad	%
η_{therm}	thermodynamischer Wirkungsgrad	%
φ_a	Polarisationsspannung Anode	Volt [V]
φ_c	Polarisationsspannung Kathode	Volt [V]
Ω	Atomvolumen	[m^3]
θ	Winkel	[°]
ω	Kreisfrequenz	[rad/s]
π	Kreiszahl (Pi)	3.1415
ρ	spezifischer Widerstand	[Ω·m]
ρ	Dichte	[kg/m^3]
γ_{SV}	Oberflächenspannung	[J/m^2]
τ	Zeitkonstante	[h]

ABKÜRZUNGSVERZEICHNIS

Abkürzung	Bedeutung
AFC	Alcaline Fuel Cell
APU	Auxiliary Power Unit
ASR	Area Specific Resistance
ASC	Anode supported cell / Anoden gestützte Zelle
BET	Verfahren zur Bestimmung der spez. Oberfläche an Festkörpern nach Brunauer, Emmet und Teller
BSE	Backscattered Electrons
CHP	Combined Heat and Power
CGO	Cer-Gadolinium-Oxid
DMFC	Direct Methanol Fuel Cell
EDX	Energiedispersive Röntgenmikrobereichsanalyse
EMPA	Swiss Federal Laboratories for Materials Science and Technology
ESC	Electrolyte supported cell / Elektrolyt gestützte Zelle
FEM	Finite Elemente Methode
FIB	Focused Ion Beam
KWK	Kraft-Wärme-Kopplung
LSM	Lanthan-Strontium-Manganoxid
MCFC	Molten Carbonate Fuel Cell
MIC	Metallischer Interkonnektor
OCV	Ruhepotential (engl.: Open Circuit Voltage)
PAFC	Phosphoric Acid Fuel Cell
PEFC	Polymer Electrolyte Fuel Cell
PEM	Polymer Electrolyte Membrane
REM	Rasterelektronenmikroskop
ScSZ	Scandium stabilisiertes Zirkonoxid
SE	Secondary Electron
SOFC	Solid Oxide Fuel Cell
TAK	Thermischer Ausdehnungskoeffizient
TPB	Dreiphasengrenze (engl.: Triple Phase Boundary)
XRD	X-ray diffraction = Röntgenbeugung
YSZ	Yttrium stabilisiertes Zirkonoxid

KAPITEL 1: Einleitung

Seit dem Beginn der industriellen Revolution hat sich die durchschnittliche Temperatur der Erde um etwa 0.6°C erhöht. Der Temperaturanstieg selbst hat sich in den letzten 50 Jahren nochmals beschleunigt und wird nach der Meinung vieler Experten im Verlaufe dieses Jahrhunderts um weitere 1.4 bis 5.8°C ansteigen [Bine_03][IPCC_07/a]. Eine breite Mehrheit von Wissenschaftlern sieht den Hauptgrund für die globale Erwärmung in der Verstärkung des natürlichen Treibhauseffektes durch einen vom Menschen verursachten Treibhauseffekt [IPCC_07/a][IPCC_07/b]. Dieser kommt neben der Waldrodung vor allem durch die Verbrennung fossiler Brennstoffe wie Kohle, Öl oder Erdgas zur Erzeugung von Energie zustande. Dabei werden Treibhausgase, insbesondere CO_2 freigesetzt [BMU_07]. Der größte Teil dieser Emissionen ist durch die Industrienationen verursacht [Bine_00].

Voraussichtliche Folgen der Erderwärmung sind die Zunahme extremer Wetterereignisse wie Überflutungen, Stürme und Dürren. Nach heutigen Berechnungen wird das Schmelzen großer Eismassen in diesem Jahrhundert ein Ansteigen der Meeresspiegel um 20 bis 70 cm verursachen. Neben einer zunehmenden Bedrohung für den Menschen entstehen durch den Klimawandel auch erhebliche Kosten. Ein Großteil der internationalen Staatengemeinschaft hat sich daher auf eine Begrenzung der Treibhausgasemissionen im Kyoto-Protokoll geeinigt [KyP_97]. Damit ist der Klimaschutz zu einer der wichtigsten Aufgaben der europäischen Politik geworden. Trotz des Abkommens sind die globalen Treibhausgasemissionen von 1990 - 2004 um 26 % angestiegen. Gründe dafür sind vor allem der hohe Energieverbrauch in den USA sowie der rasant ansteigende Energieverbrauch in den Schwellenländern China und Indien, auf die nahezu zwei Drittel des Mehrverbrauchs entfallen

KAPITEL 1: Einleitung

[BMWI_06]. Der gesamte CO_2-Ausstoß verschiedener Nationen sowie der CO_2-Ausstoß und der Primärenenergieverbrauch pro Einwohner sind in der nachfolgenden Abb. 1-1 zusammengefasst. Die Rohdaten wurden dem deutschen statistischen Bundesamt entnommen [DsB_08]. Dieses Beispiel macht deutlich, dass die Minderung von CO_2-Emissionen ein Problem ist, welches nur durch die internationale Staatengemeinschaft gelöst werden kann.

Die Energie und Klimaprogramme der europäischen Staaten setzen vor allem auf die Steigerung der Energieeffizienz, den Ausbau der erneuerbaren Energien und die Erforschung neuer Energietechnologien [EU_07]. Die europäischen Aktionsprogramme sind Teil der nationalen Klima- und Energiepolitik wie z.B. in Deutschland [BMWI_06][BMWI_07][Bine_00] oder der Schweiz [BfE_09/b][ES_05].

Ein Kernziel der deutschen und schweizerischen Klima- und Energiepolitik ist die Steigerung der Energieeffizienz. Dies soll unter anderem durch eine Modernisierung von bestehenden Anlagen, durch die Sanierung des Gebäudebestandes und den Ausbau der Kraft-Wärme-Kopplung (KWK) zur dezentralen Energieversorgung [BMWI_06][BMWI_07][BfE_09/b] [ES_05] erreicht werden.

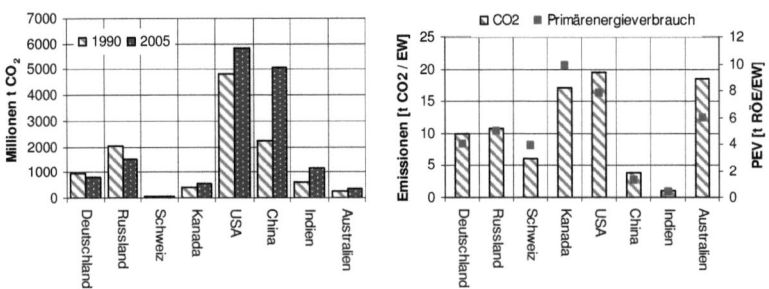

Abb. 1-1 Vergleich von CO_2-Emissionen verschiedener Länder in Mio. Tonnen, 1990 und 2005 (links) und CO_2-Emissionen und

KAPITEL 1: Einleitung

Primärenergieverbrauch (PEV) verschiedener Länder pro Einwohner (rechts), Stand: 2008 [DsB_08].

Eine wichtige Rolle spielt dabei die Weiterentwicklung der verschiedenen Brennstoffzellentechnologien. Wegen der hohen elektrischen Wirkungsgrade (> 60 %) und der kompakten Bauweise (d.h. hohe Leistungsdichten) ist die Brennstoffzelle sowohl für den mobilen, portablen als auch für den stationären Anwendungsbereich interessant [BMWI_06][BfE_09/a]. Brennstoffzellen bieten zudem die Möglichkeit neben dem produzierten Strom auch die Abwärme des Prozesses zu nutzen. Dies gilt insbesondere für den Einsatz der Brennstoffzellentechnologie als Mikro-KWK Anlage für die dezentrale Strom- und Wärmeerzeugung. Mit diesen Anlagen kann beispielsweise der Wärme- und Strombedarf von Personenhaushalten gedeckt werden [BT_08]. Die eingesetzte Primärenergie kann dabei mit > 85 % genutzt werden [Schu_02]. Im Vergleich dazu kann die anfallende Wärme in herkömmlichen Großkraftwerken zur Stromerzeugung oft nicht genutzt werden und wird an die Umwelt abgegeben. Wegen des großen Potentials zur effizienten Energieerzeugung wird die Brennstoffzellentechnologie in zahlreichen nationalen und internationalen Projekten gefördert [Cal_08][BfE_07][RS_08].

Die oxidkeramische Festelektrolytbrennstoffzelle (SOFC) ist ein aussichtsreicher Vertreter der Hochtemperaturbrennstoffzellen, mit der sowohl eine hohe Energieeffizienz als auch eine Dezentralisierung der Energieversorgung erreicht werden kann [Tu_04]. SOFCs können beispielsweise in Form einer Mikro-KWK-Anlage im Leistungsbereich < 10 kW zur Wärme- und Stromversorgung von Wohngebäuden genutzt werden [Cal_08]. Mit der SOFC können die theoretisch höchsten elektrischen Wirkungsgrade unter den Brennstoffzellen erreicht werden.

KAPITEL 1: Einleitung

Ein elektrischer Wirkungsgrad von 68 % (DC) wurde bereits nachgewiesen [Lov_09].

1.1. Problemstellung

Die Marktakzeptanz der oxidkeramischen Hochtemperaturbrennstoffzelle (SOFC) wird durch das Zusammenspiel der drei Faktoren Kosten, Leistung und Lebensdauer bestimmt (siehe Abb. 1-2). Diese Faktoren hängen direkt voneinander ab. Im anwendungsnahen Betrieb wurden beispielsweise Brennstoffzellensysteme gezeigt die bezüglich der Lebensdauer bereits einen akzeptablen Stand erreicht hatten, jedoch nicht kostengünstig hergestellt werden konnten. Andere Systeme konnten hinsichtlich der Kosten und der Leistung optimiert werden, bei jedoch niedriger Lebensdauer.

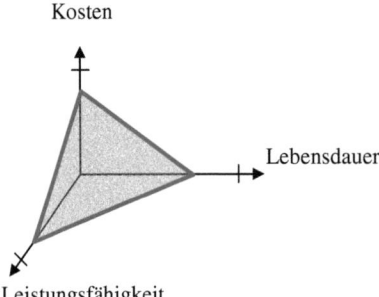

Abb. 1-2 Darstellung des Zusammenspiels der drei wesentlichen Faktoren, welche zur Marktakzeptanz der Brennstoffzellentechnologie beitragen

In planaren SOFC-Brennstoffzellensystemen bleibt die noch zu geringe Lebensdauer von derzeit ca. 8'000 – 24'000 h das größte Hindernis für die breite Nutzung dieser Technologie für den stationären Bereich von

KAPITEL 1: Einleitung

1 - 5 kW. Um diese Technologie gegenüber herkömmlichen Produkten konkurrenzfähig zu machen, muss jedoch eine Lebensdauer von > 40'000 h erreicht werden. Derzeit kommt es während des Brennstoffzellenbetriebs zu einer Abnahme der elektrischen Leistung, bzw. einem Anstieg des flächenspezifischen Widerstandes, über der Zeit. Experimente haben gezeigt, dass die mikrostrukturellen Veränderungen der Materialien (allgemein als Degradation bezeichnet), die während des Betriebes auftreten, eine wesentliche Ursache für den Leistungsverlust der Brennstoffzelle sind. Mikrostrukturelle Analysen von Zellen nach dem Betrieb zeigen, dass viele der Veränderungen im Anodengefüge auftreten [Iw_07][Yok_08]. Dies betrifft vor allem die heute verwendeten Standardmaterialien für die Anode Ni/YSZ und Ni/CGO [Zhu_03]. Anhand der bisherigen Ergebnisse ist davon auszugehen, dass die Kinetik der mikrostrukturellen Degradation bzw. der Leistungsabnahme der Zelle von den Betriebsbedingungen, der ursprünglichen Mikrostruktur, den thermomechanischen Materialdaten und Einflüssen sowie den Stack- und Systemkonzepten abhängt.

1.2. Ziele

Das Ziel dieser Dr. Arbeit ist, die wesentlichen mikrostrukturellen Degradationsmechanismen in Ni-Cermet-Anoden zu beschreiben und eine Korrelation zwischen den mikrostrukturellen Parametern der Ni-Cermet-Anode und der Zellleistung herzustellen. Wesentliche Degradationsmechanismen sind aus heutiger Sicht die Veränderung der Mikrostruktur und der Materialeigenschaften. Experimentell orientiert sich die Arbeit deshalb an folgenden Fragestellungen:

KAPITEL 1: Einleitung

1) Welches sind die wesentlichen mikrostrukturellen Degradationsmechanismen in Ni-Cermet-Anoden, die zur Abnahme der elektrischen Zellleistung beitragen?
2) Durch welche Parameter kann die mikrostrukturelle Degradation beeinflusst werden?
3) Wie können die Materialtransportphänomene beschrieben werden, die zur Veränderung der Anodenmikrostruktur beitragen?

Die experimentellen Ergebnisse dieser Arbeit dienen zur Validierung eines elektrochemischen Mikromodells, welches im Rahmen des schweizerischen SOF-CH Projektes an der Züricher Hochschule für Angewandte Wissenschaften (*ZHAW*) in Zusammenarbeit mit der *Hexis AG*, entwickelt wurde.

KAPITEL 2: Stand der Kenntnisse

Das nachfolgende Kapitel beschreibt den derzeitigen Entwicklungsstand der oxidkeramischen Hochtemperaturbrennstoffzelle (SOFC). Die allgemeinen Grundlagen der Brennstoffzelle werden erläutert, gefolgt von einem historischen Überblick zur Brennstoffzellenforschung sowie einer Klassifizierung der verschiedenen Brennstoffzellentypen. Danach wird auf die Hochtemperaturbrennstoffzelle (SOFC) eingegangen, die Materialien erläutert und die Funktion der Ni-Cermet-Anodenmikrostruktur herausgestellt. Die elektrochemischen Grundlagen der Brennstoffzelle werden erläutert. Abschließend wird auf die Degradationsmechanismen der SOFC, speziell der Ni-Cermet-Anode eingegangen.

2.1. Die Brennstoffzelle

Brennstoffzellen wandeln die in einem Brennstoff (z.B. H_2) chemisch gebundene Energie über eine Reduktions-/Oxidations-Reaktion direkt in elektrische Energie und Wärme um. Diese direkte Umwandlung der Energie ist ein Vorteil gegenüber vielen konventionellen Stromerzeugern, bei denen die chemisch gebundene Energie in der Regel über einen Verbrennungsprozess zunächst in thermische und dann in mechanische Energie umgewandelt wird, bevor diese schließlich über einen Generator in elektrische Energie überführt wird (z.B. Dampfkraftwerk).
Im Vergleich zu den konventionellen Stromerzeugern sind Brennstoffzellen somit nicht durch einen Carnot-Kreisprozess limitiert und können deshalb höhere elektrische Wirkungsgrade erreichen (> 60 % DC). In Brennstoffzellensystemen, welche mit fossilen Brennstoffen betrieben werden, können somit auch geringere CO_2-Emissionen als mit konventionellen Stromerzeugern realisiert werden. Weitere allgemeine

KAPITEL 2: Stand der Kenntnisse

Vorteile der Brennstoffzelle sind die geringen NO_x- und SO_x-Emissionen und die geringe Lärmbelastung [Sing_97]. Brennstoffzellen sind zudem modular aufgebaut und eignen sich zur Kraft-Wärme-Kopplung [Hei_06]. Brennstoffzellen sind galvanische Elemente und bestehen prinzipiell aus zwei Elektroden (Anode und Kathode), die durch einen Ionenleiter, dem Elektrolyten, räumlich voneinander getrennt sind. Je nach Brennstoffzellentyp werden entweder Anionen oder Kationen durch den Elektrolyten transportiert. Diese Ionenleitung ist im Vergleich zur Elektronenleitung mit einem erheblichen Transport von Materie verbunden [Rö_96]. In der keramischen Hochtemperaturbrennstoffzelle (SOFC) ist die Triebkraft für die Wanderung der Ionen der Partialdruckunterschied an Sauerstoff zwischen Kathode und Anode [Sun_07]. Die Elektroden werden von den umzusetzenden Gasen umströmt. Oft wird Wasserstoff als Brenngas auf der Anodenseite und Luft auf der Kathodenseite verwendet. Um einen Kurzschluss zu verhindern, darf der Elektrolyt weder gasdurchlässig noch elektronenleitend sein. Der Umsatz der Gase erfolgt in einer Redox-Reaktion unter Abgabe bzw. Aufnahme von Elektronen in räumlich getrennten Teilreaktionen. Ein äußerer Leiterkreis verbindet die Elektroden miteinander und ermöglicht somit den Elektronenfluss, der den Ionenfluss kompensiert [Zhu_03]. Die Elektrode, an der negative Ladungen (Elektronen) austreten, wird als Anode bezeichnet, diejenige an der die negativen Ladungen eintreten, als Kathode [Ham_75][Ham_81]. Für die Wasserstoff-Sauerstoff-Brennstoffzelle ergeben sich folgende Reaktionsgleichungen:

Gleichung 2-1: $\qquad 2H_2 \rightleftharpoons 4H^+ + 4e^-$
Gleichung 2-2: $\qquad O_2 + 4e^- \rightleftharpoons 2O^{2-}$
Gleichung 2-3: $\qquad 2H_2 + O_2 \rightleftharpoons 2H_2O$

KAPITEL 2: Stand der Kenntnisse

Gleichung 2-1 und Gleichung 2-2 bilden die Teilreaktionen an Anode bzw. Kathode ab. Gleichung 2-3 ist die Summengleichung aus Gleichung 2-1 und Gleichung 2-2. Die nachfolgende Abb. 2-1 veranschaulicht die elektrochemischen Vorgänge in einer oxidkeramischen Hochtemperaturbrennstoffzelle (SOFC).

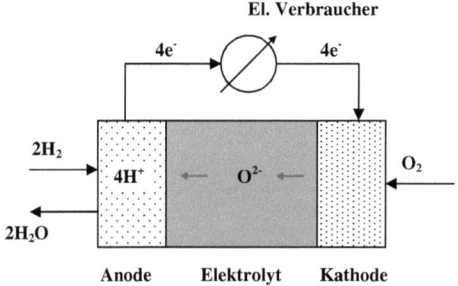

Abb. 2-1: Funktionsweise einer Brennstoffzelle mit einem Sauerstoffionenleiter

2.2. Historie der Brennstoffzelle

Die Entdeckung der Brennstoffzelle reicht etwa 170 Jahre zurück in das Zeitalter der industriellen Revolution. Als Entdecker der Brennstoffzelle gelten Friedrich Schönbein und Sir William Groove [Bos_00]. Zuvor, 1780 legte der italienische Arzt Luigi Galvani die Grundlage für die Entdeckung des galvanischen Elements (Froschschenkelversuch). Die Veröffentlichung seiner experimentellen Erkenntnisse im Jahr 1791 erregte großes Aufsehen, denn man glaubte, man sei der Erklärung der „Lebenskraft" auf der Spur [Her_87]. Alessandro Volta erkannte, dass es für das Zustandekommen einer „galvanischen Aktion" zwei Leiter erster Klasse (Metalle) und einen Leiter zweiter Klasse (Elektrolyt) braucht. Im Jahre 1800 konstruierte

KAPITEL 2: Stand der Kenntnisse

Volta die erste physikalisch brauchbare Stromquelle, die sogenannte „Voltasche Säule" [Her_87]. Dies eröffnete erstmals die Möglichkeit, die Elektrolyse anzuwenden. Davon machte der englische Chemiker Humphry Davy in den Jahren 1807 – 1808 Gebrauch und entdeckte die bis dahin unbekannten Elemente der Alkali- und Erdalkaligruppe. Die Grundlagen der Elektrolyse wurden wenig später vom englischen Physiker und Chemiker Michael Faraday erkannt. Faraday führte auch die Begriffe Elektrolyse, Elektrolyt, Anode, Kathode, Anion und Kation ein.

1838 entdeckte der deutsch-schweizerische Chemiker Christian Friedrich Schönbein das Funktionsprinzip der Brennstoffzelle. Er umspülte zwei Platindrähte in einer Elektrolytlösung mit Wasserstoff bzw. Sauerstoff und stellte eine Spannung zwischen den Drähten fest. 1839 veröffentlichte Schönbein diese Ergebnisse [Bos_00]. Im gleichen Jahr griff der walisische Physiker und Jurist William Robert Grove die Überlegungen auf und setzte diese in die Praxis um. Grove erkannte, dass es sich bei dem von Schönbein entdeckten Phänomen um die Umkehrung der Elektrolyse handelte und dass man auf diese Weise Elektrizität „erzeugen" konnte. Er schaltete mehrere einzelne Elemente in Reihe und nannte seine Vorrichtung Gasbatterie [Hei_06][Bos_00].

Die weitere Entwicklung der Brennstoffzelle war geprägt von äußeren Faktoren. Zunächst erkannte man die Brennstoffzelle als attraktiven Generator für Elektrizität. Die Wirkungsgrade der anderen Technologien waren sehr gering [Per_01]. Die Entdeckung des dynamoelektrischen Betriebs hatte weitreichende Folgen für die Brennstoffzellentechnologie. Werner von Siemens erkannte 1866 die große Bedeutung der Selbsterregung für die Erzeugung elektrischer Energie und baute eine der ersten Dynamomaschinen. 1896 ging in Niagara (USA) das erste Turbinen-Großkraftwerk in Betrieb. In den darauf folgenden Jahren wurden die Wirkungsgrade der anderen Technologien stetig verbessert und das Interesse an der Brennstoffzelle schwand [Per_01]. Erst in den 50er Jahren

KAPITEL 2: Stand der Kenntnisse

erlebte die Brennstoffzellentechnologie durch den „Wettlauf ins All" ihre Renaissance [Per_01]. Die Anforderungen der Raumfahrtindustrie, hohe Effizienz und geringes Gewicht, wurden von der Brennstoffzelle erfüllt [Per_01]. Francis Bacon entwickelte die erste praktisch brauchbare Brennstoffzelle. Diese arbeitete mit Wasserstoff und einem alkalischen Elektrolyten [Hei_06].

General Electric entwickelte eine Niedertemperatur-Brennstoffzelle mit einem perfluorierten sulfonierten Polymer-Elektrolyten, welche Anfang der 60er Jahre im Gemini-Programm zum Einsatz kam [Hei_06]. 1968 wurde die Alkalielektrolyt-Brennstoffzelle im US-Apollo-Programm zur Stromversorgung des Raumschiffs verwendet und in den Folgejahren von der *NASA* weiterentwickelt [Hei_06]. Neben Strom produzierten die Brennstoffzellen Trinkwasser und Wärme [Hau_05]. Seitdem haben viele Institute und Firmen wie *General Electric, Westinghouse, ABB, Siemens* sowie sämtliche Automobilhersteller die Forschung an den verschiedenen Brennstoffzellentypen vorangetrieben.

Abgesehen von einigen Nischenprodukten ist ein kommerzieller Erfolg der Brennstoffzellentechnologie bis heute ausgeblieben. Große technische Fortschritte und Marktkräfte wie Rohstoffknappheit und ein gestiegenes Bewusstsein für umweltfreundliche Technologien lassen die Brennstoffzellentechnologie jedoch weiterhin als eine attraktive Möglichkeit der Stromerzeugung erscheinen [Per_01].

Die oxidkeramische Hochtemperaturbrennstoffzelle mit Festelektrolyt (SOFC): Der Ursprung der SOFC war die Erfindung einer speziellen Glühlampe des deutschen Physikers und Chemikers Walther Nernst, die sogenannte Nernst-Lampe, im Jahr 1897. Der Glühkörper (Nernststift) war nicht wie üblich aus einem Kohlenfaden hergestellt sondern aus einer Mischung von Zirkonoxid und Yttriumoxid. Bei hoher Temperatur fand in Luft ein Transport von Ionen statt und der Nernststift fing an zu glühen.

KAPITEL 2: Stand der Kenntnisse

Die Lichteffizienz der Nernst-Lampe lag fast 80 % höher als die der Kohlenfadenlampe. Wenig später begann der deutsche Chemiker Fritz Haber, die Thermodynamik an Elektroden mit einem festen Elektrolyten zu untersuchen, und patentierte 1905 die erste Festelektrolytbrennstoffzelle [Möb_03]. Baur und Treadwell untersuchten und patentierten eine Brennstoffzelle mit Metalloxid-Elektroden und einem porösen Keramikelektrolyten, in den ein geschmolzenes Salz eingebettet war. 1937 kam Baur nach vielen erfolglosen Versuchen zu der Schlussfolgerung, dass der Elektrolyt dicht sein müsse [Möb_03]. In den Folgejahren begannen die ersten detaillierten Untersuchungen an der SOFC. Motiviert durch die Veröffentlichung von KIUKKOLA und WAGNER [Kiu_57] begannen zahlreiche Aktivitäten im Bereich der Festkörper-Elektrochemie. Zirkonoxid basierte Verbindungen dominierten als Elektrolytmaterial. Nach 1960 stieg die Anzahl an Patenten und Veröffentlichungen zur SOFC in vielen Teilen der Welt. Die *Westinghouse Electric Cooperation* begann mit der Herstellung von Brennstoffzellenstapeln mit flachen und röhrenförmigen Zellen [Möb_03]. Bereits 1964 reichte Spacil ein Patent für die Nickel-Cermet-Elektrode ein [Möb_03]. Zum gleichen Zeitpunkt arbeitete man bei *Brown, Boveri & Cie (BBC)* an der Entwicklung von Elektrodenwerkstoffen aus Oxiden. $LaMnO_3$ dotiert mit Sr stellte sich als passende Kathodenzusammensetzung heraus und wird als solche bis heute verwendet.

Heute gibt es zahlreiche Aktivitäten im Bereich der oxidkeramischen Hochtemperaturbrennstoffzelle, vor allem in Europa, den USA, Japan und Australien. Der Trend in der Forschung geht in Richtung dünnerer und/oder leitfähigerer Elektrolyten, die eine Absenkung der Betriebstemperatur möglich machen und so den Einsatz von kostengünstigeren Materialen ermöglichen. Außerdem werden derzeit vollkeramische Anodenmaterialien entwickelt, die eine erhöhte Stabilität unter den vorherrschenden Betriebsbedingungen aufweisen.

KAPITEL 2: Stand der Kenntnisse

2.3. Typen von Brennstoffzellen

Im wesentlichen gibt es fünf Typen von Brennstoffzellen. Diese werden in der Regel nach dem Elektrolytmaterial eingeteilt. Die wesentlichen Merkmale der einzelnen Brennstoffzellentypen sind in der nachfolgenden Tab. 2-1 zusammengefasst.
AFC und PEFC (PEM) gehören zu den Niedertemperaturbrennstoffzellen. Sie werden meist für portable und mobile Anwendungen eingesetzt [Bad_95]. Während die Ionenleitung in der AFC über das Hydroxid-Ion stattfindet, ist die PEFC ein Protonenleiter. Für die AFC und die PEFC werden in der Regel teure Platinkatalysatoren eingesetzt. Bei der Verwendung von kohlenstoffhaltigen Brenngasen ist insbesondere die Entstehung von CO problematisch. Kohlenmonoxid wirkt als Katalysatorgift für Platin [Zah_04]. Eine Variante der PEFC ist die Direct Methanol Fuel Cell (DMFC). Die DMFC kann mit einer flüssigen oder dampfförmigen Methanol-Wasser-Mischung arbeiten [Zah_04]. Einsatz findet die PEM-Brennstoffzelle beispielsweise im NECAR und NEBUS Projekt der *Daimler AG* sowie bei vielen anderen Automobilherstellern. Ein Mikro-KWK-Gerät mit PEM-Brennstoffzelle wird beispielsweise von der Firma *Baxi-Innotech GmbH* entwickelt.
Die PAFC ist eine Mitteltemperatur-Brennstoffzelle, wobei die Ionenleitung über das Proton erfolgt. Auch in der PAFC wird Platin als Katalysator eingesetzt. Prototypen mit einer Leistung von 200 kW_{el} und 220 kW_{th} und einem elektrischen Wirkungsgrad von 40 % wurden bereits getestet [Zah_04]. Mit der PAFC lassen sich bereits heute 50'000 Betriebsstunden nachweisen. Ein Hersteller von PAFC-Brennstoffzellensystemen ist die Firma *UTC Power*, welche Produkte für den mobilen und stationären Anwendungsbereich entwickelt.

KAPITEL 2: Stand der Kenntnisse

Tab. 2-1: Die verschieden Bennstoffzellentypen [Prim_99/D][Zah_04]

	Niedertemperatur-BZ		Mittel-temperatur-BZ	Hochtemperatur-BZ	
	Alcaline Fuel Cell	Polymer Electrolyte Fuel Cell	Phosphoric Acid Fuel Cell	Molten Carbonate Fuel Cell	Solid Oxide Fuel Cell
Abkürzungen	**AFC**	**PEFC (PEM)**	**PAFC**	**MCFC**	**SOFC**
Elektrolyt	KOH	Polymer, z.B. Nafion	H_3PO_4	Li_2CO_3 + K_2CO_3	Stabilisiertes ZrO_2 oder CeO_2
Diffundierendes Ion	OH^-	H^+	H^+	CO_3^{2-}	O^{2-}
Brenngas	H_2	H_2, MeOH	H_2	H_2, CH_4, CO	H_2, CH_4, CO
Temperaturniveau	60-100°C	80-240°C	200°C	650°C	700-1000°C
Effizienz	40%	40%	40%	60%	60%

MCFC und SOFC sind die Vertreter der Hochtemperaturbrennstoffzellen [Bad_95]. Wegen der hohen Temperaturen eignen sich MCFC und SOFC neben der Stromproduktion insbesondere auch zur gleichzeitigen Erzeugung von Prozessdampf und zur Kraft-Wärme Kopplung. Dadurch lassen sich hohe Gesamtwirkungsgrade erzielen. SOFC und MCFC sind wegen der hohen Betriebstemperaturen besonders für stationäre Anwendungen attraktiv, können aber auch in mobilen Anwendungen als Bordaggregat (APU = Auxiliary Power Unit) eingesetzt werden. Der

KAPITEL 2: Stand der Kenntnisse

Leistungsbereich variiert von kW bis MW. Bei der MCFC erfolgt die Ionenleitung über das Carbonation, bei der SOFC über das Sauerstoffion. Ein Hersteller von MCFC-Systemen ist die Firma *MTU CFC Solutions*, die eine Anlage mit 345 kW$_{el}$ für den stationären Bereich entwickelt haben. SOFCs werden als Mikro-KWK-Anlagen beispielsweise von den Firmen *CFCL* und *Hexis AG* hergestellt.

2.4. Die Festelektrolytbrennstoffzelle (SOFC)

Die oxidkeramische Hochtemperaturbrennstoffzelle, auch Festelektrolytbrennstoffzelle (engl.: Solid Oxid Fuel Cell / SOFC), arbeitet je nach Konzept bei Temperaturen zwischen 700 - 1000°C. Die hohen Betriebstemperaturen sind bedingt durch die Ionenleitfähigkeit des Elektrolyten, welche mit steigender Temperatur exponentiell zunimmt. Alle Komponenten einer SOFC bestehen aus Feststoffen. Stand der Technik ist derzeit eine Zelle mit einem Elektrolyt aus Yttrium stabilisiertem Zirkoniumdioxid (YSZ) oder Scandium stabilisiertem Zirkoniumdioxid (ScSZ), einer Ni-Cermet-Anode und einer Perowskit-Kathode aus Lanthan-Strontium-Manganoxid (LSM). Beide Elektroden sind porös. Somit können die Gase an die Grenzfläche Elektrode/Elektrolyt gelangen, wo die elektrochemischen Teilreaktionen stattfinden. Der Stromsammler verbindet Anode und Kathode elektrisch. Im planaren Konzept werden so mehrere Zellen zu einem Zellstapel (engl.: Stack) in Reihe geschaltet. Die Vorteile der Festelektrolytbrennstoffzelle sind nachfolgend aufgelistet:

- höchste elektrische Wirkungsgrade unter den Brennstoffzellen (68 % DC) [Lov_09]
- Potenzial für Lebensdauern von 40'000 – 80'000 h [Tu_01][Sing_97]
- Verfügbarkeit der Rohstoffe, keine edlen Metalle für die Katalyse [Tu_01]

KAPITEL 2: Stand der Kenntnisse

- Mit der Kraft-Wärme-Kopplung lassen sich Gesamtwirkungsgrade von > 85 % realisieren [Tu_01][Zhu_03][Schu_02]
- Flexibilität des Brenngases [Zhu_03]
- Die interne Reformierung von Kohlenwasserstoffen ist möglich [Tu_01]

2.5. Konzepte der SOFC

Die derzeitigen SOFC-Konzepte unterscheiden sich vor allem in der Art der Zellen und in der Art der Dichtung. Die zwei grundlegenden Zellkonzepte der Festelektrolytbrennstoffzelle sind das planare und das tubulare Zellkonzept.

Tubulare Zellen werden in Typen mit einem großen Durchmesser > 15 mm und mikrotubulare Zellen (< 5 mm) unterschieden [Ken_03]. Sie sind stabiler gegen mechanische und thermische Beanspruchungen als planare Zellen [Möb_03]. Eine Lebensdauer von > 60'000 h und niedrige Degradationsraten wurden bereits erfolgreich demonstriert [Sing_97].

Zahlreiche moderne Fertigungstechnologien wie z.B. Sprühtechniken, Siebdruck oder Foliengießen versprechen jedoch eine kostengünstigere Produktion der planaren Zellen [Möb_03]. Weitere potenzielle Vorteile des planaren Konzeptes sind:

- Die höheren volumetrischen Leistungsdichten [Tu_01]
- Die kompaktere Bauweise
- Die hohe Effizienz [Tu_01]
- Die Möglichkeit einer Temperaturabsenkung unter 800°C [Tu_01]

Konzepte der planaren Zellen unterscheiden sich in ihren Trägermaterialien, welche für die mechanische Stabilität der Zelle verantwortlich sind. Die gebräuchlichsten Konzepte sind die Elektrolyt

KAPITEL 2: Stand der Kenntnisse

gestützte Zelle sowie die Anoden und Kathoden gestützte Zelle. Eine Übersicht verschiedener Zellkonzepte ist in Abb. 2-2 dargestellt.

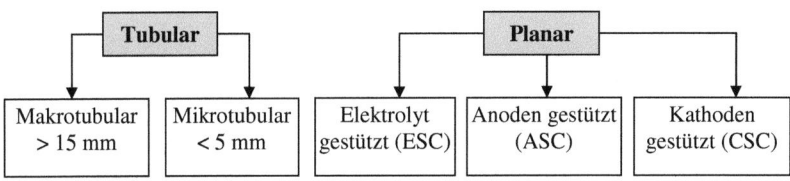

Abb. 2-2: Die gebräuchlichsten SOFC-Konzepte

Bei der Elektrolyt gestützten Zelle ist der keramische Elektrolyt mit einer Dicke von 100 - 200 µm die tragende Komponente. Die ohmschen Verluste, verursacht durch die Ionenleitung, sind im Vergleich zu den ohmschen Verlusten der Elektroden gestützten Zellen hoch. Bei der Anoden gestützten Zelle ist der Elektrolyt lediglich 5 – 20 µm dick.

Dem Stromsammler kommt im planaren Konzept eine besondere Bedeutung zu. Er ist nicht nur die elektrische Verbindung zwischen Anode und Kathode sondern außerdem der Gasverteiler über der Zelle. Der Stromsammler macht die Reihenschaltung von Zellen zu einem Zellstapel möglich [Ken_03]. Zellen im planaren Design sind entweder gedichtet oder dichtungsfrei integriert. Insbesondere für Anoden gestützte Zellen mit Ni-Cermet-Anoden ist in der Regel eine Dichtung notwendig, da es sonst bei einem Betriebsunterbruch zum Re-Oxidieren des Nickels in der Anode kommen würde. Die damit verbundene Volumenausdehnung des Nickels führt zu Rissen im dünnen Elektrolyten.
Die nachfolgenden Abb. 2-3 zeigt Produkte der drei wesentlichen Zellkonzepte der SOFC.

KAPITEL 2: Stand der Kenntnisse

Abb. 2-3: Verschiedene Zellkonzepte, links: Anoden gestützte Zelle (*Haldor Topsoe*), mitte: Elektrolyt gestützte Zelle mit Stromsammler (*Hexis AG*), rechts: tubulares Konzept (*Siemens-Westinghouse*).

Im *Hexis* Stackkonzept sind planare Elektrolyt getragene Zellen in ein offenes Zellkonzept integriert. Dies erfordert die Redox-Stabilität des Anodenmaterials [Voi_04]. Der Elektrolyt ist 140 µm dick und aus 3YSZ bzw. 6ScSZ (160 µm) hergestellt. Die Anode besteht aus einer Mischung von Nickel und Cer-Gadolinium-Oxid (Ni/CGO), die Kathode aus Lanthan-Strontium-Manganoxid ((La,Sr)MnO$_3$). Der Stromsammler besteht aus einer chromhaltigen Legierung (Cr-5Fe-1Y$_2$O$_3$) und wird auf pulvermetallurgischem Weg von der *Plansee Gruppe* hergestellt.

Als Brenngas wird Erdgas verwendet, welches in einem Katalysator über die partielle Oxidation von Methan im wesentlichen in die Bestandteile H$_2$, und CO gespalten wird. Einzelheiten über das *Hexis* Konzept finden sich in [Schu_04][Voi_04][Hei_06].

Die Lebensdauern von verschiedenen Herstellern von SOFC-Zellen, Stacks und Brennstoffzellensystemen sind in der nachfolgenden Tab. 2-2 zusammengefasst. Die Daten wurden meist den aktuellen Veröffentlichungen entnommen. Die bisher erreichten Lebensdauern zeigen, dass es mit den vorhandenen Materialien prinzipiell möglich erscheint eine Lebensdauer von > 40'000 h zu erreichen.

KAPITEL 2: Stand der Kenntnisse

Tab. 2-2: Erreichte Lebensdauern von SOFC-Brennstoffzellen, Stacks und Systemen von verschiedenen Herstellern

Hersteller	Lebens-dauer [h]	Leistung [kW]	Zelle	Anzahl Zellen	Temp. [°C]	Brenngas	Deg. Rate [%/1'000h]	Ref.
Westinghouse	69'000	k.A	Tube	1	k.A	k.A	0.5 (V[1])	[Sing_97]
Osaka Gas & Westinghouse	13'000	25	Tube	576 (59-50 cm)	900	Erdgas	k.A	[Yoko_97]
SOFC Power/ HT Ceramics	>5'000	k.A	ASC	1 (50 cm^2)	800	H_2/H_2O, H_2/CO	1 (V)	[JvH_09]
Hexis AG	23'000	1	ESC	60 (100 cm^2)	900	Erdgas	1.9 (P[2])	[Schu_10]
CFCL	10'000	1	ASC	k.A	750	H_2/H_2O	0.4 (V)	[Lov_09]
FZ Jülich	>15'000	k.A	ASC	2 (100 cm^2)	700	H_2/H_2O	0.75-1 (V)	[Stb_09]
Osaka Gas & Kyocera	27'000	0.7	Tube	50	750	Erdgas	k.A	[Suz_09]
Versa Power	>5'000	10	ASC	64 (550 cm^2)	700	Reformat	2.6 (V)	[Bor_09]
Staxera & HC Starck	8'000	k.A	ESC	30	≥800	Reformat	0.4 (P)	[Hui_08]
Topsoe Fuel Cells	14'000	k.A	ASC	1	750	k.A	2 (V)	[Stb_07]
Delphi Corp.	3'000	1.53	ASC	30 (142 cm^2)	750-800	$H_2/H_2O/N_2$	k.A	[Muk_09]

[1] (V) = Spannungsdegradation

[2] (P) = Leistungsdegradation

2.6. Werkstoffe der SOFC

Die Werkstoffe des Zellstapels sind extremen Anforderungen ausgesetzt. Sie müssen Temperaturen von 700 – 1000°C, Gas- und Temperaturgradienten, Redox- und Thermozyklen standhalten. Anodenseitig können Wasserdampfgehalte von über 80 % auftreten. Schwefelhaltiges Erdgas und Kohlenstoffbildung stellen weitere Herausforderungen an die Materialien.

Nachfolgend werden die typischen Werkstoffe in planaren Elektrolyt gestützten SOFC-Systemen beschrieben.

2.6.1. Stromsammler/Interkonnektor

Je nach Einsatztemperatur wird der Stromsammler (engl.: interconnector) aus Chromiten, chromhaltigen Pulvern oder ferritischen Stählen angefertigt. Man unterscheidet die keramischen und die metallischen Stromsammler [And_03].

Neben seiner Funktion als Elektronenleiter dient der Stromsammler außerdem als Gasverteiler. Die resultierende Struktur ist ein Kompromiss aus Gaskanälen und Kontaktflächen. In der Regel beträgt die Kontaktfläche zwischen Stromsammler/Zelle nicht mehr als 50 %.

Anforderungen an den Stromsammler: [And_03][Frei_05]
- Hohe elektronische und niedrige ionische Leitfähigkeit
- Chemische Beständigkeit im Anoden- und Kathodengas
- Thermischer Ausdehnungskoeffizient nahe der übrigen Zellkomponenten
- Hohe mechanische Stabilität
- Hohe thermische Leitfähigkeit

KAPITEL 2: Stand der Kenntnisse

- Chemische Kompatibilität mit anderen Zellkomponenten
- Gute Formbarkeit des Materials
- Undurchlässig für Gase
- Geringe Abdampfung von Elementen wie bspw. Cr
- Gute Haftung von Oxidschichten, welche sich während dem Betrieb aufbauen, auch bei Thermozyklierung

Keramische Stromsammler: Keramische Stromsammler werden aus Lanthan- oder Yttrium-Chromit ($YCrO_3$ und $LaCrO_3$) hergestellt und meist für höhere Temperaturen (900 - 1000°C) verwendet. Die elektrische Leitfähigkeit, welche bei 1000°C größer als 1 S/cm sein sollte, sowie der thermische Ausdehnungskoeffizient können durch Dotierungen mit den Elementen (Ca, Sr, Mg, Co) angepasst werden. In reduzierender Atmosphäre kommt es bei verschiedenen Verbindungen zur Gitterausdehnung. Ein Problem ist die niedrige Wärmeleitfähigkeit der keramischen Stromsammler in der Größenordnung von 1.5 - 2 W/(mK) [And_03].

Metallische Stromsammler: Metallische Stromsammler werden zu einer kostengünstigen Alternative bei der Absenkung der Betriebstemperatur der SOFC auf 900°C. Die Vorteile gegenüber dem keramischen Stromsammler sind vor allem die geringeren Kosten für das Material und die Herstellung, die bessere Verformbarkeit, die hohe Elektronen- und Wärmeleitfähigkeit sowie die chemische Beständigkeit in reduzierender und oxidierender Atmosphäre. Unter den metallischen Stromsammlern sind Chrom-Legierungen und ferritische Stähle die bedeutendsten Werkstoffe [And_03]. Stromsammler mit der Chrom-Legierung Cr 5Fe 1Y_2O_3 (CFY) werden von der *Plansee Gruppe* hergestellt. Der thermische Ausdehnungskoeffizient (TAK) ist an den des YSZ-Elektrolyten angepasst. Die kostengünstigste Herstellung des CFY-Stromsammlers erfolgt auf

KAPITEL 2: Stand der Kenntnisse

pulvermetallurgischem Weg. Cr 5Fe 1Y_2O_3 wird für Temperaturen bis 950°C eingesetzt [Frei_05].

Ferritische hochlegierte Stähle sind im Vergleich zu den Chrom-Legierungen wesentlich kostengünstiger in Bezug auf den Rohstoff. Die ferritischen Interkonnektoren können in der Regel jedoch nur für niedrigere Temperaturen bis ≤ 850°C eingesetzt werden, d.h. bevorzugt für ASE-Zellen. Der thermische Ausdehnungskoeffizient kann in diesem Fall an den der Ni/YSZ-Anode angepasst werden [And_03]. Derzeit werden z.b. die Werkstoffe Crofer 22 APU (*ThyssenKrupp*) und ITM (*Plansee Gruppe*) intensiv untersucht. Metallische Stromsammler haben zwei wesentliche Nachteile:

a) in wasserdampfhaltigen Atmosphären bilden sich flüchtige Cr-Verbindungen. Diese lagern sich z.B. an der Grenzschicht Kathode/Elektrolyt ab und können die katalytisch aktiven Zentren blockieren [And_03].

b) das Wachstum einer Cr-Oxidschicht auf dem Stromsammler führt zu einem signifikanten Anstieg des ohmschen Widerstandes [And_03].

Zur Minimierung der Cr-Abdampfung des Oxidwachstums werden Schutzschichten auf den metallischen Stromsammler aufgebracht, vorzugsweise auf die Kathode. Diese bestehen z.B. aus (Y,Ca)MnO_3 oder (La,Sr)MnO_3 [And_03]. Zudem wurden auch $CuMn_{1.9}Fe_{0.1}O_4$, $MnCo_2O_4$ und $MnCo_{1.9}Fe_{0.1}O_4$ als alternative Schutzschichten untersucht [Kie_07/D].

2.6.2. Elektrolyt

Der Elektrolyt ist die ionenleitende Komponente der Brennstoffzellen. Bei der SOFC wird die elektrische Ladung über das O^{2-}-Ion von der Kathode zur Anode transportiert. Die Triebkraft für den Ionentransport ergibt sich

KAPITEL 2: Stand der Kenntnisse

durch den Unterschied des Sauerstoffpartialdrucks zwischen Anode und Kathode [Sun_07]. Die Anforderungen an den Elektrolyten sind: [Sam_03]
- chemische Stabilität in oxidierender und reduzierender Atmosphäre
- Gasdichtheit
- hohe ionische und geringe elektronische Leitfähigkeit bei Betriebstemperatur
- mechanische Stabilität im Falle der Elektrolyt gestützten Zelle

Bis heute ist stabilisiertes Zirkonoxid, insbesondere Yttrium stabilisiertes Zirkonoxid (YSZ), das favorisierte und am häufigsten verwendete Elektrolytmaterial für die SOFC. Die Eigenschaften des YSZ sind jedoch stark von der Dotierung mit Y_2O_3 abhängig. Beispielsweise wird 8YSZ wegen seiner hohen ionischen Leitfähigkeit eingesetzt und 3YSZ wegen seiner hohen mechanischen Stabilität. Für die elekrolyt getragenen Zellen zeichnet sich heute ein Trend zu Scandium stabilisiertem Zirkonoxid ab, weil sich dadurch die Leitfähigkeit des Ionenleiters deutlich erhöhen lässt.

Reines Zirkonoxid hat eine geringe ionische Leitfähigkeit und durchläuft mehrere Phasenumwandlungen. Bei Raumtemperatur liegt die monokline Modifikation vor, die sich bei 1170°C in die tetragonale und bei 2370°C in kubische Modifikation umwandelt. Die Phasenumwandlungen sind mit einer Volumenänderung verbunden und machen reines ZrO_2 somit als Elektrolyt unbrauchbar [Mai_04/D]. Die Phasenänderung tetragonal/monoklin ist mit einer Volumenänderung von ca. 5 – 8 % verbunden [Du_51][Tel_01].

Durch Dotierung eines di- oder trivalenten Metalloxids (Y_2O_3, Yb_2O_3, Sc_2O_3, CaO, MgO) kann die tetragonale oder kubische Phase vom Hochtemperaturbereich bis zur Raumtemperatur stabilisiert werden [Bad_95][Sam_03]. Weiterhin werden durch die Dotierung Sauerstoffleerstellen zur Ladungskompensation im ZrO_2-Gitter gebildet.

KAPITEL 2: Stand der Kenntnisse

Diese führen zur hohen Beweglichkeit der Sauerstoffionen im Feststoff [Naka_86][Tel_01]. Die Leitfähigkeit von dotiertem Zirkonoxid nimmt in Abhängigkeit von der Dotierung in der Reihenfolge Sc_2O_3, Yb_2O_3, Gd_2O_3, Y_2O_3 und CaO ab. Mit steigender Temperatur nimmt die ionische Leitfähigkeit exponentiell zu und kann deshalb vereinfacht über eine Arrhenius-Gleichung abgeschätzt werden [Tel_01].

Löst man Yttriumoxid (Y_2O_3) in der Fluoritstruktur von ZrO_2, so kann die Defektgleichung nach Kröger-Vink (Gleichung 2-4) aufgestellt werden. Durch die Dotierung mit Y_2O_3 entstehen im ZrO_2-Kristallgitter je zwei einfach negativ geladene Gitterplätze ($2Y'_{Zr}$) an denen das dreifach positiv geladene Yttriumatom das vierfach positiv geladene Zirkonatom ersetzt. Die beiden negativen Ladungen werden durch eine zweifach positiv geladene Fehlstelle kompensiert (V¨).

Gleichung 2-4: $\qquad Y_2O_3 \xrightarrow{ZrO_2} 2Y'_{Zr} + V_O^{\bullet\bullet} + 3O_O$ [Tel_01]

Die Abnahme der ionischen Leitfähigkeit von Scandium dotiertem Zirkonoxid (ScSZ) und YSZ wurde beispielsweise von HAERING [Hae_01/D] und MÜLLER [Mü_04/D] gemessen. Es sei auch erwähnt, dass die tatsächlich messbare Abnahme der ionischen Leitfähigkeit mit zunehmender Elektrolytdicke zunimmt und somit insbesondere für die Elektrolyt-gestützten Zellen zu beachten ist. Die Abnahme der Leitfähigkeit von diversen Elektrolytmaterialien wurde von MÜLLER [Mü_04/D] mit der nachfolgenden Gleichung 2-5 an die Messdaten gefittet. MÜLLER geht davon aus, dass die Elektrolytdegradation von zwei Prozessen dominiert wird. Demnach ist σ_∞ der Leitfähigkeitswert, der sich nach unendlicher Zeit einstellen würde und der niemals unterschritten wird. C_i ist ein Faktor, der die Anteile eines Degradationsprozesses an der Abnahme der Leitfähigkeit gewichtet, τ eine Zeitkonstante und t die Zeit.

KAPITEL 2: Stand der Kenntnisse

Gleichung 2-5: $\sigma = \sigma_\infty + C_1 \cdot \exp(-t/\tau_1) + C_2 \cdot \exp(-t/\tau_2)$

Als alternative Elektrolytmaterialien für tiefere Temperaturen wurde dotiertes Ceroxid vorgeschlagen und untersucht [Yas_98]. Es besitzt wie Zirkonoxid die Fluoritstruktur. Sauerstofffehlstellen werden durch Dotierungen mit dreiwertigen Oxiden wie Sm_2O_3, Gd_2O_3 oder Y_2O_3 erzeugt [Sam_03][Mog_00]. Bei hohen Sauerstoffpartialdrücken besitzen Ceroxidbasierte Ionenleiter fast ausschließlich ionische Leitfähigkeit. Bei niedrigen Sauerstoffpartialdrücken (Anodenseite) wird Ce^{4+} zu Ce^{3+} reduziert [Mog_91][Mog_94][Yas_98]. Dadurch kommt es zu einer Volumenausdehnung [Mog_94][Yas_98] und zum Anstieg der elektronischen Leitfähigkeit, welche sich in weite Teile des Elektrolyten erstreckt und im schlimmsten Fall zum Kurzschluss der Zelle führt. Die angesprochene Gitterausdehnung induziert mechanische Kräfte [Zhu_03]. Mit sinkender Temperatur wird die Volumenausdehnung jedoch kleiner. Die ionischen Leitfähigkeiten verschiedener Elektrolyte wurden beispielsweise von CIACCHI et al. [Cia_91] und STEELE [Ste_95] zusammengefasst.

2.6.3. Kathode

Häufig verwendete Kathodenmaterialien sind in perowskitischer Phase vorliegende Oxide wie z.B. $LaMnO_3$, $LaFeO_3$ oder $LaCoO_3$. Perowskite sind wesentlich billiger als die früher verwendeten Edelmetalle (z.B. Platin) und eignen sich teilweise besser für den Einsatz in SOFC-Systemen. Das am häufigsten verwendete Material ist Lanthan-Strontium-Manganoxid (La, Sr)MnO_3 (kurz: LSM). [Mai_04/D]. Die Anforderungen an das Kathodenmaterial sind [Yok_03][Mai_04/D]:

KAPITEL 2: Stand der Kenntnisse

- eine hohe elektrische und möglichst hohe ionische Leitfähigkeit
- eine hohe katalytische Aktivität für die Sauerstoffdissoziation und -reduktion
- die chemische Kompatibilität mit anderen Zell- und Peripheriematerialien
- ein thermischer Ausdehnungskoeffizient nahe des Elektrolyten

Die Grundstruktur der Perowskite, ABO_3, ist vom Mineral Perowskit abgeleitet. Der A-Platz ist meist von großen Kationen wie den Lanthaniden oder Erdalkalimetallen besetzt und weist eine 12-zählige Koordination hinsichtlich der Sauerstoffatome auf. Der B-Platz wird meist durch kleine Kationen der Nebengruppenelemente wie Mn, Fe und Co besetzt und weist eine 6-zählige Koordination auf [Mai_04/D][Yok_03]. Die als Kathode eingesetzten Perowskite sind p-Typ leitende Werkstoffe. Sowohl die ionische als auch die elektronische Leitfähigkeit nehmen mit steigender Temperatur zu [Mai_04/D]. Durch Substitution von La^{3+} durch Sr^{2+} oder Ca^{2+}, oder durch Dotierung mit anderen Kationen (Mn, Co) kann die elektrische Leitfähigkeit erhöht werden [Yok_03]. Mit zunehmendem Strontiumgehalt nimmt auch der thermische Ausdehnungskoeffizient zu [Yok_03][Bad_95]. Typische Leitfähigkeiten für poröse LSM-Kathoden liegen bei SOFC-Betriebstemperaturen in der Größenordnung von 50 - 150 S/cm. Veränderungen der Kathodenmikrostruktur, Festkörperreaktionen des Kathodenmaterials mit dem YSZ-Elektrolyten und die Blockierung der aktiven Zentren der Kathode durch Cr-Ablagerungen sind die am häufigsten beobachteten Degradationsphänomene in LSM-Kathoden [Bad_95][Tu_01][Yok_03] [Yok_08]. Lanthan-Defizit auf dem A-Platz sowie eine optimierter Herstellungsprozess verlangsamen die Bildung von Lanthanzirkonaten ($La_2Zr_2O_7$) [Yok_03][Tu_01].

KAPITEL 2: Stand der Kenntnisse

2.6.4. Anode

Ni-Cermets werden heute als Standardmatrialien in SOFC-Brennstoffzellen eingesetzt. Cermets sind Verbundwerkstoffe, die aus einer metallischen und einer keramischen Phase bestehen. Die Phasen haben unterschiedliche Aufgaben. Das Nickel übernimmt die Funktion des Elektronenleiters. Nickel ist zudem ein hervorragender Katalysator für die elektrochemische Reaktion unter SOFC-Betriebsbedingungen. Die eingesetzte Keramik ist meist YSZ oder CGO. Die Keramik bildet ein stabiles Gerüst aus, welches die Agglomeration des Nickels während der Herstellung und des Betriebes reduzieren soll und den thermischen Ausdehnungskoeffizienten an den des Elektrolyten anpassen soll. Zum anderen dient die Keramik als Ionenleiter innerhalb der Anode. Die Dreiphasengrenze, an der die elektrochemische Reaktion stattfindet, wird so von der Grenzfläche Anode|Elektrolyt in die Anode ausgedehnt.

Die Anforderungen an das Anodenmaterial sind: [McEv_03][Zhu_03]
- eine hohe katalytische Aktivität
- eine hohe elektrische Leitfähigkeit
- eine hohe ionische Leitfähigkeit
- eine Porosität von ca. 30 % zum Zuführen des Brenngases und Abführen der Reaktionsprodukte (z.B. H_2O)
- die Stabilität in oxidierender und reduzierender Atmosphäre
- die Mechanische Stabilität und guter Verbund mit dem Elektrolyt
- ein thermischer Ausdehnungskoeffizient (TAK) der an den Elektrolyten angepasst ist
- die Kompatibilität mit anderen Komponenten des Zellstapels

Je nach Systemkonzept muss die Anode noch weitere Funktionen übernehmen: [McEv_03] [Zhu_03]

KAPITEL 2: Stand der Kenntnisse

- Reformierung von Kohlenstoffen
- Stabilität gegen Schwefelverbindungen
- Verhinderung von Kohlenstoffablagerungen

Abb. 2-4 zeigt den in der Literatur häufig beschriebenen Fall, bei dem die Keramik ein fein verteiltes Netzwerk um die Nickelpartikel ausbildet [Fu_03]. Es wird angenommen, dass der feste Verbund von Ni-Ni, Keramik-Keramik und Ni-Keramik für eine hohe Leistung und Stabilität der Anode von entscheidender Bedeutung ist [Jia_03/b].

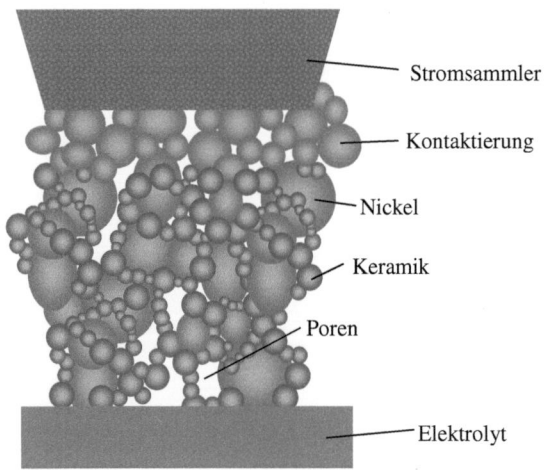

Abb. 2-4: Schematische Darstellung der Anodenmikrostruktur

Der Aufbau und die Stabilität der Mikrostruktur sind zur dauerhaften Gewährleistung der Anodenfunktionen von zentraler Bedeutung. Abb. 2-4 zeigt eine schematische Darstellung der Anodenmikrostruktur. Die Mikrostruktur kann vor allem durch die Qualität der Ausgangspulver und den Herstellungsprozess beeinflusst werden. Wichtige Parameter sind die Partikelverteilung, die Reinheit der Pulver, die Pulvermorphologie, die

KAPITEL 2: Stand der Kenntnisse

thermische Vorbehandlung der Pulver, der Phasenanteil von Keramik und Metall, der Misch- und/oder Mahlprozess, der Beschichtungsprozess und die Sinterung. Nach der Herstellung der Anode liegt der Katalysator und Elektronenleiter (Nickel) zunächst in oxidierter Form vor. Die Aktivierung der Anode erfolgt in der Regel in-situ durch die Reduktion des Nickeloxids bei Betriebstemperatur. Dadurch entsteht je nach Nickelanteil ein wesentlicher Anteil an Porosität. Ca. 30 % offene Porosität sind in der reduzierten Anode notwendig, um einen stetigen Transport des Brenngases an die Dreiphasengrenze zu gewährleisten bzw. um das Reaktionsprodukt Wasserdampf zu entfernen.

Die Leitfähigkeit der Ni-Cermet-Anode variiert ebenfalls stark mit der Mikrostruktur bzw. deren Herstellung und Zusammensetzung [Dees_87][Pra_99]. Typische Werte für kommerzielle Anoden auf Elektrolyt-gestützten Zellen liegen bei etwa 100 - 600 S/cm.

In vielen Herstellungsprozessen für Ni-Cermet-Anoden werden die Ausgangspulver durch das Beimischen von Lösemitteln zu einer Paste verarbeitet, welche dann, beispielsweise durch ein Siebdruckverfahren, auf den Elektrolyt aufgetragen, bzw. für Anoden gestützte Zellen zu einem Substrat verarbeitet wird. Die Ausgangspulver bestehen aus NiO und der Keramik. Die anschließende Sinterung stellt den Kontakt zwischen NiO-NiO, Keramik-Keramik und NiO-Keramik her.

Ausgangsmaterialien: Die Pulver werden auf verschiedenen Wegen synthetisiert. Oft verwendete Verfahren sind z.B. die Sprühpyrolyse (SP) [Kaw_07], die Co-Präzipitation Methode oder das Mischen und Mahlen von Oxiden [Jia_00]. Sowohl mit der Sprühpyrolyse als auch mit der Co-Präzipitation Methode ist es möglich ein Pulver zu synthetisieren, in dem Kristalle von wenigen Nanometern aus Keramik und Metalloxid miteinander agglomeriert sind [Kaw_07].

KAPITEL 2: Stand der Kenntnisse

Häufig werden die Pulver aus Keramik und Metalloxid jedoch erst im Nachhinein miteinander vermischt und auf die gewünschte Partikelgröße gemahlen [Jia_00]. Die kommerziell erhältlichen Pulver an NiO und Keramik sind sehr unterschiedlich in ihrer Partikelverteilung, der spezifischen Oberfläche oder dem Anteil an Verunreinigungen und resultieren in unterschiedlichen Mikrostrukturen [Jia_00][Jia_03/b] [Tie_00].
Sprühpyrolysepulver bilden Mikrostrukturen aus, bei denen die Keramik fein verteilt auf der Oberfläche des Metalls ist. Die fein verteilte Keramik verhindert das Ni-Kornwachstum während des SOFC-Betriebs. FUKUI et al. [Fu_03] weisen eine Lebensdauer einer solchen Anode von 7200 h nach. Zu einer ähnlichen Aussage gelangen Moon et al. [Mo_99]. Durch Kalzinieren von NiO, welches vorher mit einer $ZrO(NO_3)_2$-Lösung vermischt wurde, bildete sich auf der Oberfläche des NiO eine Schicht von ZrO_2. Diese reduzierte die Sinteraktivität des Ni in reduzierender Atmosphäre stärker als ZrO_2, welches bei gleichem Gewichtsanteil mechanisch mit dem NiO vermischt wurde.

Thermische Vorbehandlung von Pulvern und Pulvermischungen: In der Literatur wird über die thermische Vorbehandlung der Pulver (Kalzinieren) berichtet. Die Kalzinierung wird als notwendiger Schritt angesehen, um die Zellleistung zu erhöhen [Jia_00][Jia_03/b]. Die Kalzinierung ändert die Partikelgröße und die Partikelverteilung der Ausgangspulver und somit das Schwundverhalten der Elektrode. Die optimale Kalzinierungstemperatur hängt von den Ausgangspulvern ab. Die Wärmebehandlung vergröbert die NiO-Partikel und verengt die Partikelverteilung. Die Verringerung des Sinterschwundes reduziert Risse in der Anodenoberfläche [Jia_00]. JIANG [Jia_03/b] weist darauf hin, dass das Kornwachstum von 8YSZ schneller erfolgt als das von 3YSZ und NiO. Der Einfluss der Kalzinierung auf die Zellleistungsfähigkeit war größer bei 8YSZ als bei 3YSZ. Auch die

KAPITEL 2: Stand der Kenntnisse

Leitfähigkeit der Anode, welche durch den Ni-Ni-Kontakt bestimmt wird, hing von der thermischen Vorbehandlung des TZ8Y Pulvers ab. Dies deutet darauf hin, dass das Sinterverhalten des YSZ bzw. allgemein der Keramik den Ni-Ni-Kontakt entscheidend beeinflusst.

Partikelverteilungen: Zur Produktion großer Stückzahlen werden Anoden häufig durch das Vermischen und/oder Mahlen von NiO und Keramikpulver hergestellt. Dies erfolgt in der Regel in einer Kugelmühle, sowohl trocken als auch nass. Je nach Kugelgröße, Rotationsgeschwindigkeit und Dauer des Misch-/Mahlverfahrens kann die Partikelgröße reduziert werden und eine gute Dispergierung erreicht werden. Untersuchungen zur Partikelverteilung wurden z.B. von JIANG et al. [Jia_00] durchgeführt. Große NiO-Partikel (ca. 3 µm) mit enger Partikelverteilung erhöhen den Anodenwiderstand. Die Verringerung der 3YSZ-Partikelgröße resultiert hingegen in niedrigere Anodenwiderstände. Der Einfluss der Partikelverteilung auf die Stabilität der Anode bei Redox-Beanspruchug wurde von ROBERT et al. [Rob_04] und FOUQUET et al. [Fou_03] untersucht. Hierbei wird auf die Bedeutung von sowohl groben als auch feinen Partikeln in der Ausgangspaste hingewiesen. Zu einem ähnlichen Ergebnis für den Konstantbetrieb kommen ITOH et al. [Ito_97].

Phasenanteil von Keramik und Metall: Zur Abhängigkeit der Materialeigenschaften von der Phasenzusammensetzung finden sich zahlreiche Publikationen [Aru_98][CHL_97][Koi_00] [Dees_87][Pra_99]. Für eine ausreichende elektrische und ionische Leitfähigkeit der Anode, muss der Volumenanteil von NiO und YSZ einen kritischen Wert, die so genannte Perkolationsschwelle, überschreiten. Experimentell wurde beispielsweise von DEES et al. [Dees_87] und PRATIHAR et al. [Pra_99] gezeigt, dass die obere Perkolationsschwelle für die elektrische Leitung bei etwa 35 Vol. % Nickel liegt. Die Perkolationsschwelle wird durch die

KAPITEL 2: Stand der Kenntnisse

Sintertemperatur, die Partikelverteilung und die Porosität beeinflusst. Die Porosität in der Anode wird vor allem durch die Reduktion des Nickels erzeugt. Folgerichtig nimmt die Porosität mit steigendem NiO-Anteil der aktivierten Anode zu. Theoretische Betrachtungen zur Perkolation von SOFC-Elektroden wurden beispielsweise von SUNDE [Sund_96/a] [Sund_96/b] und COSTAMAGNA et al. [Cos_98][Cos_02] angestellt.

Füge- und Beschichtungsverfahren: Die üblichsten Verfahren zur Herstellung von SOFC-Elektroden sind der Siebdruck, Tape Casting und diverse Sprühmethoden. Für die kommerzielle Herstellung von Elektrolyt gestützten Zellen wird meist das Siebdruckverfahren verwendet. Mit diesem Verfahren lassen sich kostengünstig, schnell und reproduzierbar Schichten in einer Größenordnung von 10 – 100 µm auftragen [Voi_04]. Die Qualität der Schicht hängt insbesondere von der Beschaffenheit der Paste sowie den Siebdruck- und Sinterparametern ab.

Sinterung: Wie bereits eingangs erwähnt, gewährleistet die Sinterung den Kontakt zwischen NiO-NiO, Keramik-Keramik und NiO und Keramik. Der Einfluss der Sintertemperatur auf die Leitfähigkeit der Ni/8YSZ-Anode wurde von PRATIHAR et al. [Pra_99] gezeigt. In der Regel steigt der Kontakt mit zunehmender Sintertemperatur oberhalb der Perkolationsschwelle. Unterhalb der Perkolationsschwelle können jedoch auch gegenteilige Effekte auftreten. Der ohmsche Widerstand wird durch den Elektrolyten bestimmt, aber auch durch den Kontakt zwischen Elektrode und Elektrolyt und der Querleitfähigkeit in der Elektrode. Der ohmsche Widerstand einer reinen Ni-Anode ist unabhängig von der Sintertemperatur dieser Anode [Jia_03/a]. Da die Triebkraft der Sinterung die Reduktion der freien Oberfläche ist, kann das Sinterverhalten durch die Partikelgrößen der Pulver beeinflusst werden. Durch kleine Mengen an Fremdelementen (oft < 1 Mol %) im NiO oder der Keramik kann das Sinterverhalten der Anode drastisch beeinflusst werden. Übermäßiger Schwund kann zu mechanischen Spannungen in der Zelle führen, welche durch Risswachstum abgebaut werden.

Elementarprozesse in Ni-Cermet-Anoden: Die Materialien der Anode [Set_92], die Ausgangspartikelverteilung und die Herstellung beeinflussen maßgeblich die Mikrostruktur der Anode. Die elektrochemischen Vorgänge spielen sich an der Dreiphasengrenze ab. Dies ist der Ort, an dem der Elektronenleiter, der Ionenleiter und das Brenngas zusammentreffen. Je feiner die Mikrostruktur desto mehr Orte gibt es, an denen die elektrochemischen Prozesse ablaufen können. Der genaue Ablauf der elektrochemischen Reaktion wird nach wie vor kontrovers in der Literatur diskutiert. Für die Ni/YSZ-Anode wurden zahlreiche Modelle diskutiert [Miz_94][Jia_99][Bie_00/D][DBo_98/D][Mog_93][Holt_99]. Diese beinhalten in der Regel eine Adsorption und Dissoziation des Wasserstoffs. Je nach Modell kommt es zur Bildung von verschiedenen Oberflächenspezies, die sich auf den Oberflächen bewegen. Wie und wo der Ladungsaustausch stattfindet, ist jedoch unklar. Im Gegensatz zur Ni/YSZ-Anode wird vermutet, dass der Reaktionsmechanismus an Ni/CGO-Anoden anders abläuft, da CGO ein Mischleiter ist [Yok_04]. Zur Berechnung der Zellleistung wurden zahlreiche Modellansätze in der Literatur beschrieben. Ein interessantes Modell, welches eine Beziehung zwischen der Mikrostruktur und der Zellleistung herstellt, wurde von COSTAMAGNA et al. [Cos_98][Cos_02] vorgeschlagen. In diesem Ansatz, welcher vor allem auf den Überlegungen von SUNDE [Sund_96/a][Sund_96/b] aufbaut, werden geometrische Beziehungen mit Materialdaten kombiniert.

KAPITEL 2: Stand der Kenntnisse

2.7. Elektrochemische Grundlagen der SOFC

Die Funktionsweise der keramischen Hochtemperaturbrennstoffzelle wurde bereits im Unterkapitel 2.1. erklärt und ist in Abb. 2-1 schematisch dargestellt. Im Vergleich zur Polymerbrennstoffzelle ist der Elektrolyt der SOFC (z.B. YSZ) ein Sauerstoffionenleiter. Der Ladungsfluss durch den Elektrolyten ist gleich dem Elektronenfluss im äußeren Stromkreis. Demnach muss die umgesetzte Stoffmenge (m) proportional der Ladungsmenge (Q) sein (Gleichung 2-6). Für ein Mol einwertiger Ionen ergibt sich mit der Avogadro-Konstante (N_A) und der Elementarladung e_0: Q = $N_A \cdot e_0$ = 96494 As [Ham_75]. Diese Konstante wird nach dem Forscher, Michael Faraday, Faradaykonstante (F) genannt. Für mehrwertige Ionen ergibt sich mit der Anzahl an Elektronen (z):

Gleichung 2-6: $$Q = z \cdot N_A \cdot e_0 = zF$$

Die theoretisch maximal erreichbare Zellspannung (U_0) ist die Standard-Reaktionsenthalpie (ΔH_0) der zugrunde liegenden Zellreaktion in Volt [Zah_04].

Gleichung 2-7: $$U_0 = \frac{-\Delta H_0}{zF}$$

Nach dem zweiten Hauptsatz der Thermodynamik kann nicht die gesamte Reaktionsenthalpie, sondern nur die freie Reaktionsenthalpie (ΔG) in elektrische Arbeit umgesetzt werden [Zah_04]. Die Entropie (ΔS) multipliziert mit der Temperatur (T) entspricht dem Teil der Energie, der in Wärme umgewandelt wird. Die Gleichgewichtszellspannung oder die Leerlaufspannung (U_L) ist die freie Reaktionsenthalpie (ΔG) der zugrundeliegenden Zellreaktion in Volt dividiert durch ($z \cdot F$)

KAPITEL 2: Stand der Kenntnisse

(Gleichung 2-8). Sie entspricht der messbaren Zellspannung, wenn kein Strom (elektrochemisches Gleichgewicht) fließt.

Gleichung 2-8: $$U_L = \frac{-\Delta G}{zF}$$

Wenn sich die Zellreaktion im Gleichgewicht befindet, kann keine Arbeit verrichtet werden. Beim Stromfluss (gestörtes Gleichgewicht) sinkt die Spannung (Klemmspannung) eines galvanischen Elementes (siehe Gleichung 2-9). Solange sich das chemische Gleichgewicht nicht wieder einstellt, kann die Zelle elektrische Arbeit verrichten, d.h. die chemische Reaktion bewirkt einen Elektronenfluss durch einen äußeren Stromkreis. Der Spannungsabfall erfolgt an ohmschen und nichtohmschen Widerständen [Atk_96]. Gleichung 2-9 ist auch als Nernstsche Gleichung bekannt. R ist die universelle Gaskonstante, T die Temperatur und K eine Konstante, welche die Konzentrationen der beteiligten Verbindungen repräsentiert.

Gleichung 2-9: $$U = U_L - \frac{RT}{zF}\ln(K)$$

Für die Wasserstoff-Sauerstoffreaktion (Gleichung 2-10) ergibt sich eine lineare Beziehung zwischen dem Strom (I) und dem molaren Gasmassenstrom ($\dot{n}$).

Gleichung 2-10: $$I = \dot{n} \cdot zF$$

Der thermodynamische Wirkungsgrad (η_{therm}) ergibt sich aus dem Quotient der freien Reaktionsenthalpie und der Reaktionsenthalpie [Zah_04].

Gleichung 2-11: $$\eta_{therm} = \frac{-\Delta G}{-\Delta H}$$

KAPITEL 2: Stand der Kenntnisse

Der elektrische Wirkungsgrad eines Systems (z.B. SOFC) ergibt sich aus dem Quotient der elektrischen Nutzleistung (P_{el}) des Systems und dem Brennstoffeinsatz [Zah_04]. H_i ist der Heizwert des Brennstoffs in J/kg und $\dot{m}_{fuel}$ der Brenngasmassenstrom in kg/s.

Gleichung 2-12: $$\eta_{el,Sys} = \frac{P_{el}}{\dot{m}_{fuel} \cdot H_i}$$

2.7.1. Strom-Spannungs-Charakteristik

Die Aufzeichnung von Strom-Spannungskennlinien (U-I-Kennlinien) ist eine gebräuchliche Methode, um ein Brennstoffzellensystem zu charakterisieren. Die Strom-Spannungskennlinie wird ermittelt, indem entweder der Strom mit einem Galvanostat oder die Spannung mit einem Potentiostat schrittweise erhöht bzw. abgesenkt wird. Die nachfolgende Abb. 2-5 veranschaulicht die Strom-Spannungscharakteristik einer Brennstoffzelle. $T \cdot \Delta S$ ist der Teil der Energie, der nicht in elektrische Energie umgewandelt werden kann und als Wärme freigesetzt wird. Das Produkt aus Strom und Spannung im Betriebspunkt ergibt die elektrische Leistung.

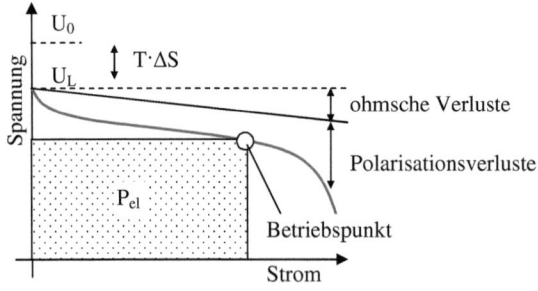

Abb. 2-5: Schematische Darstellung einer U-I-Kennlinie

KAPITEL 2: Stand der Kenntnisse

Die Zellverluste teilen sich auf in ohmsche und Polarisationsverluste. Ohmsche Verluste zeigen eine lineare Abhängigkeit von der Stromdichte. Der ohmsche Verlust einer SOFC ergibt sich aus der Summe verschiedener Einzelwiderstände. In der Regel setzt sich der ohmsche Widerstand zusammen aus dem/den:

- Widerstand des Elektrolyten
- Widerständen die durch die Elektronen- und Ionenleitung in Anode und Kathode zustande kommen
- Widerständen hervorgerufen durch eine geringe Leitfähigkeit von Reaktionsschichten (z.B. $Zr_2Gd_2O_7$) an der Anoden|Elektrolyt Grenzfläche
- Kontaktwiderständen, bzw. Widerständen die durch Querleitungseffekte zustande kommen z.b. Elektrode|MIC
- Widerstand von Oxidschichten, die sich z.b. während des Betriebs aufbauen können (z.b. Cr-Oxidschichten auf dem MIC)

Der Polarisationsverlust zeigt eine nichtlineare Abhängigkeit von der Stromdichte und ergibt sich aus der Summe einzelner Teilschritte der elektrochemischen Reaktion. Hinzu kommen Polarisationsverluste, welche durch den Versuchsaufbau, den Zellaufbau und die Gaskonzentration hervorgerufen werden. Man unterscheidet die Verluste in:

- Aktivierungspolarisation (elektrochemische Reaktionen an Anode und Kathode)
- Konzentrationspolarisation
    - Gaskonzentrationspolarisation (auch: Gasimpedanz)
    - Diffusionslimitierung in der Elektrode
    - Diffusionslimitierung im Gaskanal über der Elektrode

KAPITEL 2: Stand der Kenntnisse

Ein wichtiger Kennwert ist die Gleichgewichtsspannung (U_L). Diese gibt Auskunft über die Gaszusammensetzung, bzw. auch über das Vorhandensein von Leckagen. Die Gleichgewichtszellspannung wurde z.B. von WEISSBART und RUKA [Weis_62] in Abhängigkeit des Wasserdampfpartialdrucks berechnet. Die resultierende Spannung zeigt einen nichtlinearen Verlauf mit steigender Stromdichte. Der daraus ermittelte Scheinwiderstand bzw. die Impedanz entspricht der von PRIMDAHL ermittelten Gasimpedanz [Prim_99/D]. Aus Abb. 2-5 wird nochmals ersichtlich, dass die Zellspannung unter Last geringer als das Gleichgewichtspotential (U_L) ist. Die Zellspannung ergibt sich nach Gleichung 2-9 durch Subtraktion aller Zellverluste, bei der entsprechenden Last, vom Gleichgewichtspotential. Der ohmsche Verlust ist durch IR_Ω berücksichtigt und Polarisationsverluste an Anode und Kathode durch φ_a und φ_c [Sun_07].

Gleichung 2-13: $$U = U_L - IR_\Omega - \varphi_c - \varphi_a$$

Anders ausgedrückt ergibt sich die Spannung, bei gegebener Stromdichte, durch die Summe aller Zellverluste, d.h. aller ohmschen und Polarisationsverluste. Dieser Zellwiderstand kann in jedem Punkt der U-I-Kennlinie bestimmt werden. Er entspricht der Steigung der Tangente in diesem Punkt und wird als flächenbezogener Widerstand (Area Specific Resistance = ASR) bezeichnet. Das Aufzeichnen der Strom-Spannungscharakteristik ist eine notwendige Ergänzung zu den Impedanzmessungen. Die Impedanzspektroskopie wird nachfolgend erklärt. Der ASR wird oft aus der Differenz der Gleichgewichtsspannung (U_L) mit der Spannung im Betriebspunkt (U), dividiert durch die Stromdichte (i), berechnet. Da die U-I-Kennlinie einen nichtlinearen Verlauf zeigt, kann diese Art der Berechnung problematisch sein. Meist ist

KAPITEL 2: Stand der Kenntnisse

es sinnvoller den *ASR* um den Betriebspunkt oder im „quasi linearen Bereich" der U-I-Kennlinie zu bestimmen. Somit lassen sich Zellen besser miteinander vergleichen. Der *ASR* kann nach Gleichung 2-14 berechnet werden.

Gleichung 2-14: $$ASR = \frac{dU}{di}$$

2.7.2. Impedanzspektroskopie

Die Impedanzspektroskopie ist ein wichtiges Werkzeug zur in-situ Charakterisierung von SOFC-Zellen und Stacks. Aus einem gewonnenen Impedanzspektrum lassen sich wertvolle Informationen über die Größe und Natur verschiedener Verlustmechanismen herauslesen, anhand derer die Elektrode oder der Stack optimiert werden kann. Im Gegensatz zur U-I-Charakteristik, welche lediglich den Gesamtwiderstand der Zelle liefert, können mittels Impedanzspektroskopie die ohmschen und Polarisationsverluste voneinander getrennt werden. Das Prinzip der Impedanzmessung beruht auf der Anregung der Elektrode durch ein elektrisches Wechselstromsignal (Strom oder Spannung) und der Messung der Antwort als Strom- oder Spannungssignal. Die gemessene Antwort repräsentiert eine Summe von fundamentalen Prozessen, die auf mikroskopischer Ebene in der Zelle ablaufen [Ba_05]. Bei diesen Prozessen findet eine Ladungstrennung statt. Im elektrischen Ersatzschaltbild lässt sich die Ladungstrennung vereinfacht durch einen Kondensator mit einer Kapazität bzw. einem RC-Glied beschreiben. Durch das Anlegen eines Wechselstrom- oder Spannungssignals wird den elementaren Prozessen der Elektroden der Rhythmus der Frequenz aufgezwungen [Ham_81]. Die Impedanz (Z) setzt sich zusammen aus der Summe der ohmschen und Polarisationswiderstände. Der

KAPITEL 2: Stand der Kenntnisse

Polarisationswiderstand ergibt sich aus der Summe der kapazitiven und induktiven Widerstände. Kapazitive Widerstände ergeben sich in Elektroden z.B. durch Ladungstrennungen an Grenzflächen. Induktive Widerstände werden oft durch die Verkabelung am Messstand hervorgerufen. Die Impedanz einer Spule und eines Kondensators kann nach in Gleichung 2-15 berechnet werden.

Gleichung 2-15: $\qquad Z = R_\Omega + jX$;

R_Ω ist der frequenzunabhängige ohmsche Anteil der Impedanz, X der Blindwiderstand einer Spule (X_L) oder eines Kondensators (X_C) und j die imaginäre Einheit. Der Blindwiderstand berechnet sich wie folgt:

Gleichung 2-16: $\qquad X_L = \omega L$; und $\quad X_C = \dfrac{1}{\omega C}$

Wie aus der nachfolgenden Abb. 2-6 ersichtlich wird, lässt sich die Impedanz (auch: Wechselstromwiderstand) als ein komplexer Widerstand darstellen und wird nur rein ohmisch, wenn der Phasenverschiebungswinkel θ = 0 ist [Ba_05]. Der Phasenverschiebungswinkel gibt die Phasenverschiebung zwischen Strom und Spannung an und kann Werte zwischen +90 und -90° annehmen. |Z| und θ können nach Gleichung 2-17 und Gleichung 2-18 berechnet werden.

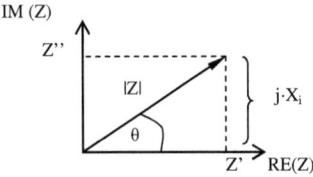

Abb. 2-6: Zeigerdiagramm

KAPITEL 2: Stand der Kenntnisse

Gleichung 2-17: $\quad |Z| = \sqrt{(Z')^2 + (Z'')^2} = \sqrt{R_\Omega^2 + (X_L - X_C)^2}$

Gleichung 2-18: $\quad \tan\theta = \dfrac{Z''}{Z'}$

Bei den meisten kommerziellen Impedanzmessgeräten werden der imaginäre Anteil IM(Z) und der reale Anteil RE(Z) des Zellwiderstandes in Abhängigkeit der Frequenz (z.B. 1 mHz bis 1 MHz) aufgezeichnet [Ba_05]. Eine geläufige Art der Darstellung von Impedanzmessungen ist das Nyquist-Diagramm (Abb. 2-7), in welchem der imaginäre Anteil der Messung über den Realanteil aufgetragen wird. Abb. 2-7 ist die modellhafte Darstellung eines typischen Impedanzspektrums im Nyquist-Diagramm.

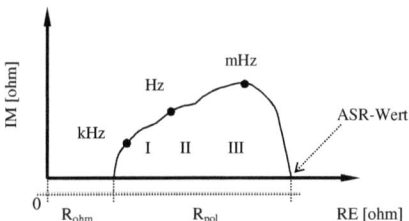

Abb. 2-7: Schematische Darstellung eines Impedanzspektrums im Nyquist-Diagramm

Der ohmsche Verlust entspricht dem Realanteil vom Ursprung (0) bis zu dem Punkt, an dem der hochfrequente Teil des Impedanzspektrums die x-Achse schneidet. Wie bereits erwähnt, resultiert R_Ω aus einer Reihenschaltung von Schichten unterschiedlicher Leitfähigkeit. Der

KAPITEL 2: Stand der Kenntnisse

Polarisationswiderstand (R_{pol}) entspricht dem Realanteil, den das Impedanzspektrum einschließt. Im besten Fall entspricht ein einzelner Prozess einem idelaen Halbkreis im Nyquist-Diagramm. Die Frequenz am höchsten Punkt des Halbkreises wird als Peak- oder Relaxationsfrequenz bezeichnet und dient als wichtiges Erkennungsmerkmal bei der Prozessidentifikation. Im Realfall überlappen die Halbkreise der Elementarprozesse und müssen experimentell und mathematisch voneinander extrahiert werden. Das Modellspektrum in Abb. 2-7 lässt z.B. auf mindestens drei geschwindigkeitsbestimmende Prozesse (I, II, III) bei verschiedenen Frequenzen schließen. Um die einzelnen Prozesse besser identifizieren zu können, trägt man entweder den Imaginäranteil oder den Realanteil über der Frequenz auf. Die Darstellung des Realanteils der Impedanz und des Phasenwinkels über der Frequenz wird Bode-Diagramm genannt. Der Übersicht wegen wird die Frequenz logarithmisch aufgetragen. Die Auftragung des imaginären Widerstandes mit der Frequenz wird nachfolgend als R_{Im}-Frequenz-Diagramm bezeichnet.

Im Gegensatz zum ohmschen Widerstand ändert sich der Polarisationswiderstand mit der Stromdichte. R_{pol} setzt sich aus der Aktivierungspolarisation und Konzentrationspolarisation zusammen. Die Aktivierungspolarisation ergibt sich aus der Summe von Teilschritten, welche an der elektrochemischen Reaktion beteiligt sind. Der Ladungsaustausch an einer Ni/YSZ-Anode findet an der sogenannten Dreiphasengrenze statt, an der der Ionenleiter, der Elektronenleiter und das Gas zusammentreffen. Ein phänomenologisches Modell welches den Zusammenhang von Stromdichte (i) und Aktivierungspolarisation (η_{act}) beschreibt, ist die Butler-Volmer-Gleichung (Gleichung 2-19) [Vir_00]. Darin sind i_0 die Austauschstromdichte, α der Symmetriefaktor (auch Transferkoeffizient) und z, F, R und T haben die bereits erwähnte Bedeutung.

KAPITEL 2: Stand der Kenntnisse

Gleichung 2-19: $$i = i_0 \left\{ \exp\left(\frac{\alpha z F \eta_{act}}{RT}\right) - \exp\left(\frac{-(1-\alpha) z F \eta_{act}}{RT}\right) \right\}$$

Die Konzentrationspolarisation kommt beispielsweise aufgrund von Gastransportphänomenen (Diffusionslimitierung) in den porösen Elektroden [Vir_00] aber auch in den Gaskanälen über den Elektroden [Prim_99] und aufgrund thermodynamischer Verluste (Gasimpedanz) zustande [Prim_98]. Der Transport von Gasen, durch die poröse Elektrode, wird von der Dicke der Elektrode und von der Mikrostruktur bestimmt [Vir_00].

Die thermodynamischen Verluste ($T \cdot \Delta S$) von H_2/H_2O können exakt berechnet werden [Prim_98]. Diese werden insbesondere bei geringen Gasmengenflüssen bedeutend. Wird reines H_2 als Brenngas verwendet, so ist die thermische Aktivierung der Gasimpedanz praktisch vernachlässigbar, wohingegen die Gasimpedanz von reformiertem Erdgas eine deutliche Temperaturabhängigkeit zeigt [Li_10].

PRIMDAHL et al. [Prim_99] zeigen auch, dass es eine Abhängigkeit der Impedanz vom Gasvolumen über der Anode gibt. Diese Impedanz ist jedoch meist nicht zu sehen und zeigt zumindest mit H_2 als Brenngas eine sehr geringe Aktivierung mit der Temperatur.

Eine weitere wichtige Kenngröße, welche ebenfalls aus dem Impedanzspektrum gewonnen werden kann, ist der *ASR*. Er entspricht der Summe aus R_Ω und R_{pol} und kann am Schnittpunkt der Kurve mit der x-Achse bei niedrigen Frequenzen abgelesen werden. Der *ASR* entspricht, wie bereits erwähnt, der Steigung der Tangente an der U-I-Kennlinie am gleichen Betriebspunkt.

Impedanzmessungen können nur an einem zeitinvarianten System durchgeführt werden. Dies bedeutet, dass z.B. Prozessparameter wie Temperatur, Sauerstoffpartialdruck, Spannung, Strömungsgeschwindigkeit usw. während der Messung konstant sein müssen. Gleiches gilt auch für die Beschaffenheit der Elektrode [Ba_05]. Diese darf sich während des

KAPITEL 2: Stand der Kenntnisse

Betriebes nur so langsam ändern, dass man den benötigten Zeitraum für die Impedanzmessung als quasi zeitinvariant ansehen kann. Durch den Einsatz der Impedanzspektroskopie ist es möglich, die Abhängigkeit des Zellverlustes von den Betriebsparametern zu untersuchen, um so Rückschlüsse über die Elementarprozesse zu ziehen. Impedanzmessungen eignen sich auch zur Beobachtung der zeitlichen Veränderungen des Polarisationswiderstandes und des ohmschen Widerstandes.

2.8. Degradation der Ni-Cermet-Anode

Während des Betriebes kommt es zu teilweise massiven Veränderungen in der Anodenmikrostruktur, die für die Abnahme der Zellleistung mitverantwortlich gemacht werden [Lee_03][Nor_05][Hag_06][Ko_06] [Gub_97]. Die Kinetik dieser Veränderungen hängt, neben der ursprünglichen Mikrostruktur, stark von den Betriebsbedingungen ab. Neben dem kontinuierlichen Betrieb spielen Temperaturwechsel (Thermozyklen) oder die Gasabschaltung (Redox-Zyklen) eine wichtige Rolle.

Neben den elektrischen und elektrochemischen Funktionen beeinflusst die Anodenmikrostruktur auch die thermomechanischen Eigenschaften der Zelle [Fou_03][Rob_04]. Mechanische Spannungen können sich z.B. durch Sinterschwund oder Unterschiede in den thermischen Ausdehnungskoeffizienten aufbauen und im schlimmsten Fall zum Riss durch die Zelle oder zur Delamination der Anode führen [Sar_07/b]. Die typischen Degradationsphänomene, die in den Analysen nach dem Betrieb beobachtet werden sind:

- Die Agglomeration der Ni-Partikel und die Verringerung der spezifischen Ni-Oberfläche
  [Nor_05][Hag_06][Sim_00][Iwa_96][Bat_04][Sim_99/D]

KAPITEL 2: Stand der Kenntnisse

- Die Veränderung der Oberflächenmorphologie der Ni-Partikel [Iw_07]
- Die Zerstörung des Ni-Ni Netzwerkes [Nor_05][Hag_06][Sim_00][Iwa_96] [Bat_04][Sim_99/D]
- Die Zerstörung des keramischen Netzwerkes [Iw_07]
- Die Veränderung der Porenverteilung und Porenform [Sat_07]
- Die Festkörperreaktionen durch Interdiffusion der Ursprungsmaterialien [Iw_07][Mar_99]
- Die Reaktionen mit Fremdelementen (z.B. Si, S, Cr) [Mog_02][Jen_03][Liu_03][Liu_05]
- Die Verstopfung der Poren durch Kohlenstoffablagerungen [Sf_01/D]
- Die Vergiftung mit Schwefel [Gon_07][Mat_00]
- Die Delamination der Elektrode [Iw_07]
- Die horizontale und vertikale Rissbildung [Sor_98]
- Die Segregation und Phasentrennung [Iw_07]
- Die irreversible Volumenausdehnung durch Risswachstum und interne Porosität [Pih_07][Fou_03][Rob_04]

2.8.1. Einfluss der Betriebsparameter

Beim Betrieb der Brennstoffzelle sollten in Bezug auf die Abnahme der Zellleistung drei Fälle von einander unterschieden werden. (1) kontinuierlicher Betrieb, (2) Betrieb mit zyklischem Wechsel von Brenngas und Luft (Redox-Zyklus) und (3) Betrieb mit zyklischem Wechsel der Temperatur (Thermozyklus).

Kontinuierlicher Betrieb: Der kontinuierlich Betrieb zeigt einen von der Zeit abhängigen charakteristischen Verlauf der Zellleistung. Die Abnahme der Leistung tritt in der Regel in drei Phasen auf, jeweils mit

KAPITEL 2: Stand der Kenntnisse

unterschiedlichen Raten. Die erste Phase wird der Reorganisation der Mikrostrukturen zugeschrieben. Hier kann die Zellleistung, je nach Beschaffenheit der Elektroden oder des Stacks, entweder zu oder abnehmen. Im weiteren Verlauf (Phase 2) kommt es zur kontinuierlichen Abnahme der Zellleistung über einen längeren Zeitraum. In Phase 3 fällt die Leistung rapide ab. Die wichtigsten Betriebsparameter, welche die Leistungsabnahme der Anode im kontinuierlichen Betrieb beeinflussen sind die Betriebstemperatur [Hag_06][Iwa_96], die Gaszusammensetzung, insbesondere der Partialdruck des Wasserdampfes [Gub_97][Thy_08/D] und die Stromdichte bzw. das Zellpotential [Ko_06].

Thermodynamische Berechnungen und Experimente zeigen, dass es ein temperaturabhängiges Zellpotential gibt, unter dem das Ni zu NiO oxidiert [Ko_06][Sta_02]. Dieses Potential ist eine Betriebsgrenze für SOFCs mit Ni-basierten Anoden.

Redox-Zyklus: Während dem Betrieb des Brennstoffzellensystems kann es zum planmäßigen oder ungewollten Unterbruch des Brenngasmassenstroms kommen. Ungewollte Unterbrüche können beispielsweise aufgrund von Sicherheitsabschaltungen wegen einer Störmeldung zustande kommen. Je nach Dichtungskonzept des Zellstapels, dringt die Luft mehr oder weniger schnell in die Anode und oxidiert das metallische Nickel zu NiO. Beim Wiedereinblenden des Brenngases wird das NiO dann wiederum zu Ni reduziert. Diesen zyklischen Wechsel von Brenngas/Luft/Brenngas nennt man Redox-Zyklus.

Die Oxidation von verschiedenen Metallen, unter anderem von Nickel, wurde von CARL WAGNER [Wagn_33][Wagn_36] bzw. WAGNER und GRÜNEWALD [Wagn_38] untersucht. Demnach erfolgt die Oxidation von Nickel vor allem durch den Transport von Metall-Kationen durch das Oxid, an die Grenzfläche zum Sauerstoff enthaltenden Gas. Dies wird damit begründet, dass der Radius des Nickel-Kations mit 69 pm deutlich kleiner

KAPITEL 2: Stand der Kenntnisse

ist als der des Sauerstoff-Ions (132 pm). Die Oxidation von Nickel kann jedoch auch durch die Diffusion von Nickel über die Korngrenzen beeinflusst werden [Schü_97][Sar_07/b].
Bei der Festkörperdiffusion muss stets die Ladungsneutralität eingehalten werden. Dies ist in Abb. 2-8 am Beispiel Ni/NiO dargestellt. Neben den Ni^{2+}-Kationen müssen deshalb auch Elektronen zur Grenzfläche NiO|O_2 wandern. Mit der Oxidationsdauer t, nimmt mit zunehmender Dicke x der Schicht der Konzentrationsgradient an Metall-Kationen im Oxid ab. Das zeitabhängige Wachstum der Oxidschicht wird als parabolisches Wachstumsgesetz bezeichnet [Haa_74].

Gleichung 2-20: $$x^2 = 2k_p t$$

Die Konstante k_p ist proportional zur mittleren Diffusionskonstanten des Metall-Kations im Oxid und damit auch exponentiell abhängig von der Temperatur [Haa_74]. Dies wurde beispielsweise in den Experimenten von GULBRANSEN et al. [Gul_54][Gul_57] für die Oxidation von hochreinem Nickel untersucht.

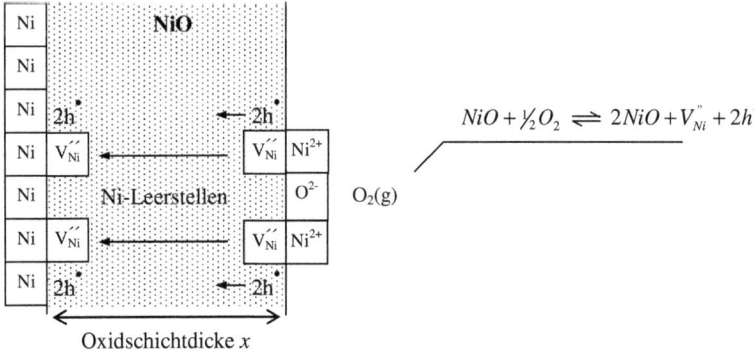

Abb. 2-8: Schematische Darstellung der Oxidation von Nickel, modifiziert nach [Haa_74]

Die Diffusion der Ni-Kationen (Ni^{2+}) von der Grenzfläche Ni/NiO an die Grenzfläche NiO|O_2 und die anschließende Oxidation des Ni-Kations zu NiO hat die Bildung von zweifach negativ geladenen Gitterleerstellen $V_{Ni}^{''}$ und zwei Elektronenlöchern $2h^{\bullet}$ zur Folge. In Experimenten wurde beobachtet, dass diese Gitterleerstellen zu Poren kondensieren können, wobei das Metall schwindet und von der Oxidschicht bricht [Hale_72]. HALES et al. [Hale_72] untersuchen die Porenbildung während der Oxidation von Nickel und stellen fest, dass die Porendichte mit zunehmender Oxidationszeit und abnehmendem Probenradius zunehmen. Bei der Analyse einer Ni/YSZ-Anode wurde von SARANTARIDIS et al. [Sar_08] eine Porenbildung in den Nickelpartikeln nach der Redox-Zyklierung beobachtet.

Das schnelle Wachstum von NiO resultiert aus einer hohen Konzentration an Defekten im Kristallgitter. Die Konzentration an Defekten kann durch Dotierungen beeinflusst werden und somit auch die Diffusionsrate im Oxid [Schü_97]. Für Ni/8YSZ-Anoden wurde z.B. der Einfluss von MgO, CaO und TiO auf die Reduktions- und Oxidationskinetik von TIKEKAR et al. [Tik_06] untersucht. Neben der Diffusion durch das Kristallgitter kann es auch zur Diffusion über die Oxidkorngrenzen kommen [Schü_97].

Die Reduktions- und Oxidationskinetik an Ni/8YSZ-Anodenmaterialien wurde von TIKEKAR et al. [Tik_06] bei verschiedenen Temperaturen untersucht. Diese Experimente wurden an dicht gesinterten Probekörpern aus NiO/YSZ durchgeführt. Die Re-Oxidationskinetik an Ni/8YSZ-Proben oberhalb 650°C ist nahezu unabhängig von der Temperatur. Die Autoren nehmen an, dass die Kinetik der Re-Oxidation des Nickels durch die Sauerstoffdiffusion im porösen Ni/8YSZ-Körper dominiert wird [Tik_06]. KARMHAG et al. [Kar_00] untersuchten die Oxidationskinetik von Ni-Partikeln unterschiedlicher Größe, im Vergleich zu Ni-Nanostiften, welche in einer Al_2O_3-Matrix eingebettet wurden. Die Partikel in der

KAPITEL 2: Stand der Kenntnisse

Größenordnung einiger Mikrometer oxidieren nach dem parabolischen Wachstumsgesetz, wohingegen sowohl die Nanometer großen Partikel als auch die Ni-Stifte nicht dem parabolischen Wachstumsgesetz folgen. Die Kinetik der Oxidation der Ni-Stifte ist um fünf Größenordungen kleiner als die der µm großen Partikel. KARMHAG et al. [Kar_00] interpretieren analog zu TIKEKAR et al. [Tik_06], dass die Oxidationskinetik der Ni-Stifte in der porösen Matrix maßgeblich durch die Diffusion von Sauerstoff in die poröse Matrix beeinflusst wird.

Die *Reduktion* von NiO erfolgt modellhaft über das „Schrumpfen" des NiO-Kerns über die nachfolgende Reaktionsgleichung:

Gleichung 2-21: $$NiO + H_2 \rightleftharpoons Ni + H_2O$$

Dabei bildet sich um das Nickeloxidpartikel zunächst eine Lage metallisches Nickel, welche solange in das Innere des Partikels wächst, bis das NiO vollständig verschwunden ist. Die Kinetik der Reduktion wird bestimmt durch (1) die Diffusion von H_2 an die Oberfläche des Partikels, (2) die Diffusion von H_2 durch Poren zwischen NiO-Kristallen oder (3) die chemische Reduktion von NiO zu Ni [Ric_92]. Die chemische Reduktion erfolgt über (1) die Dissoziation von H_2, (2) die Diffusion eines H-Atoms zu einem reaktiven Ni-Atom, (3) das Aufbrechen eines Nickeloxidverbundes unter Bildung von Ni^0, (4) die Nukleation von Ni^0-Atomen zu metallischen Nickelclustern und (5) das Wachstum der Nickelcluster. Jeder dieser Schritte oder deren Kombination kann nebst der Beseitigung des gebildeten Wasserdampfes geschwindigkeitsbestimmend sein [Ric_92]. In der Praxis kann die NiO-Reduktionskinetik durch verschiedene Maßnahmen beeinflusst werden wie z.B. der NiO-Morphologie, der Oberflächenvorbehandlung, der Stöchiometrie und vor allem durch Dotierung mit anderen Elementen. RICHARDSON et al. [Ric_92]

KAPITEL 2: Stand der Kenntnisse

zeigen, dass sich die Reduktionskinetik von NiO durch die Dotierung mit 2 - 3 wt% CuO und Ag_2O beschleunigt bzw. mit Al_2O_3 und ZrO_2 verlangsamt.

Reversible Volumenänderung: Bei der Oxidation von Nickel kommt es zur Veränderung der Gitterparameter von 3.52 Å auf 4.17 Å [Mau_94] und zu einer Volumenzunahme von etwa 69.9 % [Sar_07]. Dies ist prinzipiell ein reversibler Vorgang. Die Verwendung von CGO anstelle von YSZ als keramische Komponente kann eine weitere reversible Volumenänderung verursachen. Bei niedrigen Sauerstoffpartialdrücken wird Ce^{4+} zu Ce^{3+} reduziert. Da die reduzierten Ce^{3+}-Ionen einen größeren Durchmesser haben (1.034 Å) als die Ce^{4+}-Ionen (0.80 Å), kommt es zu einer Ausdehnung des Kristallgitters [Lee_00]. Nach den Untersuchungen von MOGENSEN et al. [Mog_94] und YASUDA et al. [Yas_98] nimmt die Volumenausdehnung mit zunehmender Temperatur, abnehmendem Sauerstoffpartialdruck und abnehmender Dotierung zu.

Irreversible Volumenänderung: Die beschriebene reversible Volumenänderung kann auch irreversible Veränderungen in der Anodenmikrostruktur zur Folge haben. Dies hängt damit zusammen, dass sich das Anodengefüge, insbesondere das Nickel, mit der Zeit verändert. Nach einem Redox-Zyklus (Ni-NiO-Ni) kann es dann zu irreversiblen Volumenänderungen kommen. Dies wurde in zahlreichen Studien an Anodenpellets und Substraten gemessen [Cas_96][Rob_04][Kle_05] [Pih_07][Sar_07]. Volumenänderungen, verursacht durch die Oxidation des Nickels oder die Reduktion des Ceroxids können zu Rissbildungen durch die Anode, oder an der Grenzfläche Elektrode/Elektrolyt führen. Teilweise kommt es dadurch zu einer Delamination der Elektrode. Die Höhe der Ausdehnung kann durch Parameter wie das Metall/Keramik Verhältnis, die Partikelverteilungen und die Sintertemperatur [Rob_04] aber auch durch die Betriebstemperatur [Pih_09] beeinflusst werden. Je höher die Betriebstemperatur, bei der der Redox-Zyklus stattfindet, desto größer ist die Ausdehnung. Redox-Zyklen in wasserdampfhaltiger Luft zeigen ebenfalls eine erhöhte Ausdehnung. Die gemessenen Werte (dL/L_0) liegen für Ni/YSZ im Bereich 1.2 bis 3 % nach vier Zyklen [Pih_07]. Vergleichbare Dilatometerstudien an Elektrolyt gestützten Zellen wurden bisher nicht in der Literatur gefunden. Untersuchungen bei *Hexis* haben gezeigt, dass für die ESC sowohl das Ni-Partikelwachstum als auch die Abnahme der elektrischen Spannung und der elektrischen Leitfähigkeit beschleunigt unter Redox-Beanspruchung ablaufen [Iw_07][Bat_04].

Thermozyklus: Wartungsarbeiten, ein geringer Wärmebedarf in den Sommermonaten oder die Über-/Unterschreitung sicherheitsrelevanter Betriebsparameter können z.B. dazu führen, dass der Zellstapel abgekühlt werden muss. Da die Zelle aus verschiedenen Schichten (Anode|Elektrolyt|Kathode) besteht, mit unterschiedlichen thermischen Ausdehnungskoeffizienten, kommt es beim Abkühlvorgang vom annähernd spannungsfreien Zustand bei Betriebstemperatur auf Raumtemperatur zum Aufbau von mechanischen Spannungen. Sind die Eigenspannungen groß genug, so können sich diese über Risswachstum durch die Anode oder durch die ganze Zelle abbauen.

Experimentelle Untersuchungen zur Thermozyklierung wurden von KENDALL et al. [Ken_07] an mikrotubularen SOFCs durchgeführt. Für eine Zelle mit Ni/8YSZ-Anode stellten die Autoren eine schnellere Abnahme der Zellleistung unter Thermozyklierung fest. MORI et al. [Mori_98] zeigten für eine Ni/8YSZ-Anode, dass sich diese unter Redox-Zyklierung ausdehnt.

KAPITEL 2: Stand der Kenntnisse

2.8.2. Degradationsmechanismen in Ni-Cermet-Anoden

Die drei wesentlichen Mechanismen, welche zur Degradation der Anode beitragen sind (1) Materialtransportmechanismen, (2) Deaktivierungsmechanimen und (3) thermomechanische Mechanismen [Yok_08]. Die theoretischen Grundlagen sind in den nachfolgenden Abschnitten erläutert.

2.8.2.1. Materialtransport

In der Ni-Cermet-Anode kommt es während dem Brennstoffzellenbetrieb vor allem zu einer Agglomeration von Nickelpartikeln. Zwei bedeutende *Materialtransportphänomene* sind (a) die Veränderung der Nickel-Oberflächenmorphologie und (b) die Veränderung des Nickelpartikeldurchmessers. Die Triebkraft beider Prozesse ist die Verminderung der freien Oberflächenenergie. Man geht davon aus, dass Nickelatome hierbei über einen Verdampfungs-/Kondensationsmechanismus und/oder durch Diffusionsprozesse transportiert werden [Ela_91][Gub_97][Vas_01][Thy_08/D]. Die Kinetik dieser Mechanismen zeigt eine starke Abhängigkeit von den Betriebsbedingungen, insbesondere vom Wasserdampfgehalt [Gub_97] und der Temperatur [Iw_07]. Das Wachstum großer Partikel auf Kosten von kleinen Partikeln, ist als Ostwald-Reifung bekannt [Lo_00][Haa_74].

Der Verlust an spezifischer Ni-Oberfläche steht qualitativ in Zusammenhang mit dem Verlust an elektrokatalytisch aktiven Zentren in Ni/YSZ-Anoden, was sich in einer Zunahme des Polarisationsverlustes äußert [Nor_05]. Zusätzlich kann es wegen der Agglomeration von Nickel zur Unterbrechung von Ni-Ni-Verbindungen kommen. Dies äußert sich dann in einer Abnahme der elektrischen Leitfähigkeit bzw. einer Zunahme des ohmschen Widerstandes. Die Veränderung des Ni-Partikelradius in

KAPITEL 2: Stand der Kenntnisse

Ni/YSZ-Anoden über der Zeit wurde beispielsweise von SIMWONIS [Sim_99/D], JIANG et al. [Jia_03/c] und FAES et al. [Faes_09/b] untersucht. Die Messdaten sind in der nachfolgenden Abb. 2-9 zusammengefasst. Es ist zu sehen, dass sowohl die Ausgangpartikelradien als auch das Wachstum der Partikelradien mit der Zeit sehr unterschiedlich waren. Die Versuche sind jedoch bei unterschiedlichen Betriebsbedingungen gelaufen. Die Parameter der Versuche aus Abb. 2-9 und der Bildanalyse sind in der nachfolgenden Tab. 2-3 zusammengefasst.

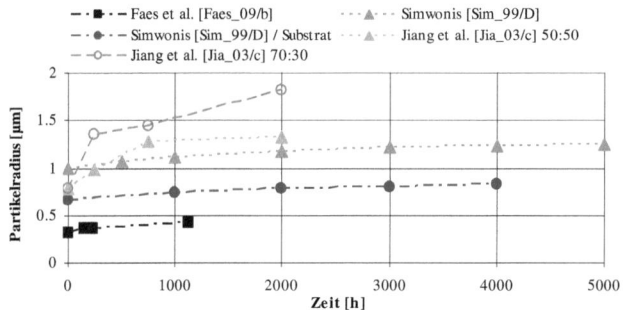

Abb. 2-9: Veränderung des Ni-Partikelradius in Ni/YSZ-Anoden mit der Zeit. Die Daten wurden aus verschiedenen Literaturquellen entnommen

Tab. 2-3: Versuchsparameter zu den Daten in Abb. 2-9

	Temperatur	Gaszusammensetzung	Flussrate	Bildanalyse
Faes et al. [Faes_09/b]	700-800°C	97%H_2/3%H_2O	6-8 ml/min cm^2	REM / Schliff
Simwonis [Sim_99/D]	1000°C	Ar/4%H_2/3%H_2O	Keine Angabe	Lichtmikroskop
Jiang et al. [Jia_03/c]	1000°C	(10%H_2/90%N_2)/3%H_2O	Keine Angabe	REM / Bruchfläche

KAPITEL 2: Stand der Kenntnisse

Die Degradation von SOFC-Anoden aufgrund der Ni-Agglomeration wurde von IOSELEVICH et al. [Ios_99] und ABEL et al. [Ab_97] modelliert. Auch in Technologien mit ähnlichen Materialanforderungen, wie z.B. der Dampfreformierung mit Nickelkatalysatoren, wurde die Ni-Agglomeration untersucht und modelliert [Seh_04][Seh_06/a][Seh_03][Seh_06/b].
Neben der Verminderung der freien Oberflächenenergie können chemische Gradienten einen Materialtransport verursachen. Diese entstehen beispielsweise durch Verunreinigungen [Mog_02][Jen_03][Liu_03] [Liu_05] oder durch ungünstige Materialkombinationen [Mar_99] [Iw_07]. Die Triebkraft ist die Reduktion des chemischen Potentials. Ein Beispiel ist die Verwendung von CGO basierten Anoden auf einen YSZ-Elektrolyten. Hierbei kommt es zu einer chemischen Reaktion an der Grenzfläche. Die resultierende Interdiffusionsschicht ($Zr_2Gd_2O_7$) kann je nach Stöchiometrie eine niedrigere elektrische Leitfähigkeit aufweisen.
LINDEROTH et al. [Lin_01] berichten über eine Löslichkeit von NiO in 8YSZ. Nach der Reduktion der Proben bei 1000°C scheidet sich Nickel aus dem 8YSZ aus, da die Löslichkeit von Nickel in YSZ viel geringer ist als die von NiO. Zusätzlich scheidet sich 10 – 40 nm großes, tetragonales ZrO_2 aus. Dadurch nimmt die ionische Leitfähigkeit von 8YSZ um 40 - 50 % ab. Im Gegensatz dazu konnten DATTA et al. [Dat_08] weder eine Reaktion noch eine Löslichkeit von Ni in CGO nachweisen.
Nachfolgend sind die wesentlichen Materialtransportmechanismen zusammengefasst.

Der Verdampfungs-/Kondensations-Mechanismus: Eine besondere Bedeutung haben die Oberflächenatome oder -Ionen für den Verdampfungs-Kondensations-Mechanismus. Im Inneren einer Struktur ist die Koordinationszahl, d.h. die Anzahl der chemischen Bindungen, für jedes Atom/Ion gleich. Betrachtet man jedoch ein Atom/Ion an der Oberfläche, so fehlen diesem einige nächste Nachbarn. Dies bedeutet, dass

KAPITEL 2: Stand der Kenntnisse

sich seine Bindungszustände und Eigenschaften gegenüber einem Atom/Ion in der inneren Struktur ändern [Tel_01].
Modellhaft kann man sich die Atome als Würfel in einem kubischen Atomgitter vorstellen [Schw_43]. Dadurch ergeben sich charakteristische Strukturen auf der Oberfläche des Kristalls. Eine besondere Bedeutung haben die Oberflächenatome, die mit drei (von sechs) Würfelflächen an drei benachbarte Atome gebunden sind. Man nennt dies die Halbkristalllage (siehe: Abb. 2-10). Hier ist die Bindungsenergie des Atoms oder Ions gleich der Verdampfungsenergie [Knac_56].

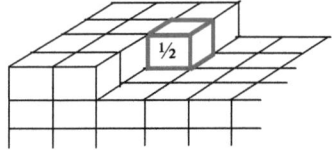

Abb. 2-10: Halbkristalllage in einem kubischen Atomgitter mit würfelförmigen Atomen

Für ideale große Kristalle (unendliche große Oberfläche) repräsentieren die Atome/Ionen der Halbkristalllage das Gleichgewicht zwischen Dampf und Festkörper [Knac_56]. Ob sich die Halbkristalllage nun auflöst oder ob sich dort neue Atome/Ionen anlagern, hängt davon ab, ob das umgebende Medium in Bezug auf das Atom/Ion über- oder untersättigt ist [Schw_43]. Es wird angenommen, dass die Verdampfung aus der Halbkristalllage nicht direkt sondern in mehreren Schritten abläuft, wobei das Atom zunächst an eine Stufenversetzung oder an die Oberfläche diffundiert [Knac_56]. Die maximale Verdampfungsrate einer Substanz hängt von der Oberflächentemperatur und den spezifischen Materialeigenschaften ab und kann im Gleichgewichtszustand nie größer sein als die Anzahl der

KAPITEL 2: Stand der Kenntnisse

Dampfmoleküle, die auf die Oberfläche eintreffen [Knac_56]. Beim Auftreffen eines Atoms auf die Oberfläche wird die Energie des Aufpralls vom Kristallgitter aufgenommen und das Atom adsorbiert. Einen Teil seiner Energie kann es dabei behalten und sich auf der Oberfläche bewegen [Wag_02/D]. Diese Art der Kondensation wird auch als Keimbildung bezeichnet [Wag_02/D][Schw_43].

Bisher wurde lediglich die Verdampfung von Atomen/Ionen aus einer unendlich erstreckten Oberfläche diskutiert. Die Gibbs-Thomson-Gleichung (auch Kelvin-Gleichung) beschreibt die Abhängigkeit des Dampfdrucks von der Partikelgröße. Nach Gleichung 2-22 nimmt der Dampfdruck einer Komponente mit abnehmendem Partikelradius (r) zu.

Gleichung 2-22:
$$p_r = p_\infty \cdot e^{\frac{2\gamma_{SV} M}{RTr\rho}}$$

Hierbei ist p_r der Dampfdruck eines Partikels mit dem Radius r bei konstanter Temperatur T, wohingegen p_∞ der Dampfdruck über einer unendlich großen, flachen Oberfläche ist. R ist die Gaskonstante, ρ die Dichte, M das Molekulargewicht und γ_{SV} die Oberflächenspannung [Schw_43].

Bei kleinen Krümmungsradien und konvex gekrümmten Oberflächen erhöht sich der Dampfdruck, bei konkav gekrümmten Oberflächen erniedrigt er sich. Betrachtet man ein Zwei-Kugel-Modell, so wird die Substanz von der Kornoberfläche verdampfen und am Sinterhals kondensieren. Dies bezeichnet man als Verdampfungs-Kondensations-Mechanismus. Dabei kommt es zu einer Verschlankung der Partikel, jedoch nicht zur Schwindung bzw. Zentrumsannäherung. In diesem Zustand ändert sich die Gestalt der Zwischenräume oder Poren, das Gesamtvolumen bleibt aber konstant [Tel_01].

KAPITEL 2: Stand der Kenntnisse

Die Berechnung der Dampfdrücke von diversen Ni-Verbindungen wurde von HALSTEAD [Hal_75] zusammengefasst. Die relevanten Gleichgewichtsreaktionen sind:

Gleichung 2-23: $\quad Ni_{(fest/flüssig)} \rightleftharpoons Ni_{(gas)}$

Gleichung 2-24: $\quad NiO_{(fest)} \rightleftharpoons Ni_{(gas)} + \frac{1}{2} O_2$

Gleichung 2-25: $\quad NiO_{(fest)} \rightleftharpoons NiO_{(gas)}$

Gleichung 2-26: $\quad Ni(OH)_{2(fest)} \rightleftharpoons Ni(OH)_{2(gas)}$

Thermodynamische Berechnungen und Experimente zur Verdampfung von Nickel wurden von GUBNER et al. [Gub_97] und STÜBNER [Stü_02/D] präsentiert. Die Experimente wurden an Elektrolyt getragenen Zellen (4·4 cm^2) mit einer Ni/YSZ-Anode (~30 µm) durchgeführt. Die Berechnungen deuten darauf hin, dass sich unter hohen Wasserdampfpartialdrücken und bei hohen Temperaturen flüchtiges Nickel-Hydroxid Ni(OH)$_2$ bildet. GUBNER et al. [Gub_97] berechnen einen Verlust an Nickel von 0.16 mg/1000h bei einer Brenngasflussrate von 500 sccm/min, bei 950°C.

Koaleszenz: Der Einfluss von Wasserdampf auf das Ni-Partikelwachstum wurde auch für die Dampfreformierung mit Nickelkatalysatoren untersucht [Seh_04][Seh_06/a]. Die Versuche zeigten, dass der Partikeldurchmesser mit steigendem Wasserdampfgehalt wächst. Der vorherrschende Transportmechanismus war jedoch die Bewegung ganzer Ni-Cluster über das keramische Trägermaterial (z.B. Al$_2$O$_3$ oder MgAl$_2$O$_4$), mit anschließender Koaleszenz. Nach SEHESTED [Seh_06/b] wird die Translationsbewegung der Kristalle dadurch erzeugt, dass Oberflächenatome von der einen Seite des Partikels auf die andere Seite transportiert werden. Erst bei höheren Temperaturen (> 600°C) findet Atomtransport d.h. Ostwald-Reifung statt.

KAPITEL 2: Stand der Kenntnisse

Diffusion: Die Diffusion ist eine statistische Wanderung von Atomen, Ionen oder anderen Teilchen. Damit beispielsweise ein Atom in einem Kristallgitter seinen Platz wechseln kann, müssen zum einen Fehlstellen im Kristallgitter vorhanden sein, zum anderen muss dem Atom Energie, in Form von Wärme, zugeführt werden, damit das Atom die Potentialschwelle überspringen kann. Konzentrationsunterschiede (dc_i/dx), beispielsweise im chemischen oder elektrochemischen Potential, führen zu einer gerichteten Bewegung der Teilchen und zum Massentransport. Quantitativ wird dies durch das 1. Ficksche Gesetz beschrieben [Tel_01][Bar_78] (siehe Gleichung 2-27).

Gleichung 2-27:
$$dm_i = -D \frac{dc_i}{dx} A \cdot dt$$

Dabei ist m_i die Stoffmenge i, die pro Zeit t durch die Fläche A senkrecht zur Diffusionsrichtung transportiert wird [Bar_78]. Der Diffusionskoeffizient (D) ist ein Maß für das Wanderbestreben einer Atomart (i) [Bar_78] und enthält sowohl den Temperatureinfluss als auch die strukturellen Parameter. Der Diffusionskoeffizient berechnet sich wie folgt:

Gleichung 2-28:
$$D = D_0 \cdot e^{\left(\frac{-E_A}{RT}\right)}$$

D_0 ist die Diffusionskonstante oder der Frequenzfaktor und E_A die Aktivierungsenergie für die Diffusion [Bar_78]. Für einen Diffusionsmechanismus sind D_0 als auch E_A unabhängig von der Temperatur.

KAPITEL 2: Stand der Kenntnisse

Das 2. Ficksche Gesetz stellt eine Beziehung zwischen zeitlichen und örtlichen Konzentrationsunterschieden dar [Bar_78].

Gleichung 2-29: $$\frac{\partial c}{\partial t} = D \frac{\partial^2 c}{\partial x^2}$$

Man unterscheidet Oberflächen-, Korngrenzen- und Volumendiffusion. Die Volumendiffusion läuft sehr viel langsamer ab als die Oberflächendiffusion, da die Fehlordnung einer Oberfläche am größten ist. Trotzdem ist die transportierte Stoffmenge bei der Volumendiffusion größer, da der Diffusionsquerschnitt (A) bzw. die Anzahl der beteiligten Atome größer ist [Bar_78]. Mit abnehmender Korngröße steigt der Einfluss der Korngrenzendiffusion. Zusätzlich können Verunreinigungen an den Korngrenzen die Korngrenzendiffusion beeinflussen.

Erst bei der Korngrenzen- und Volumendiffusion kommt es zu einer Zentrumsannäherung. Hinter den konkaven Oberflächen der Sinterhälse werden infolge der Zugspannungen bevorzugt Leerstellen in das Kristallgitter eingebaut. Die Gegendiffusion von Ionen oder Atomen zum Sinterhals führt zu einer Zentrumsannäherung [Tel_01].

Eine weitere Möglichkeit den Sinterfortschritt zu verfolgen, ist die Messung der Partikeloberflächen (A) über die Zeit. Dies hat den Vorteil, dass auch Mechanismen ohne Schwindung verfolgt werden können. Die Reduktion der Oberfläche sagt etwas über den Verlust an Triebkraft voraus, nicht aber über die Schwindung [Tel_01]. SEHESTED et al. [Seh_04][Seh_03] wählen diesen Ansatz um die Aktivierungsenergien der vorhandenen Sintermechanismen für einen Ni-Katalysator mittels BET-Analyse experimentell zu bestimmen. Die BET-Messung dient der Bestimmung der spezifischen Oberfläche, welche über die Adsorption von Gasen ermittelt wird. Die Methode ist nach den Erfindern Brunauer, Emmet und Teller benannt. Die Änderung der spezifischen Oberfläche

(A_{Ni}) mit der Temperatur (T) folgt einer Arrhenius-Gleichung mit der Aktivierungsenergie (E_A). A_{Ni}^{∞} ist die Nickeloberfläche bei t = ∞.

Gleichung 2-30:
$$A_{Ni}(T) = A_{Ni}^{\infty} e^{\frac{-E_A}{RT}}$$

Für die Änderung der spezifischen Nickeloberfläche (A_{Ni}) mit der Zeit (t) verwenden SEHESTED et al. [Seh_04] die nachfolgende Gleichung 2-31. Der Exponent n wurde mit 7 oder größer für $T < 700$ °C angenommen.

Gleichung 2-31:
$$-\frac{dA_{Ni}}{dt} = K \cdot A_{Ni}^n$$

Ostwald-Reifung: Das Wachstum großer Teilchen auf Kosten kleiner wird als Ostwald-Reifung bezeichnet. Diese phänomenologische Beobachtung wurde zuerst vom deutschen Chemiker Wilhelm Ostwald gemacht [Ost_01]. Der Materialtransport kann dabei über den Verdampfungs-Kondensations-Mechanismus oder über Diffusion stattfinden [Seh_06/a]. Die Ostwald-Reifung wird auch zur Beschreibungen des Filmwachstums auf festen Oberflächen verwendet [Lo_00][Ket_02/D][Wag_02/D]. Die Triebkraft der Ostwald-Reifung ist die Minimierung der Grenzflächenenergie. Nach der Gibbs-Thomson-Gleichung (Gleichung 2-22) unterscheiden sich die verschieden großen Teilchen in ihren Dampfdrücken. Betrachtet man zwei Teilchen mit den Radien r_1 und r_2, so unterscheiden sich ihre chemischen Potentiale, bedingt durch die gekrümmten Oberflächen [Haa_74]. Es stellt sich ein Konzentrationsunterschied $\Delta c = c(r_1)-c(r_2)$ ein. Das Wachstum hält solange an, bis $c(r \rightarrow \infty) = c_0$ erreicht ist. Wird ein Konzentrationsgradient an der Teilchenoberfläche durch $\Delta c/r_1$ angenommen, so ergibt sich das Wachstumsgesetz dieses Teilchens aus dem Diffusionsstrom in seine Grenzfläche. Dabei ist r_c das Teilchen mit dem kritischen Radius. Ist $r_1 > r_c$, wächst das Teilchen 1, anderenfalls schrumpft es [Haa_74]. Durch die

KAPITEL 2: Stand der Kenntnisse

Integration mit einer Verteilungsfunktion N(r₁) erhält man schließlich das Gesetz von Lifshitz-Wagner [Wagn_61][Haa_74]. Die genaue Herleitung von Gleichung 2-32 findet sich bei HAASEN [Haa_74].

Gleichung 2-32: $$r_c^3 - r_0^3 \approx \frac{D \cdot V_m^2 \cdot 2\gamma_{SV} \cdot c_0}{RT} \cdot t$$

Dabei ist D der Diffusionskoeffizient, V_m das molare Volumen, γ_{SV} die Oberflächenenergie, c_0 die molare Gleichgewichtskonzentration, R die universelle Gaskonstante und T die Temperatur in Kelvin. Der Term ε aus Gleichung 2-33 wird Ostwald-Reifungs-Konstante genannt [Oli_96].

Gleichung 2-33: $$\varepsilon \approx \frac{D \cdot V_m^2 \cdot 2\gamma_{SV} \cdot c_0}{RT}$$

Die Temperaturabhängigkeit von ε ist durch die nachfolgende Gleichung 2-34 gegeben. D und c_0 sind beide von der Temperatur abhängig [Oli_96].

Gleichung 2-34: $$\varepsilon \approx \frac{D \cdot V_m^2 \cdot 2\gamma_{SV}}{RT} \cdot \frac{c_0(T)}{T}$$

Aus der Kombination von Gleichung 2-32 und Gleichung 2-33 ergibt sich die folgende Vereinfachung:

Gleichung 2-35: $$r_c^3 - r_0^3 = \varepsilon \cdot t$$

Die Ni-Vergröberung in Ni/YSZ-Anoden wurde bereits von ELANGOVAN et al. [Ela_91] und SIMWONIS et al. [Sim_00] mit Gleichung 2-35 berechnet. In anderen Publikationen zu anderen Materialsystemen finden sich leicht abgewandelte Zeitgesetze [Im_99][FuQ_02][Pop_09]. IMRE et al. [Im_99][Im_00] geben bspw. einen Exponent von 4 für die

KAPITEL 2: Stand der Kenntnisse

Oberflächendiffusion von adsorbierten Atomen an. Daraus ergibt sich Gleichung 2-36 mit der Konstanten k.

Gleichung 2-36: $\quad\quad\quad\quad r_c^4 - r_0^4 = k \cdot t$

Im Vergleich zur klassischen Ostwald-Reifung wird die Konzentration in diesem Fall durch die Anzahl an adsorbierten Atomen oder „Clustern" pro Oberfläche (n_0) ersetzt. Der Massentransportkoeffizient auf der Oberfläche (D'_s) ergibt sich durch den Diffusionskoeffizient (D_s) der adsorbierten Atome multipliziert mit dem atomaren Anteil der adsorbierten Atome (c_a). Der Term $45 \cdot ln(L) \cdot \varphi(\theta)$ beinhaltet den Kontaktwinkel (θ) zwischen dem adsorbierten Atom oder „Cluster" mit dem Substrat und einem Faktor L, der von der Diffusionslänge abhängt [Im_99][Pop_09].

Gleichung 2-37: $\quad\quad\quad\quad k \approx \dfrac{8 D'_s \cdot \Omega^2 \cdot \gamma_{SV} \cdot n_0}{45 \ln(L) \cdot \varphi(\theta) \cdot kT}$

Materialwerte für die Selbstdiffusion in reinen Metallen finden sich bei PETERSON [Pet_78]. Ein Vergleich von Oberflächendiffusionskoeffizienten von Nickel findet sich bei VASSEN et al. [Vas_01] und SIMWONIS [Sim_99]. Anhaltspunkte für die Leerstellenkonzentration in Nickel finden sich bei BINKELE [Bin_06/D] und KNIES [Kni_01/D].

2.8.2.2. Deaktivierungsmechanismen

Schwefelvergiftung [Gon_07][Mat_00], Verkokung [Sf_01/D] und Vergiftung des Ni-Katalysators mit anderen Fremdelementen [Mog_02][Jen_03][Liu_03][Liu_05] sind bekannte Deaktivierungsmechanismen. Hierbei werden entweder die elektrokatalytisch aktiven Zentren geblockt oder das Porennetzwerk

KAPITEL 2: Stand der Kenntnisse

verstopft. Dies führt gewöhnlich zu einem Anstieg des Polarisationswiderstandes. Als Folgeerscheinung ist in Extremfällen auch ein Anstieg des ohmschen Widerstandes denkbar. In der Praxis versucht man meist, die Degradation, verursacht durch Deaktivierungsmechanismen, durch Systemlösungen zu minimieren. SOFC-Systeme sind in der Regel mit einer Erdgasentschwefelung ausgerüstet. Katalysatoren, welche das Erdgas in Wasserstoff und Nebenprodukte spalten, werden so betrieben, dass thermodynamisch kein Kohlenstoff entstehen kann. Die Anzahl an Fremdelementen in der Anode kann durch die entsprechende Reinheit der Ausgangsmaterialien, einen adäquaten Herstellungsprozess und eine geeignete Materialkombination im Zellstapel und in der Peripherie reduziert werden. Ein besseres Verständnis über die Deaktivierungsmechanismen bzw. die Entwicklung einfacher Lösung zur Vermeidung von Deaktivierungsmechanismen bleibt dennoch ein wichtiger Fokus in der Weiterentwicklung der SOFC bzw. von Brennstoffzellensystemen. Dies ist insbesondere in den hohen Kosten für Systemlösungen wie bspw. der Entschweflung begründet.

2.8.2.3. Thermomechanische Mechanismen

Der Betrieb einer Brennstoffzelle bei Temperaturen bis 1000°C mit Thermo- und Redox-Zyklierung sowie der Wunsch, Zellflächen auf größere Dimensionen zu skalieren, erfordert ein detailliertes Verständnis thermomechanischer Aspekte. Bei hohen Temperaturen kommt es in praktischen Anwendungen oft zu einer komplexen Beanspruchung des Werkstoffs, verursacht durch thermische, mechanische und chemische Wechselwirkungen [Schü_97].
Mechanische Spannungen werden in einem Bauteil auf verschiedene Weise induziert. Man unterscheidet (a) externe mechanische Spannungen (σ_{ext}), (b) mechanische Spannungen die durch unterschiedliche thermische

KAPITEL 2: Stand der Kenntnisse

Ausdehnungskoeffizienten zustande kommen (σ_{therm}), (c) mechanische Spannungen die durch die Dimensionsänderungen des Bauteils zustande kommen (σ_{geo}) und (d) mechanische Spannungen die durch Dimensionsänderungen im Bauteil selbst zustande kommen (σ_{int}) [Schü_01]. Die nachfolgende Gleichung (Gleichung 2-38) fasst den mechanischen Spannungszustand in einer Schicht zusammen. Die Summe dieser mechanischen Spannungen bzw. Dehnungen kann durch eine elastische (ε_{el}) oder plastische Verformung (ε_{pl}) kompensiert werden [Schü_01]. Die elastische Verformung (ε_{el}) ist proportional zu der wirkenden Kraft und wird durch das Hook'sche Gesetz beschrieben.

Gleichung 2-38: $$\sigma_{ext} + \sigma_{geo} + \sigma_{int} + \sigma_{therm} = (\varepsilon_{el} + \varepsilon_{pl}) \cdot E$$

Die plastische Verformung ist die Entspannung der elastisch gespeicherten Energie, die ab einem kritischen Wert (ε_c) einsetzt und das Bauteil irreversibel schädigt.

Drei Arten von Schädigungen können allgemein unterschieden werden [Schü_01]:
1) Risse durch die Schicht
2) Delamination oder Faltung von Schichten
3) Abplatzen von Schichten

Eigenspannungen: Wie bereits erwähnt wurde, induzieren Temperaturänderungen in einem Multischichtsystem mechanische Spannungen, welche aufgrund der unterschiedlichen Ausdehnungskoeffizienten der einzelnen Schichten zustande kommen. Allgemein dehnen sich Körper mit steigender Temperatur aus. Die Ursache hierfür sind die atomaren Schwingungen deren Amplitude sich mit

KAPITEL 2: Stand der Kenntnisse

steigender Temperatur vergrößert und somit auch der Abstand zwischen den Atomen.
Beim Sintern der Elektrode auf den Elektrolyt stellt sich ein spannungsfreier Zustand ein. Da die beiden Schichten fest miteinander verbunden sind und sich nicht frei ausdehnen können, treten während des Abkühlens aufgrund der unterschiedlichen thermischen Ausdehnungskoeffizienten (TAK) in Anode und Elektrolyt lokale mechanische Spannungen auf. Für die ESC treten in der Anode Zugspannungen auf, da ihr TAK größer als der des Elektrolyten ist [Sor_98].

Festigkeit und Bauteilversagen: Die mechanischen Eigenschaften von Zellkomponenten werden von den Defekten und Verunreinigungen beeinflusst, die z.B. während des Herstellungsprozesses eingetragen werden. E-Modul und Schubmodul von keramischen Materialien verändern sich z.B. mit der Porosität und den Verunreinigungen im Bauteil [Sel_97]. KONDOH et al. [Kon_04/b] haben die mechanischen Eigenschaften von Zirkonoxid in Abhängigkeit des Y_2O_3-Anteils untersucht. Die Analyse der Bruchflächen aus Zugversuchen deutet darauf hin, dass 70 % aller Brüche von Defekten im Bauteil ausgegangen sind. Überschreiten die Zugspannungen einen kritischen Wert, so bilden sich feine vertikale Risse durch die Schicht aus, welche zum Bruch des Bauteils führen können, bzw. anderweitig dessen Festigkeit beeinflussen.

Es sei auch erwähnt, dass Festigkeitskennwerte, nebst den Bauteilfehlern, vom Gefüge der Keramik bestimmt werden [Tel_01]. Der Einfluss der Korngrößen auf die mechanischen Eigenschaften wurde von KONDOH et al. angedeutet [Kon_04/b]. Feinkörnige TZP-Elektrolyten haben eine höhere Bruchfestigkeit als grobkörnige YSZ-Elektrolyten.

Die Bruchwahrscheinlichkeit eines keramischen Bauteils kann mit Hilfe der Weibull-Statistik beschrieben werden. Diese besagt, dass die Festigkeit

KAPITEL 2: Stand der Kenntnisse

des Bauteils durch das schwächste Glied bestimmt wird, bzw. dass erhöhte mechanische Spannungen in einem Bauteil zu einer erhöhten Bruchwahrscheinlichkeit führen.

Thermomechanik in SOFCs: Häufig beobachtete thermomechanische Degradationsphänomene in SOFCs sind Risse in der Elektrode und dem Elektrolyt, die Delamination von Zellschichten, die Zerstörung des Cermet-Verbundes und Dimensionsänderungen von Bauteilen. Insbesondere Risse im Elektrolyten und Delaminationen können zu einem abrupten Verlust an Zellleistung führen [Yok_08].

Gründe für die Entstehung von lokalen mechanische Spannungen unter SOFC-Betriebsbedingungen sind z.B. Volumenänderungen verursacht durch Thermo- oder Redox-Zyklen und den damit verbundenen Veränderungen im E-Modul, Temperaturgradienten im Zellstapel oder Fehler in den einzelnen Bauteilen [Mon_02][Malz_06]. Temperaturgradienten über den Zellquerschnitt sind durch das System- und Stapelkonzept gegeben und können beispielsweise durch einen Thermo- oder Redox-Zyklus oder eine ungünstige Betriebsweise des Stapels verstärkt werden. Statistisch nimmt die Anzahl kritischer Bauteilfehler mit der Größe des Bauteils zu, so dass es im Vergleich zu einem kleinen Bauteil zum früheren Versagen kommen kann [Malz_06][Mon_02].

Je nach Sinterschwund und TAK-Unterschied zwischen Anode und Elektrolyt, kann es beim Abkühlen der planaren Halbzelle (Elektrolyt mit Anode) zur Verwölbung kommen. Die Verwölbung kann durch Beaufschlagung der Zelle mit einer externen Last bei hoher Temperatur kompensiert werden. Das erneute Aufheizen und Abkühlen der Halbzelle führt jedoch wegen der Unterschiede im TAK zum erneuten Verbiegen der Zelle und reflektiert die damit verbundenen Spannungen im Bauteil [Fis_05]. Ein weiterer wichtiger Aspekt betrifft die Art der Einspannung der Zelle. Man unterscheidet den Fall einer (a) spannungsfrei eingebauten

KAPITEL 2: Stand der Kenntnisse

Zelle und (b) einer fest eingespannten oder geklemmten Zelle [Malz_06][Fis_05][Mon_02].

Die Bruchfestigkeit von Ni/8YSZ-Anoden wurde von PUSZ et al. [Pusz_07] an ringförmigen Körpern als Funktion mehrer Redox-Zyklen gemessen. Bei fein strukturierten Anoden nimmt die Bruchfestigkeit von 0 bis 5 Zyklen von 65.1 auf 105.3 MPa zu, wohingegen sie bei grob strukturierten Anoden von 75.5 bis 51 MPa abnimmt. Der E-Modul von Ni/8YSZ-Anoden (NiO/8YSZ 56:44 Gew. %) im oxidierten und reduzierten Zustand wurde von SARANTARIDIS et al. [Sar_07] gemessen. Für den reduzierten Zustand ergibt sich ein Wert von 32 GPa, für den oxidierten 74 GPa. Die Biegefestigkeit einer ähnlichen Anode wird mit 50 MPa aus der Literatur entnommen. Die thermischen Ausdehnungskoeffizienten von Ni, NiO, 8YSZ, Ni/8YSZ und NiO/8YSZ wurden in umfangreichen Messreihen von MORI et al. [Mori_98] bestimmt. Der TAK variiert teilweise stark mit der Temperatur und mit dem Ni Gehalt.

Die Bruchwahrscheinlichkeit von Ni/8YSZ-Anoden (40 Vol. % Ni) wurde von PRIMDAHL [Prim_99/D] qualitativ in Abhängigkeit von der Sintertemperatur untersucht. Je höher die Sintertemperatur desto besser ist die Haftung der Anode auf dem 8YSZ-Elektrolyten, aber umso leichter bricht die Probe. Bei Sintertemperaturen ab 1300°C entstehen Risse in der Anode während dem Sinterprozess. Die Dichte der Risse erhöht sich mit zunehmender Sintertemperatur.

2.8.3. Einfluss des Stackkonzeptes auf die Degradation

In anwendungsnahen Systemen werden ohmsche und Polarisationsverluste durch das Zellendesign, sowie die Zellstapel- und Systemparameter beeinflusst. Für den Betrieb der Anode in realen Zellstapeln ist insbesondere das Zusammenspiel von Querleitfähigkeit und Kontaktierung von Bedeutung. Die Kontaktierung einer Zelle von beispielsweise 100 cm^2

KAPITEL 2: Stand der Kenntnisse

mit dem Stromsammler ist in der Regel nicht perfekt und die Kontaktfläche normalerweise nicht größer als 50 %. Dadurch ändert sich die Migrationslänge für ein Elektron von „µm" unter der Noppe bis „mm" unter einem Gaskanal. Dies führt zu Strom-/Spannungsverteilungen in der Anode, welche lokal den ohmschen und Polarisationswiderstand beeinflussen können [Gui_00][Jia_03/a][Hof_05][Reum_06].
Querleitfähigkeitseffekte können vor allem auf der Anodenseite problematisch werden, da sich die Leitfähigkeit der Anode während des Betriebes verändert. Dies gilt vor allem für den Fall der Redox-Zyklierung. Fällt die elektrische Leitfähigkeit auf einen Wert nahe des Elektrolyten ab, so steigt der ohmsche Widerstand der Zelle an. Dies wurde anhand von Experimenten und Simulationen gezeigt [Iw_07].

2.8.4. Zusammenfassung zur Degradation von SOFC-Brennstoffzellen

Die Degradation der Zelle hängt von den Betriebsparametern, der Betriebsweise, der Mikrostruktur und dem Design der Zelle und des Zellstapels ab. Die Zusammenhänge sind in der nachfolgenden Abb. 2-11 schematisch dargestellt. Die Betriebsparameter beeinflussen in Kombination mit der Betriebsweise die Degradation der Mikrostruktur. Je nach Betriebsweise laufen die Materialtransportmechanismen, die Deaktivierungsmechanismen oder die thermomechanischen Mechanismen mehr oder weniger schnell ab. Die Mikrostruktur beeinflusst direkt die Zellleistung. Das Design beeinflusst ebenfalls direkt die Zellleistung, bzw. den zeitlichen Verlauf der Zellleistung und wird beeinflusst durch die Betriebsparameter und umgekehrt. Unter bestimmten Umständen können auch die Betriebsparameter direkt die gemessene Zunahme des *ASR* beeinflussen. Dies ist zum Beispiel der Fall wenn Elektrodenprozesse stark thermisch aktiviert sind oder eine starke Abhängigkeit vom Wasserdampf zeigen. Die gemessene Zunahme des *ASR* mit der Zeit kann dann, z.B. bei tiefen Temperaturen oder niedrigen Wasserdampfgehalten, höher sein als bei hohen Temperaturen und hohen Wasserdampfgehalten, obwohl man für die Degradation der Mikrostruktur bzw. der Materialien ein umgekehrtes Verhalten erwartet.

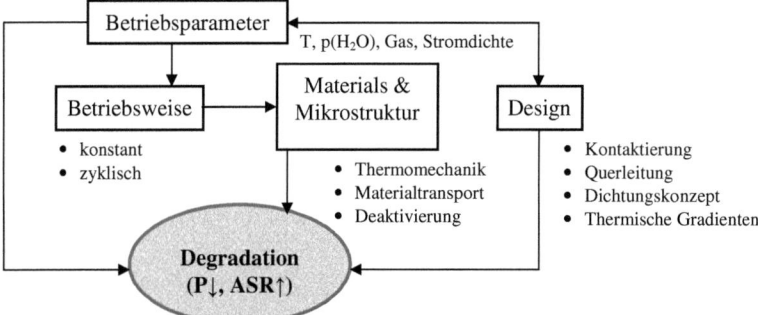

Abb. 2-11: Schematische Darstellung wichtiger Einflussfaktoren auf die mikrostrukturelle Degradation und die Zellleistung

2.9. Schlussfolgerungen aus der Literaturzusammenfassung für die Problemstellung der Arbeit und die geplanten Experimente

Die qualitativen Zusammenhänge zwischen den verschiedenen mikrostrukturellen Verränderungen in der Anode und der gleichzeitigen Veränderung der Zellspannung sind weitestgehend bekannt. Im Gegensatz dazu ist die Quantifizierung, bzw. die Gewichtung einzelner Degradationsphänomene, in anwendungsnahen Ni-Cermet-Anoden, nur wenig erforscht. Dies liegt vor allem an den zahlreichen Variablen eines SOFC-Systems (siehe Abb. 2-11), den langen Versuchsdauern, die nötig sind um Zeitgesetze ableiten zu können, sowie der Tatsache, dass nach wie vor Uneinigkeit über den genauen Ablauf des Reaktionsmechanismus an der Ni-Cermet-Anode herrscht. Diesbezüglich ist besonders ein Vergleich der beiden Standardanodenmaterialien Ni/CGO und Ni/YSZ, in Bezug auf die Degradation, von Interesse. Insbesondere, wegen der Mischleitereigenschaft von CGO erscheinen Unterschiede im Degradationsverhalten denkbar. Weitere offene Fragen stellen sich nach dem quantitativen Einfluss der Betriebsparameter, insbesondere der Temperatur, der Stromdichte und dem Wasserdampf, auf die mikrostrukturelle Degradation. Diese variieren typischerweise über die Zellfläche der Anode in anwendungsnahen Stacks (z.B. 100 cm^2 Zellfläche), wohingegen sie in Button-Cell Versuchen praktisch konstant sind.

Die quantitative Beschreibung der Veränderung von mikrostrukturellen Parametern mit der Zeit und die Korrelation zur elektrischen Leistung der Brennstoffzelle, sind besonders aus industrieller Sicht von großem Interesse, denn der experimentelle Nachweis einer Lebensdauer von > 40'000 h ist mit erheblichem Aufwand bzw. Kosten verbunden. Folgerichtig werden leistungsfähige Modelle benötigt, welche die Lebensdauer von Brennstoffzellen vorhersagen. Die Modelle müssen mit

KAPITEL 2: Stand der Kenntnisse

zuverlässigen und konsistenten Daten „gefüttert" werden. Dies ist mit den vorhandenen Literaturdaten nur teilweise möglich, da die Daten häufig nur einzelne Aspekte der mikrostrukturellen Degradation beleuchten, die kein schlüssiges Gesamtbild ergeben. Anhand der Fragen, welche sich aus der Literaturrecherche ergeben, erscheinen die folgenden Versuche sinnvoll:
- Vergleich zwischen den Standardanoden Ni/YSZ und Ni/CGO hinsichtlich der mikrostrukturellen Degradation
- Einfluss des Ionenleiters (YSZ) auf die Zellleistung und Degradation
- Einfluss der Partikelverteilung in Ni-Cermet-Anoden auf die Zellleistung und Degradation der Mikrostruktur
- Einfluss des Phasenanteils von Nickel und Keramik auf die Zellleistung und die Degradation der Mikrostruktur
- Quantifizierung der mikrostrukturellen Veränderungen in Ni-Cermet-Anoden unter Variation der Betriebsparameter Temperatur, Stromdichte Wasserdampfgehalt und Wasserdampfmenge

KAPITEL 3: Probenherstellung, Messmethoden und Analytik

3.1. Probenherstellung

Anoden-Cermets wurden durch Mischen von Ni-Pulver mit YSZ, bzw. CGO-Pulver hergestellt. Das Nickeloxidpulver (99%) wurde von der Firma *JT Baker* bezogen und bei allen Proben verwendet. Die Partikelverteilungen der Ausgangspulver und Pasten wurden mit einem Laser-Streulichtspektrometer von *Horiba* (LA-920) gemessen und sind in Tab.3-1 zusammengefasst.

Tab.3-1: Partikelverteilungen der Ausgangspulver

Pulver	Lieferant	Bezeichnung	d10 µm	d50 µm	d90 µm	d99 µm
NiO	J.T.Baker	NiO	0.34	0.62	2.02	3.18
TZ-3YS	Tosoh	3YSZ	0.50	1.69	16.27	24.96
MELox8Y XZO745/10	Mel Chemicals	8YSZ fein	0.29	0.47	0.90	1.88
MELox8Y XZO1839/01	Mel Chemicals	8YSZ mittel	1.09	3.33	6.42	9.88
MELox8Y XZO1272/04	Mel Chemicals	8YSZ grob	6.01	10.19	15.82	22.50
CG40	Praxair	CGO	0.38	1.62	3.89	6.13
CeO$_2$	Fluka	CeO2	1.37	6.34	18.7	76.58

3YSZ- und 8YSZ-Pulver wurde bei *Tosoh* (TZ-8Y und TZ-8YS) bezogen und 8YSZ-Pulver mit verschiedenen Partikelverteilungen bei *Mel*

KAPITEL 3: Messmethoden, Probenherstellung & Analytik

Chemicals (MELox8Y) bezogen. Das CeO_2-Pulver wurde bei *Fluka*, das 40 Mol % Gadolinium dotierte Ceroxid (CG40) Pulver von *Praxair Specialty Ceramics* bezogen.
Die Pulver wurden mit einer Terpineol enthaltenden Lösung vermischt und in einer Planetenkugelmühle (*Retsch* PM100) dispergiert.

Tab.3-2: Parameter der Pasten

Pasten-ID	Met.	Keramik	NiO	YSZ CGO	Pulver-ladung	d_{10}	d_{50}	d_{90}	d_{99}
			[Vol%]	[Vol%]	[%]	[µm]	[µm]	[µm]	[µm]
PSL080006	NiO	8YSZ fein	40	60	83.3	0.22	0.42	1.18	2.60
PSL080027	NiO	CG40	40	60	77.0	0.21	0.44	1.82	3.41
PSL080051	NiO	8YSZ fein	40	60	83.3	0.35	0.59	1.56	2.50
PSL080052	NiO	8YSZ mittel	40	60	83.3	0.31	0.74	2.20	4.72
PSL080053	NiO	8YSZ grob	40	60	83.3	0.33	0.91	4.37	7.07
PSL080054	NiO	8YSZ fein+mittel	40	60	83.3	0.27	0.48	1.73	3.13
PSL080055	NiO	8YSZ fein+grob	40	60	83.3	0.28	0.51	1.91	3.37
PSL080058	NiO	8YSZ fein	30	70	84.0	0.20	0.42	1.45	2.87
PSL080059	NiO	8YSZ fein	35	65	84.0	0.31	0.48	1.27	2.42
PSL080060	NiO	8YSZ fein	50	50	84.0	0.35	0.53	1.46	2.50
PSL080061	NiO	8YSZ grob	30	70	84.0	0.41	1.91	4.54	6.64
PSL080062	NiO	8YSZ grob	35	65	84.0	0.38	1.42	3.33	5.03
PSL080063	NiO	8YSZ grob	50	50	84.0	0.39	1.77	5.64	9.94
PSL080065	NiO	CeO_2	40	60	82.9	0.31	0.55	1.87	3.12
PSL090045	NiO	3YSZ fein	50	50	81.6	0.39	0.66	2.15	3.79

Die Zellen für die Auslagerungsversuche sowie für die elektrochemischen und Leitfähigkeitsversuche wurden mittels Siebdruck der jeweiligen Elektrodenpaste auf einen 140 µm dicken 3YSZ-Elektrolyten von *Nippon Shokubai Ltd.* aufgetragen und anschließend bei 1350°C für 4 h gesintert, wenn nicht anders angegeben. Die Schichtdicke der Anode lag für diese

KAPITEL 3: Messmethoden, Probenherstellung & Analytik

Anoden bei etwa 25 – 30 µm. Die Kathode für die elektrochemischen Experimente wurde bei allen Zellen aus LSM/YSZ hergestellt und mittels Siebdruck auf die gegenüberliegende Seite des Elektrolyten gedruckt. Auf die LSM/YSZ-Schicht wurde eine Schicht aus reinem LSM aufgebracht, welche als Stromsammler fungiert. Beide Schichten wurden zusammen bei 1100°C für 3h gesintert. Die gesamte Kathodendicke betrug für alle elektrochemischen Messungen etwa 50 µm. Die Heizrate betrug für alle Sinterungen 1°C/min. Die Identifikationsnummer der Pasten, die Phasenzusammensetzungen und Partikelverteilungen sind in der nachfolgenden
3YSZ- und 8YSZ-Pulver wurde bei *Tosoh* (TZ-8Y und TZ-8YS) bezogen und 8YSZ-Pulver mit verschiedenen Partikelverteilungen bei *Mel Chemicals* (MELox8Y) bezogen. Das CeO_2-Pulver wurde bei *Fluka*, das 40 Mol % Gadolinium dotierte Ceroxid (CG40) Pulver von *Praxair Specialty Ceramics* bezogen.

Die Pulver wurden mit einer Terpineol enthaltenden Lösung vermischt und in einer Planetenkugelmühle (*Retsch* PM100) dispergiert.

Tab.3-2 zusammengefasst.

Für die Auslagerungsexperimente wurden anwendungsnahe Ni/CG40-Anoden untersucht, welche von *Hexis* standardmäßig eingesetzt wurden. Diese bestehen aus einer dem Elektrolyten zugewandten elektrochemisch aktiven Schicht (Anode 1 = A1) und einer darüber liegenden Stromsammlerschicht (Anode 2 = A2). Die Stromsammlerschicht hat einen höheren Ni-Anteil um eine dauerhafte ausreichende elektrischen Leitfähigkeit sicherzustellen. Die Fertigung dieser Anode wurde von VOISARD [Voi_04] beschrieben. Die Pulver wurden von der Firma *Praxair Specialty Ceramics* bezogen. Eine Zusammenfassung der Phasenanteile von Nickel und CG40 liefert die nachfolgende Tab.3-3.

Tab.3-3: Phasenanteile der Zellen aus der Produktion von *Hexis*

KAPITEL 3: Messmethoden, Probenherstellung & Analytik

Zell-ID	A1 Vol. % Ni/Keramik	A2 Vol. % Ni/Keramik
O-220306-2	38:62	59:41
P-120207-1	34:66	52:48

KAPITEL 3: Messmethoden, Probenherstellung & Analytik

3.2. Messmethoden und Prüfstände

Das nachfolgende Unterkapitel beschreibt die Prüfstände und das experimentelle Vorgehen zur Charakterisierung der Materialeigenschaften unter verschiedenen Versuchsbedingungen und über den zeitlichen Verlauf. Kleine Zellen (1.44 cm^2) wurden im Button-Cell-Prüfstand elektrochemisch charakterisiert. Hierzu wurden U-I-Kennlinien und Impedanzen gemessen. Die Bestimmung der Querleitfähigkeit der Anode erfolgte über die Vier-Punkt-Messmethode. Einige Anoden wurden in einem Rohrofen bei verschiedenen Betriebsbedingungen ausgelagert.

3.2.1. Auslagerungen

Im Auslagerungsprüfstand können betriebsrelevante Parameter, wie z.B. die Temperatur und der Wasserdampfgehalt, gezielt variiert werden. Die Auslagerungsversuche wurden durchgeführt, um den Einfluss der Betriebsparameter auf die Veränderungen in der Anodenmikrostruktur zu quantifizieren. Die Anodenproben wurden in einem Auslagerungsofen bei verschiedenen Temperaturen und Wasserdampfgehalten ausgesetzt. Der Prüfstand ist schematisch in Abb. 3-1 dargestellt und besteht aus einem Aluminiumoxidrohr (Alox), in welchem ein Probenhalter, ebenfalls Aluminiumoxid, angebracht ist. Über zwei Thermoelemente (Typ S) wurde die Temperatur an der obersten und untersten Ebene im Probenhalter gemessen. Der Temperaturgradient zwischen den beiden Thermoelementen betrug je nach Temperatur ca. 40°C. Der Prüfstand wurde falls nicht anders angegeben mit Formiergas (95 % N_2, 5 % H_2) betrieben, mit einem totalen Massenfluss von 200 Nml/min. Die Gase (Stickstoff und Wasserstoff) wurden über eine Dosierstation gemischt. Mit einem Sauerstoffsensor (Pt|YSZ|Pt) wurde die Nernst-Spannung gemessen, um den

KAPITEL 3: Messmethoden, Probenherstellung & Analytik

Wasserdampfgehalt während des Versuchs zu bestimmen. Der Wasserdampfgehalt wurde über einen Präzisionsverdampfer der Firma *Bronkhorst* (Controlled Evaporator Mixer) geregelt. Die Temperaturen und die Nernst-Spannung wurden über einen Datenlogger aufgezeichnet.

Versuchsdurchführung: Die zu untersuchenden Proben wurden mit einer Rate von 3 K/min in Luft aufgeheizt. Nach dem Erreichen der Betriebstemperatur wurde das Alox-Rohr für 1 h mit Stickstoff gespült. Danach erfolgte die Reduktion durch Zudosierung des Wasserstoffs. Nach dem Erreichen der Nernst-Spannung von 1.1 V wurde, sofern vorgesehen, der Wasserdampf zudosiert. Für die Langzeittests wurden mehrere Probenstücke der gleichen Probe (ca. 0.5 cm^2) auf der gleichen Ebene des Probenhalters platziert. Zu verschiedenen Zeiten wurde der Prüfstand mit einer Rate von 3 K/min auf Raumtemperatur gekühlt, um die Probenstücke zu entnehmen. Die Abkühlung erfolgte in reduzierender Atmosphäre wobei stets der Wasserdampf abgestellt wurde. Die Mikrostrukturen der entnommenen Anoden wurden anschließend charakterisiert.

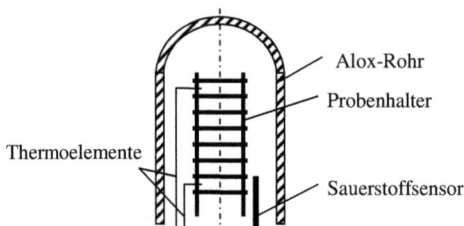

Abb. 3-1: schematische Darstellung des Auslagerungsprüfstandes

KAPITEL 3: Messmethoden, Probenherstellung & Analytik

3.2.2. Leitfähigkeitsmessung

Die elektrischen Querleitfähigkeiten der Anodenschichten wurden mit der Vier-Punkt-Methode bestimmt. Der Messaufbau und die verwendete Probengeometrie ist schematisch in Abb. 3-2 dargestellt. Die Messungen erfolgten in einem Rohrofen bzw. einem Rohr aus Aluminiumoxid. Als Messgase wurden H_2, N_2 oder Luft verwendet, die einzeln zudosiert werden konnten. Der Wasserdampfgehalt konnte über einen Membranverdampfer eingestellt werden. Die Messung des Sauerstoffpartialdrucks bzw. der Nernst-Spannung erfolgte über eine Sauerstoffsonde (Pt|YSZ|Pt). Die Temperaturmessung mit einem Typ-S-Thermoelement erfolgte unmittelbar am Probenhalter. Acht Proben konnten gleichzeitig gemessen werden. Eine eigens entwickelte Messkarte und der Ofen wurden über die Software *Labview* gesteuert und die Messdaten aufgezeichnet. Die Proben wurden in einem speziell angefertigten Probenhalter über eine keramische Feder eingespannt um den dauerhaften Kontakt zu den Strom- und Spannungsabgriffen sicherzustellen. Strom- und Spannungsabgriffe zur Ni-Anodenschicht wurden über Platindrähte hergestellt. Die Abmaße der Proben betrugen $21 \cdot 8.8$ mm^2, die Schichtdicken der untersuchten Proben variierten zwischen 25 – 30 µm.

Versuchsdurchführung: Die zu untersuchende Probe wurde mit einer Rate von 3 K/min in Luft aufgeheizt. Nach dem Erreichen der Betriebstemperatur wurde das Alox-Rohr für 1 h mit Stickstoffgespült. Danach wurde der Wasserstoff zudosiert (5 % H_2 und 95 % N_2). Der Gesamtvolumenstrom betrug 200 Nml/min und die Nernst-Spannung bei 950°C 1.1 V. Je nach Versuch wurde zusätzlich Wasserdampf über einen Membranverdampfer zudosiert. Der Membranverdampfer wurde, falls nicht anders angegeben, bei Raumtemperatur betrieben (30°C). Die daraus resultierende Nernst-Spannung betrug 0.935 V was einem

KAPITEL 3: Messmethoden, Probenherstellung & Analytik

Wasserdampfgehalt von ca. 30 % entspricht ($p_{(O2)} \approx 7.6 \cdot 10^{-17}$ bar). Für die Redox-Versuche wurde das Alox-Rohr vor und nach der Oxidation für jeweils 1 h mit Stickstoff gespült. Die Oxidation erfolgt mit 100 Nml/min unbefeuchteter Luft, welches nach dem einstündigen Spülen mit N_2 direkt in das Alox-Rohr eingeleitet wurde.

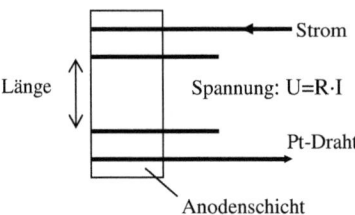

Abb. 3-2: Schematische Darstellung der verwendeten Leitfähigkeitsprobe für die Vier-Punkt-Messung

Die elektrische Leitfähigkeit der Schichten wurde über das ohmsche Gesetz nach Gleichung 3-1 und Gleichung 3-2 bestimmt, wobei R der Widerstand, ρ der spezifische Widerstand, l die Länge, A die Querschnittsfläche und σ die Leitfähigkeit sind.

Gleichung 3-1: $\qquad R = \rho \cdot \dfrac{l}{A}$

Gleichung 3-2: $\qquad \sigma = \dfrac{1}{\rho}$

Aus den Gleichungen ergibt sich eine starke Abhängigkeit der elektrischen Leitfähigkeit von der Anodenschichtdicke. Die Schichtdicke jeder Probe musste deshalb im Rasterelektronenmikroskop bestimmt werden.

KAPITEL 3: Messmethoden, Probenherstellung & Analytik

3.2.3. Elektrochemische Charakterisierung

Die elektrochemische Charakterisierung erfolgte in-situ anhand von Impedanz- und Strom-Spannungsmessungen an den Zellen. Um quasi-konstante Betriebsbedingungen über die Zellfläche zu realisieren, wurden kleine Zellen mit quadratischen Elektroden mit einer Zellfläche von $12 \cdot 12$ mm^2 verwendet.
Für die Durchführung der Versuche standen drei unterschiedliche Prüfstände zur Verfügung:

1) Halbautomatischer Button-Cell-Prüfstand, offenes System, Impedanzmessung: *Zahner* IM6ex, Last: *ET System electronic GmbH*
2) Vollautomatischer Impedanzprüfstand, geschlossenes System, Impedanzmessung: *Solartron* SI 1260, Last: *Agilent* 6613C
3) Rohrofen zur Messung von symmetrischen Zellen, geschlossenes System, Impedanzmessung: *Zahner* IM6ex

Offener Button-Cell-Prüfstand: Im Button-Cell-Prüfstand (Abb. 3-3) wurde die Zelle ohne eine hermetische Dichtung in den Prüfkopf eingebaut. Die Zuleitung der Gase erfolgte senkrecht auf die Elektrodenfläche. Über einen keramischen Gasverteiler wurde das Gas parallel zur Anodenfläche umgeleitet. Außerhalb der Zelle verbrannte das Restgas mit der überschüssigen Kathodenluft. Die Einstellung des Wasserdampfpartialdrucks erfolgte über einen Membranverdampfer. Die Konzentration an Wasserdampf im Brenngasmassenstrom war über die Temperatur des Wasserbads regelbar. Wenn nicht anders angegeben entsprach die Wasserbadtemperatur der Umgebungstemperatur von etwa 30°C. Die Leerlaufspannung (OCV) bei 950°C betrug ca. 1 Volt was einem Wasserdampfgehalt von etwa 11 % entsprach. Anodenseitig verfügte der

KAPITEL 3: Messmethoden, Probenherstellung & Analytik

Prüfstand über eine N_2- und H_2-Zuleitung, kathodenseitig über eine Luftzuleitung. Alle Gase und der Ofen wurden manuell eingeregelt. Der Kontaktabgriff auf der Anodenseite erfolgte über zwei aufeinander liegende Nickelnetze (0.065 mm Drahtstärke, Mesh 150), auf der Kathodenseite mit zwei Goldnetzen (0.06 mm Drahtstärke, Mesh ~80). Zur Verbesserung der Kontaktierung wurden die metallischen Netze, über eine Ni- bzw. LSM-Paste (Kathode), mit den Elektroden kontaktiert. Die Dicke der Kontaktschichten im Grünzustand betrug etwa 30 µm. Als Elektrodenfläche wurden 12 · 12 mm^2 gewählt, welche mittig auf einer 3YSZ-Elektrolytscheibe mit Durchmesser von 36 mm aufgebracht war. Die Gasmassenflüsse wurden anodenseitig mit 200 Nml/min H_2 und kathodenseitig mit 400 Nml/min Luft eingestellt. Redox-Zyklen wurden durch händisches Aus- und Anschalten der Gase durchgeführt. Nach dem Ausblenden des Brenngases diffundiert die umgebende Luft sofort in die Anode und oxidiert das Nickel der Anode zu NiO. Die Anode wurde so für 30 min mit unbefeuchteter Luft vollständig oxidiert (Spannung 0 V). Danach wurde die Zelle für fünf Minuten mit Formiergas beflutet (5% H_2, 95% N_2) und anschließend der Wasserstoffvolumenstrom innerhalb von fünf Minuten, in 50 Nml/min Inkrementen auf 200 Nml/min geregelt.

Die Impedanzmessungen wurden mit einem Impedanzspektrometer der Firma *Zahner*, Kronach (IM6ex) im Frequenzbereich 20 mHz – 200 kHz, mit einer Amplitude von 20 mV durchgeführt. Das Impedanzgerät ist kombiniert mit einem Potentiostat/Galvanostat. Die Spektren wurden bei Leerlaufspannung (OCV) sowie unter elektrischer Belastung aufgenommen. Für die Gleichstrombelastung der Zelle wurde eine elektrische Last von *ET System electronic GmbH*, Altlußheim verwendet.

KAPITEL 3: Messmethoden, Probenherstellung & Analytik

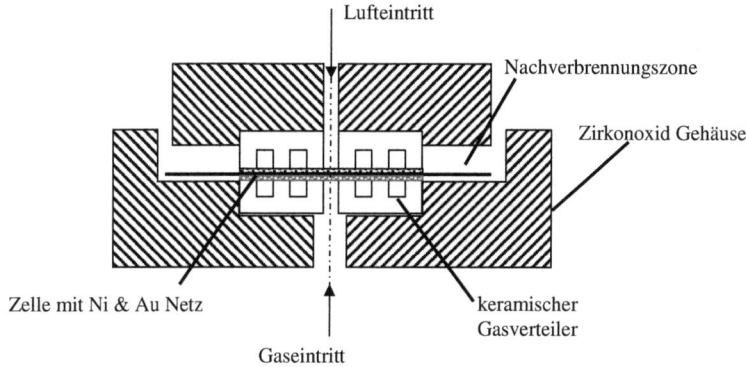

Abb. 3-3: Schnitt des offenen *Hexis* Button-Cell-Prüfstandes

Geschlossener vollautomatischer Button-Cell-Prüfstand: Im geschlossenen Button-Cell-Prüfstand ist die Zelle gasdicht eingebaut. Der Prüfstand wurde vom Institut *für Werkstoffe der Elektrotechnik der Universität Karlsruhe (IWE)* entwickelt und hergestellt. Details der Messeinrichtung sind bspw. bei MÜLLER [Mü_04/D] abgebildet. Die zu untersuchende Zelle, mit der Elektrodenfläche $12 \cdot 12$ mm^2, wurde in einem Aluminiumoxidgehäuse dicht eingebaut. Die Abdichtung der Zelle erfolgte über eine Golddichtung. Anodenseitig erfolgte der Kontakt mit zwei aufeinander liegenden Ni-Netzen (0.065 mm Drahtstärke, 150 Mesh), kathodenseitig mit zwei Au-Netzen (0.06 mm Drahtstärke, Mesh ~80). Die Kontaktierung der Zelle mit dem Netz erfolgt über eine Ni- bzw. LSM-Paste. Die Schicht hat im Grünzustand eine Dicke von etwa 30 µm. Bedingt durch den Aufbau des Probenhalters wird die Zelle parallel zur Oberfläche mit dem jeweiligen Gas überströmt. Der Wasserdampfpartialdruck wird über die Verbrennung von O_2 in einer vorgelagerten Brennkammer eingestellt. Der Sauerstoffpartialdruck im Brenngas wird über die Nernst-Spannung am Gasein- und -austritt bestimmt.

KAPITEL 3: Messmethoden, Probenherstellung & Analytik

Das Prüfprogramm respektive die Ansteuerung des Gleichstromofens, der Massenflussregler, der Gleichstromquelle und des Impedanzgerätes erfolgte über eine Software, welche am *IWE* entwickelt wurde. Prüfprogramme konnten über ein txt.Skript individuell programmiert werden und liefen vollautomatisch ab. Als Standardeinstellungen wurden folgende Parameter gewählt:

- Wasserstoffvolumenstrom: 100 Nml/min
- Brenngasbefeuchtung: 2.5 Nml/min O_2,
- Kathodenluft: 300 Nml/min.
- Im konstanten Betrieb wurde die Zelle mit 240 mA/cm^2 belastet.

Redox-Zyklen wurden für je eine Stunde durchgeführt, indem der Wasserstoff abgestellt und die Anode direkt mit 10 ml/min reinem Sauerstoff oxidiert wurde. Der Sauerstoffvolumenstrom wurde nicht befeuchtet. Die Impedanzmessungen wurden mit einem Impedanzspektrometer der Firma *Solartron*, Hampshire (SI 1260), im Frequenzbereich 10 mHz – 1 MHz, mit einem Anregungssignal von 25 mA und im OCV-Betrieb aufgenommen. Die elektrische Belastung bzw. die Aufzeichnung der U-I-Charakteristik erfolgte durch eine Stromsenke der Firma *Agilent*, Santa Clara (Bezeichnung: 6613C).

Rohrofen zur Messung symmetrischer Zellen: Messungen an symmetrischen Anodenzellen wurden in einem Rohrofen durchgeführt. Das Aluminiumoxid-Rohr kann mit N_2/H_2 oder Luft beflutet werden. Der Wasserdampfgehalt wurde über einen Membranverdampfer eingestellt. Wenn nicht anders angegeben, wurde dieser bei Raumtemperatur bei etwa 30°C betrieben. Die Nernst-Spannung bzw. der Sauerstoffpartialdruck kann über eine Pt|YSZ|Pt-Sonde bestimmt werden. Die Temperatur wurde über ein Typ-S-Thermoelement am Probenhalter gemessen.

KAPITEL 3: Messmethoden, Probenherstellung & Analytik

Die Zelle mit der quadratischen Elektrodenfläche von 12 · 12 mm² wurde beidseitig mit zwei aufeinander liegenden Ni-Netzen kontaktiert (0.065 mm Drahtstärke, Mesh 150). Zelle und Netz wurden mit einer Ni-Paste kontaktiert (ca. 30 µm Schichtdicke im Grünzustand). Um die Beflutung mit den Gasen sicherzustellen, wurde die Zelle zwischen zwei keramische Gasverteiler eingebaut. Redox-Zyklen wurden folgendermaßen durchgeführt:

- Ausblenden des H_2-Brenngases gefolgt von einem N_2-Spülvorgang von ca. 1 h mit 200 Nml/min
- 30 Minuten oxidieren der Anode mit unbefeuchteter Luft (100 Nml/min) gefolgt von einem abermaligen Spülvorgang mit N_2 von ca. 1 h
- Reduzieren der Anode mit Wasserstoffvolumenstrom (Volumenstrom je nach Versuch)

Die Impedanzmessungen erfolgten mit einem Impedanzspektrometer der Firma *Zahner*, Kronach (IM6ex), in einem Frequenzbereich von 20 mHz bis 200 kHz.

3.3. Analytik

Die Charakterisierung der Mikrostrukturen und Materialien erfolgte mittels Rasterelektronenmikroskopie (REM), energiedispersiver Röntgenspektroskopie (EDX), Lichtmikroskopie und Röntgenbeugungsanalysen (XRD). Die Untersuchungen wurden bei *Hexis* und an den *Swiss Federal Laboratories for Materials Science and Technology (EMPA)* durchgeführt.

KAPITEL 3: Messmethoden, Probenherstellung & Analytik

3.3.1. Elektronenmikroskopie

Mikrostrukturen wurden mittels Rasterelektronenmikroskopie (REM) und energiedispersiver Röntgenspektroskopie (EDX) untersucht. Die gezeigten Bilder wurden an einem Rasterelektronenmikroskop der Firma *Tescan, Brno* (VEGA TS5130 MM) im Sekundärelektronen- (SE) oder Rückstreuelektronen- (BSE) Modus aufgenommen. EDX-Analysen erfolgten mit einem Gerät der Firma *Oxford*, welches im REM integriert ist.

Für die Schliffe wurden die Proben in Epoxidharz eingebettet, mit SiC-Papier geschliffen und anschließend mit Tonerde poliert. Eine Reihe von Proben wurde markiert, um die Mikrostruktur der gleichen Probe als Funktion der Zeit an einer Stelle auf der Oberfläche und im Schliff zu verfolgen.

Die quantitativen Bildanalysen wurden in den *Swiss Federal Laboratories for Materials Science and Technology (EMPA)* durchgeführt. Dazu müssen zunächst kontrastreiche Bilder erzeugt werden, die dann auf drei Farben entsprechend der drei Phasen Ni, CGO bzw. YSZ und Poren reduziert werden. Die Bilder für die Ni/CGO-Anode wurden mit einem Mikroskop der Firma *FEI*, mit 6 kV und einem BSE-Detektor aufgenommen (ESEM FEG XL30 (FEI)). Für die Ni/8YSZ-Anode konnte mit dieser Methode kein ausreichender Kontrast erreicht werden. Die Bilder wurden mit dem Rasterelektronenmikroskop NovaNanoSEM der Firma *FEI* mit einer Beschleunigungsspannung von 7 – 10 kV aufgenommen. Die Phasen Ni, YSZ und Poren wurden über ein EDX-Mapping voneinander getrennt. Hierzu wurde ein EDX der Firma *Oxford* verwendet (Inca mit einem Silicon Drift Detektor Typ Xmax 80). Die Bildauswertungen erfolgten mit einem an der *EMPA* entwickelten Programm [Hol_10]. Für die Auswertung einer Probe wurden mindestens drei Bilder analysiert und die Partikelverteilungen gemittelt. Die Bildauswertungen wurden von Dr.

KAPITEL 3: Messmethoden, Probenherstellung & Analytik

Lorenz Holzer durchgeführt. Die Details der Bildauswertung wurden von MÜNCH et al. [Mün_08] und HOLZER et al. [Hol_10] beschrieben.

3.3.2. Lichtmikroskopie

Die lichtmikroskopischen Bilder wurden an Schliffen in 1000 facher Vergrößerung an der *EMPA* aufgenommen. Die Probenstücke wurden hierzu in Epoxydharz eingebettet und mit SiC und Diamantsuspensionen poliert. Die Aufnahmen erfolgten mit einem Lichtmikroskop von *Leica* (DM2500, Reflexion). Die Aufnahmen wurden an der *EMPA* von Dr. Lorenz Holzer durchgeführt.

3.3.3. Röntgenbeugungsanalyse

Röntgenbeugungsanalysen (XRD) an Anodenmaterialien wurden an der *Eidgenössischen Materialprüfungsanstalt* (*EMPA*) mit dem Gerät X-pert PRO von *PANalytical* durchgeführt (Konsole PW 3040 und X'Celerator). Die Messungen wurden mit einer Cu-Anode durchgeführt (K-α_1 = 1.54060 Å, K-α_2 = 1.54443 Å, K-β = 1.39225 Å). Der Messbereich 2θ betrug 5-80° mit einer Schrittweite von 0.017 rad. Die Daten wurden mit der X-pert High Score Software ausgewertet.

KAPITEL 4: Ergebnisse und Diskussion

In Kapitel 4 sind die experimentellen Ergebnisse zusammengefasst und diskutiert. Das Kapitel wurde in zwei Themengebiete unterteilt: (1) die *elektrische und elektrochemische Charakterisierung* von Zellen und (2) die *Degradation der Mikrostruktur*. Am Ende der einzelnen Unterkapitel werden die Ergebnisse diskutiert.

4.1. Elektrische und elektrochemische Charakterisierung von Zellen

In diesem Unterkapitel wird die elektrische und elektrochemische Charakterisierung von Zellen mit einem Fokus auf die Degradation der Anode behandelt. Die elektrischen Leitfähigkeiten von verschiedenen Anodenmaterialien wurden mittels Vier-Punkt-Methode bestimmt. Die Veränderung der elektrischen Leitfähigkeit verschiedener Anoden wurde sowohl unter konstanten Betriebsbedingungen, als auch unter zyklischem Wechsel von Brenngas und Luft (Redox-Zyklus) gemessen. Unter ähnlichen Versuchsbedingungen wurde die Zunahme des *ASR* von symmetrischen Anodenzellen und Vollzellen mittels Impedanzspektroskopie und U-I-Messungen analysiert. Die Mikrostruktur der Anode wurde in Bezug auf die Partikelverteilung und die Phasenzusammensetzung variiert. Es wurde sowohl der Einfluss von YSZ und CGO auf die Stabilität des Ni-Cermets untersucht und verglichen, als auch der von 3YSZ und 8YSZ.

4.1.1. Elektrochemische Charakterisierung und Modellierung verschiedener Zellen

Das nachfolgende Unterkapitel ist eine Zusammenfassung der elektrochemischen Charakterisierung an Zellen mit verschiedenen

KAPITEL 4: Ergebnisse

Anodenmaterialien mittels Impedanzspektroskopie. Im ersten Teil des Unterkapitels wird auf die Qualität der Impedanz- und Leitfähigkeitsmessungen eingegangen. Im zweiten Teil des Unterkapitels werden Impedanzmessungen an verschiedenen Zellen gezeigt und diskutiert. Das Unterkapitel dient als Grundlage für die weiteren Betrachtungen.

4.1.1.1. Verwendete Messtechniken und Fehlerbetrachtung

Das nachfolgende Unterkapitel zeigt exemplarisch die Qualität und die Reproduzierbarkeit der Impedanz- und Leitfähigkeitsmessungen. Hierzu wurden die Abweichungen zwischen verschiedenen Messungen an baugleichen Zellen und Anoden ermittelt.

Impedanzmessungen, Prüfstände und Messgeräte: Um die Qualität der Impedanzdaten zu überprüfen, wurden diese mittels Kramers-Kronig-Test analysiert. Der Kramers-Kronig-Test ist eine mathematische Behandlung der Messdaten, der eine Auskunft darüber gibt ob das untersuchte System durch zeitabhängige Phänomene beeinflusst wurde [Aga 93]. Der Test wurde sowohl mit der Software Thales von der Firma *Zahner* (logarithmischer Kramers-Kronig-Test) als auch mit einer Software von Boukamp (linearer Kramers-Kronig-Test) durchgeführt. Die Resultate der Berechnungen sind in Abb. 4-1 mit den gemessenen Impedanzdaten verglichen. Während die Berechnung mit der Boukamp-Software den Verlauf der gemessenen Kennlinie annähernd exakt wiedergibt, weicht die mit der Thales-Software berechnete Kennlinie oberhalb von 20 kHz von der gemessenen Kennlinie ab. Es wurde beobachtet, dass diese Abweichung je nach Zelle und Messung mehr oder weniger stark ausfallen kann.

KAPITEL 4: Ergebnisse

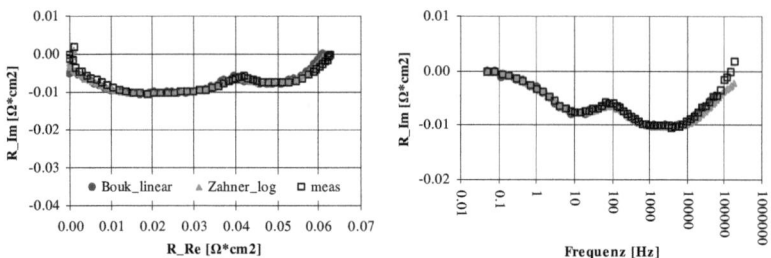

Abb. 4-1: Linearer und logarithmischer Kramers-Kronig-Test an den Impedanzdaten einer Vollzelle mit Ni/8YSZ-Anode im Vergleich zu den Messdaten, 950°C, links: Nyquist-Diagramm, rechts: R_{Im}-Frequenz-Diagramm, offenes Button-Cell-System

Je nach Messaufbau wird das Impedanzspektrum bei hohen Frequenzen mehr oder weniger stark durch Induktivitäten beeinträchtigt. Induktivitäten im hochfrequenten Bereich werden durch die Verkabelung des Prüfstandes hervorgerufen. Die Qualität der Impedanzmessungen wird in den nachfolgenden Unterkapiteln weiter diskutiert.

Um die Reproduzierbarkeit der Probenherstellung, des Versuchsaufbaus und der Prüfstände zu verifizieren, wurde der baugleiche Zelltyp mit einer Ni/8YSZ-Anode (PSL080006) mehrmals bei 950 und 850°C unter Standardbedingungen (200 Nml/min H_2, 400 Nml/min Luft, Verdampfer bei Raumtemperatur, Zellfläche 1.44 cm^2) gemessen. Die Zellen stammten aus drei separaten Sinterungen und wurden in vier baugleichen offenen Button-Cell-Prüfständen charakterisiert. Die ohmschen und Polarisationswiderstände dieser Zellen sind in Abb. 4-2 dargestellt. Allgemein zeigt sich eine bessere Reproduzierbarkeit der Messungen bei 950°C. Dies wird vor allem auf die thermische Aktivierung des ohmschen und des Polarisationswiderstandes zurückgeführt. Hierauf wird später noch detailliert eingegangen.

KAPITEL 4: Ergebnisse

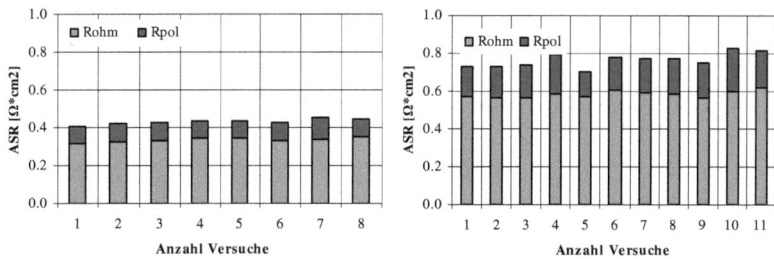

Abb. 4-2: Reproduzierbarkeit der Impedanzmessungen an einer Vollzelle mit Ni/8YSZ-Anode (PSL080006), links: 950°C rechts: 850°C, offenes Button-Cell-System

Die Standardabweichung für den ohmschen Widerstand liegt bei 950°C bei 12 mΩ·cm^2, für den Polarisationswiderstand bei 9 mΩ·cm^2 und bei 850°C bei 19 mΩ·cm^2 bzw. 24 mΩ·cm^2. Die Daten sind in Tab. 4-1 zusammengefasst.

Tab. 4-1: Standardabweichung und Mittelwerte der Zellmessungen bei 950 und 850°C

	950°C		850°C	
	Standardabw. [mΩ·cm^2]	Mittelwert [mΩ·cm^2]	Standardabw. [mΩ·cm^2]	Mittelwert [mΩ·cm^2]
R_Ω	12	334	19	586
R_{pol}	9	98	24	178
ASR	16	432	38	764

Die Unterschiede in den ohmschen und Polarisationswiderständen werden zurückgeführt auf:
- geringfügige Unterschiede in den Elektrodenflächen
- geringfügige Unterschiede zwischen den Prüfständen (z.B. Temperaturverhalten)

KAPITEL 4: Ergebnisse

- statistische Unterschiede zwischen Zellen aus der gleichen Sinterung
- Unterschiede zwischen Zellen aus verschiedenen Sinterungen

Die nachfolgende Abb. 4-3 zeigt den Vergleich von Impedanzen, welche an einer Zelle mit einer Ni/CG40-Anode (P-120207-1) mit verschiedenen Impedanzspektrometern (*Zahner* IM6ex und *Solartron* SI 1260) aufgenommen wurden. Die Versuche wurden im geschlossenen Button-Cell-Prüfstand unter Standardbedingungen (100 Nml/min H_2, 300 Nml/min Luft, Befeuchtung durch Verbrennung von 2.5 Nml/min O_2) durchgeführt. Zusätzlich wurde der Anregungsstrom variiert. Von 0.02 Hz bis etwa 20 kHz zeigten alle Impedanzspektren für beide Messgeräte und für unterschiedliche Anregungsströme eine gute Übereinstimmung.

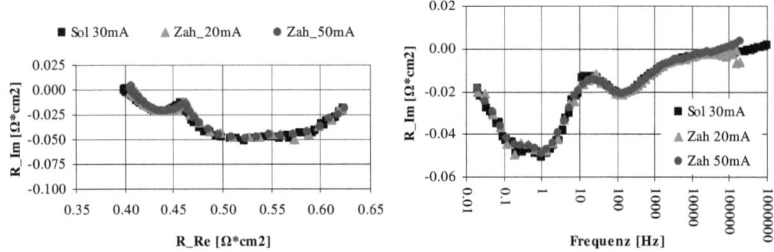

Abb. 4-3: Vergleich von Impedanzen, aufgenommen mit einem *Solartron* und einem *Zahner* Impedanzspektrometer bei verschiedenen Anregungsströmen, an einer Zelle mit Ni/CG40-Anode (P-120207-1), 950°C, OCV, links: Nyquist-Diagramm, rechts: R_{Im}-Frequenz-Diagramm, geschlossenes Button-Cell-System

Mit zunehmendem Anregungsstrom verbesserte sich die Qualität der Impedanzmessung vor allem bei tiefen Frequenzen (< 1 Hz). Der Realanteil der einzelnen Prozesse wurde jedoch nur marginal durch den Anregungsstrom verändert. Oberhalb von 20 kHz weichen die Impedanzen

KAPITEL 4: Ergebnisse

voneinander ab. Es wird davon ausgegangen, dass hier Störeinflüsse wie Induktivitäten, welche bspw. durch die Verkabelung oder des Impedanzgerätes selbst mit der Zelle verursacht werden, das Impedanzspektrum beeinflussen.

Die nachfolgende Abb. 4-4 zeigt den Vergleich der Impedanzmessungen von Zellen mit einer Ni/8YSZ-Anode (PSL090060), welche im offenen und im geschlossenen Button-Cell-System durchgeführt wurden.

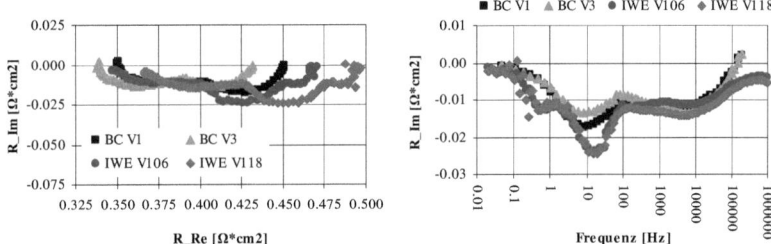

Abb. 4-4: Vergleich von Impedanzen, aufgenommen im offenen Button-Cell-Prüfstand (BC, *Zahner*) und im geschlossenen Button-Cell-Prüfstand (IWE, *Solartron*), an einer Zelle mit Ni/8YSZ-Anode (PSL090060), 950°C, OCV, links: Nyquist-Diagramm, rechts: R_{Im}-Frequenz-Diagramm

Im offenen Button-Cell-System (BC) wurden die Impedanzen mit einem Impedanzspektrometer der Firma *Zahner* (IM6ex) gemessen, der H_2-Volumenstrom betrug 200 Nml/min, die Befeuchtung des Brenngases fand über einen Membranverdampfer statt und der Luftvolumenstrom wurde auf 400 Nml/min eingestellt. Im geschlossenen Button-Cell-System (*IWE*) wurden die Impedanzen mit einem Impedanzspektrometer von *Solartron* gemessen, bei einem H_2-Volumenstrom von 100 Nml/min und 300 Nml/min Luft. Die Befeuchtung des Brenngases wurde durch die Verbrennung von 2.5 Nml/min O_2 im Gasvolumenstrom eingestellt. Sowohl für das offene als auch für das geschlossene Button-Cell-System

KAPITEL 4: Ergebnisse

wurden je zwei Zellen gemessen wobei diese wiederum aus zwei unterschiedlichen Sinterungen stammten. Die Abweichung des Polarisationswiderstandes in einem Messstand lagen hier bei < 10 mΩ·cm^2. Der ohmsche Widerstand zeigte eine etwas größere Abweichung. Im Vergleich zum offenen System zeigte die gleiche Zelle im geschlossenen System einen um ca. 30 mΩ·cm^2 höheren Polarisationswiderstand. Dies wurde zum einen auf den Einfluss des Brenngases auf die Gasimpedanz und den Elektrodenprozess bei ca. 10 Hz zurückgeführt. Der Widerstand der Gasimpedanz ist proportional zum Gasfluss [Prim_98]. Im geschlossenen Button-Cell-System war dieser Widerstand als zusätzlicher Peak im Impedanzspektrum bei ca. 200 mHz zu erkennen, wohingegen er beim offenen Button-Cell-System mit höherem Brenngasvolumenstrom (200 Nml/min) nicht zu erkennen war. Zum anderen war der Widerstand des Prozesses bei etwa 10 Hz im geschlossenen Button-Cell-System größer, wohingegen der Widerstand des hochfrequenten Prozesses bei ca. 5 kHz in beiden Prüfständen etwa gleich groß war. Bei Frequenzen > 20 kHz wichen die Impedanzspektren deutlich voneinander ab. Dies wurde auf die Unterschiede in der Verkabelung der Zellen zurückgeführt.

Für die weiteren Versuche bleibt festzuhalten, dass der Zellwiderstand im geschlossenen Button-Cell-System bei 950°C stets 30 – 50 mΩ·cm^2 höher als im offenen Button-Cell-System war. Neben dem erhöhten Polarisationswiderstand wurde in einigen Versuchen im geschlossenen Button-Cell-Prüfstand auch ein erhöhter ohmscher Widerstand gemessen, im Vergleich zum offenen Button-Cell-System. Es wird vermutet, dass der erhöhte ohmsche Widerstand aufgrund von Kontaktwiderständen zustande kam, da der geschlossene Button-Cell-Prüfstand wegen seiner hermetischen Dichtung statisch überbestimmt ist. Sind die Elektrodendicken und die Höhe des Dichtrings nicht aufeinander abgestimmt, so kann dies entweder zu einem Kontaktverlust oder zu Undichtheit führen.

KAPITEL 4: Ergebnisse

Um die Impedanzmessung zu überprüfen, wurde zu jeder Impedanzmessung eine U-I-Kennlinie aufgenommen. Der flächenspezifische Widerstand (*ASR*) und die Gleichgewichtszellspannung (OCV) konnten so verglichen werden. Für einen Versuch, bei dem eine Zelle mit einer Ni/CG40-Anode Redox-zykliert wurde, ist dies in Abb. 4-5 dargestellt. Allgemein wurde eine gute Übereinstimmung zwischen den Kennwerten der Impedanz- und der U-I-Messungen festgestellt. Die geringen Unterschiede in der OCV von ± 2 mV werden nicht auf die Versuchsdurchführung bzw. die Redox-Zyklierung zurückgeführt. Es wird vermutet, dass es sich hierbei um natürliche Gasschwankungen handelt. Der Vergleich der *ASR* Werte zeigt geringe Unterschiede von etwa 10 mΩ·cm^2 zwischen den Impedanz- und U-I-Messungen. Diese Unterschiede werden vor allem auf die Berechnung des *ASR* aus den U-I-Kennlinien und die Messfrequenz zurückgeführt. Der *ASR* wurde lediglich zwischen zwei Messpunkten bestimmt.

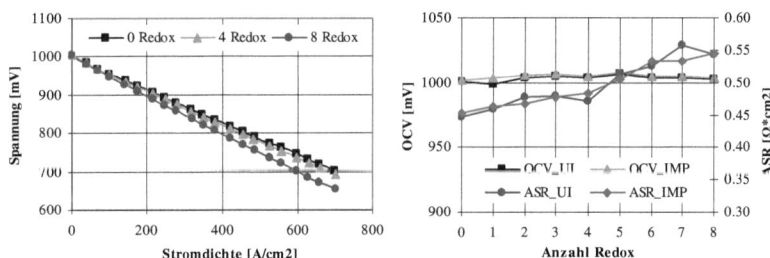

Abb. 4-5: U-I-Kennlinien vor/nach der Redox-Zyklierung (links) und Vergleich der OCV und des *ASR* aus den U-I- und Impedanzmessungen (rechts), aufgenommen im offenen Button-Cell-Prüfstand an einer Zelle mit Ni/CG40-Anode (PSL080027), 950°C

Leitfähigkeit: Die Leitfähigkeit einer Ni/8YSZ-Anode (PSL080006) wurde in mehreren Versuchen bei 950°C in einer H_2/N_2-Atmosphäre (5/95 %) bestimmt. Die Messwerte sind in Tab. 4-2 zusammengefasst. Der

KAPITEL 4: Ergebnisse

Mittelwert der Leitfähigkeiten wurde mit 598 S/cm bestimmt mit einer Standardabweichung von 10 S/cm bzw. etwa 1.7 %.

Tab. 4-2: Streuung der Leitfähigkeit einer Ni/8YSZ-Anode (PSL080006), Messwerte, Mittelwert und Standardabweichung, 950°C, 10 Nml/min H_2, 190 Nml/min N_2, OCV: 1.1 V, 25 µm Schichtdicke

Messung 1	Messung 2	Messung 3	Messung 4	Mittelwert	Std-abw.
589 S/cm	612 S/cm	593 S/cm	600 S/cm	598 S/cm	10 S/cm

Die gleiche Ni/8YSZ-Anode wurde mit acht Redox-Zyklen beansprucht. Die Reproduzierbarkeit der Leitfähigkeit unter Redox-Zyklierung ist in Abb. 4-6 dargestellt. Der Trend der Leitfähigkeit mit der Anzahl an Redox-Zyklen ist zwischen den vier gemessenen Proben (P1 bis P4) identisch. Mit zunehmender Redox-Zyklen Anzahl nimmt die Streuung zwischen den Messwerten zu. Nach acht Redox-Zyklen liegt die Abweichung zwischen den Messwerten bei etwa ± 50 S/cm.

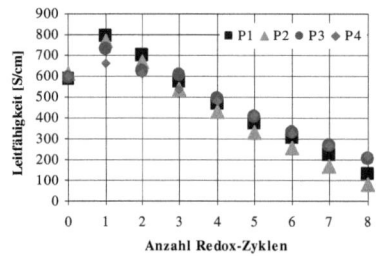

Abb. 4-6: Reproduzierbarkeit der Leitfähigkeitsmessung mit acht Redox-Zyklen bei 950°C mit Ni/8YSZ-Anode PSL080006.

KAPITEL 4: Ergebnisse

4.1.1.2. Elektrische und elektrochemische Charakterisierung verschiedener Zellen

Herstellung: Verschiedene Anoden wurden mittels Siebdruck auf einen 3YSZ-Elektrolyten (*Nippon Shokubai*, 140 µm) gedruckt und gesintert. Für die Messungen mit symmetrischen Zellen wurde stets die gleiche Anode auf die entgegengesetzte Seite des Elektrolyten gedruckt (Ni/8YSZ: PSL080006 und Ni/CG40: PSL080027). Die Zellen wurden bei 1350°C/4h gesintert. Für die elektrochemischen Vollzellmessungen wurde eine LSM/YSZ|LSM-Kathode auf die Gegenseite des Elektrolyten gedruckt und bei 1100°C/3h gesintert. Zellen mit Ni/8YSZ-, Ni/CG40- und Ni/CeO$_2$-Anoden wurden miteinander verglichen. Die Parameter für die Anodeherstellung, sowie die Porositäten und die Schichtdicken der gesinterten Anoden sind in der nachfolgenden Tab. 4-3 zusammengefasst. Die Temperatur wurde im Bereich 950 – 800°C variiert, die Stromdichte zwischen 0 - 520 mA/cm^2. Außer bei der Stromdichtevariation wurden die Impedanzspektren der Zellen bei OCV aufgenommen. Die Unterschiede in den Impedanzspektren werden anschließend diskutiert.

Tab. 4-3: Herstellungs- und Zellparameter

	Pasten-ID	d_{10} [µm]	d_{50} [µm]	d_{90} [µm]	d_{99} [µm]	Pulverl. [wt%]	T_{sinter} [°C]	Poros. [%]	$d_{Schicht}$ [µm]
Ni/8YSZ	PSL080006	0.22	0.42	1.18	2.60	83.3	1350, 4h	35.5	24.5
Ni/CG40	PSL080027	0.21	0.44	1.82	3.41	77	1350, 4h	37	21
Ni/CeO2	PSL080065	0.31	0.55	1.87	3.12	82.9	1350, 4h	50	22

KAPITEL 4: Ergebnisse

Die REM-Bilder der einzelnen Anoden sind in Abb. 4-7 zu sehen. Es ist qualitativ zu erkennen, dass die Mikrostrukturen der Anoden unterschiedlich sind.

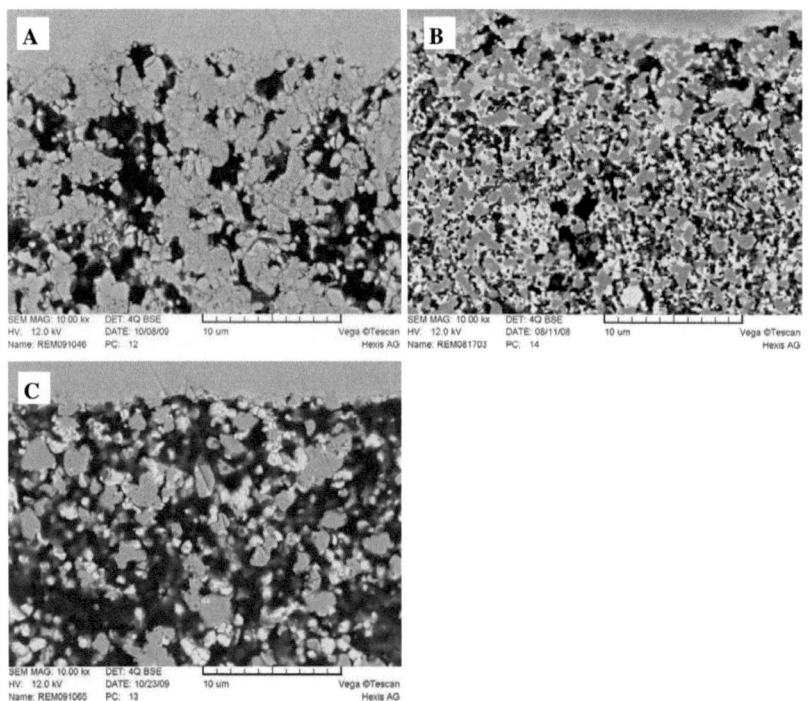

Abb. 4-7: REM-Bilder der verschiedenen Anoden, A: Ni/8YSZ (PSL080027), B: Ni/CG40 (PSL080027), C: Ni/CeO$_2$ (PSL080065), Rückstreuelektronendetektor (BSE), Beschleunigungsspannung: 12 kV, Poren: schwarz, Nickel: dunkelgrau, CGO und CeO$_2$: hellgrau, YSZ: dunkelgrau, in Bild A keine optische Trennung der Phasen möglich.

Die Ni/CG40-Anode zeigte trotz ähnlicher Ausgangspartikelverteilung die feinste Mikrostruktur nach dem Sintern. An der Grenzfläche zum 3YSZ-

KAPITEL 4: Ergebnisse

Elektrolyten waren Inhomogenitäten in der Mikrostruktur zu erkennen. Die Ni/8YSZ-Anode wies eine gröbere Mikrostruktur auf, wobei die Phasen Ni und 8YSZ wegen des schlechten Kontrastes optisch nicht voneinander getrennt werden konnten. Die Ni/CeO$_2$-Anode wies eine körnige Mikrostruktur auf. Die Nickelpartikel schienen schlecht von den CeO$_2$-Partikeln benetzt zu sein und die Porosität dieser Anode schien höher zu sein als die der Ni/CG40- und der Ni/8YSZ-Anode.

4.1.1.2. Impedanzmessungen an symmetrischen Zellen

Die Messungen an symmetrischen Zellen dienen dazu, die Frequenzbereiche der verschiedenen Prozesse einer Elektrode (hier Anode) zu identifizieren. Hierzu wurden die Impedanzen von symmetrischen Zellen mit einer Ni/8YSZ- und einer Ni/CG40-Anode in einem Rohrofen gemessen. Die nachfolgende Abb. 4-8 zeigt den Vergleich der beiden Anodentypen im Nyquist-Diagramm (links) und im R_{Im}-Frequenz-Diagramm (rechts). Um die Impedanzen im Nyquist-Diagramm besser vergleichen zu können, wurde der ohmsche Widerstand der Zellen subtrahiert (bei 100 kHz). Die Darstellung im R_{Im}-Frequenz-Diagramm zeigte Unterschiede in den Peak-Frequenzen beider Anodentypen im hoch- und tieffrequenten Bereich. Die geschwindigkeitsbestimmenden Prozesse der Ni/8YSZ-Anode lagen bei etwa 1 - 2 kHz und 10 Hz, die der Ni/CG40-Anode bei 80 Hz und 2 Hz. Aus dem Nyquist-Diagramm war zu erkennen, dass der Impedanzbogen der Ni/8YSZ-Anode im Bereich von etwa 100 Hz - 20 kHz gestaucht war (kein idealer Halbkreis). Dies deutet möglicherweise auf einen weiteren Prozess hin.

KAPITEL 4: Ergebnisse

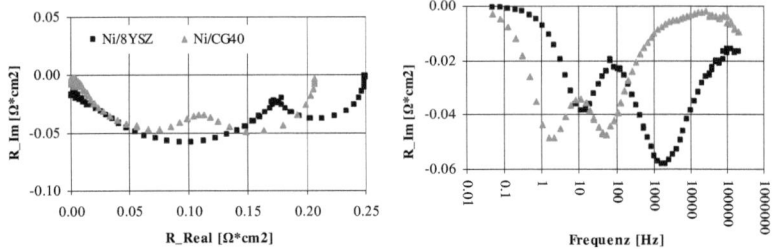

Abb. 4-8: Vergleich von Impedanzdaten einer symmetrischen Zelle mit Ni/8YSZ- und Ni/CG40-Anoden bei 950°C, 50 ml/min H_2, Verdampfertemperatur: 30°C. links: Nyquist-Diagramm, rechts: R_{Im}-Frequenz-Diagramm.

In der Abb. 4-9 ist die Temperaturabhängigkeit der Impedanz der symmetrischen Ni/CG40-Anode zu sehen. Die Impedanzspektren wurden in einer Gasatmosphäre von 10 ml/min H_2 und 190 ml/min N_2 aufgenommen. Der Membranverdampfer wurde bei Raumtemperatur (~30°C) betrieben. Die Spektren zeigten, dass der Prozess bei 20 – 80 Hz temperaturabhängig war. Wegen der Verschiebung des Prozesses bei mittleren Frequenzen zu niedrigeren Frequenzen mit abnehmender Temperatur kam es insbesondere bei tiefen Temperaturen zur Überlappung mit dem tieffrequenten Prozess. Die leichte Zunahme des Widerstandes im tieffrequenten Bereich (~0.5 Hz) mit sinkender Temperatur konnte deshalb nicht eindeutig als thermische Aktivierung interpretiert werden. Oberhalb von ~100 Hz war eine minimale thermische Aktivierung erkennbar.

KAPITEL 4: Ergebnisse

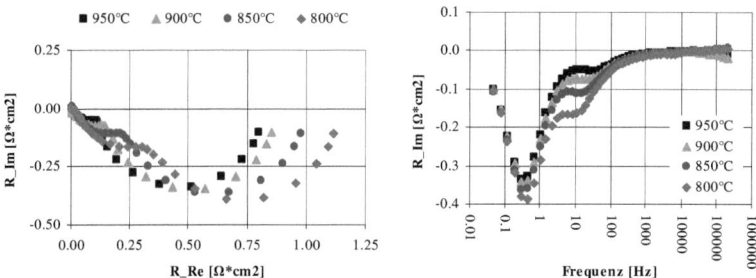

Abb. 4-9: Temperaturabhängigkeit der Impedanz einer symmetrischen Zelle mit Ni/CG40-Anode. links: Nyquist-Diagramm, rechts: R_{Im}-Frequenz-Diagramm, 10 Nml/min H_2, 190 Nml/min N_2 Verdampfertemperatur: 30°C, Nernst-Spannung: 0.935 V.

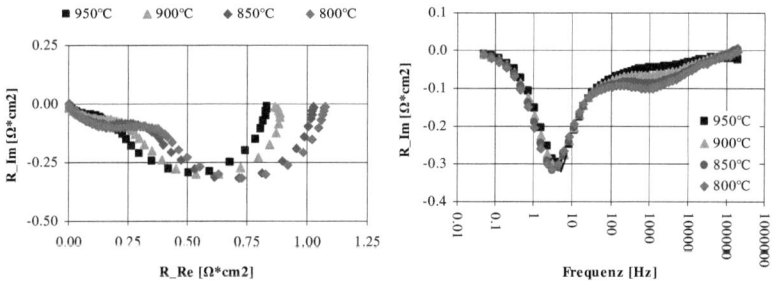

Abb. 4-10: Temperaturabhängigkeit der Impedanz einer symmetrischen Zelle mit Ni/8YSZ-Anode, links: Nyquist-Diagramm, rechts: R_{Im}-Frequenz-Diagramm, 10 Nml/min H_2, 190 Nml/min N_2 Verdampfertemperatur: 30°C, Nernst-Spannung: 0.935 V.

In der Abb. 4-10 ist die Temperaturabhängigkeit der symmetrischen Ni/8YSZ-Anode dargestellt. Die Abbildungen zeigen die Anodenimpedanz bei einem Gasfluss von 10 Nml/min H_2 und 190 Nml/min N_2 und unter Verwendung des Membranverdampfers bei Raumtemperatur. Analog zur

KAPITEL 4: Ergebnisse

Ni/CG40-Anode, zeigte der Prozess bei höheren Frequenzen (> 1 kHz) eine thermische Aktivierung. Der Prozess bei tiefen Frequenzen (~2-3 Hz) zeigte hingegen nur eine leichte Veränderung mit der Temperatur, die möglicherweise auf die Überlappung der Peaks zurückzuführen ist. Bei 950°C, war zwischen den Frequenzen 10 - 100 Hz ein Abknicken der Kurve im R_{Im}-Frequenz-Diagramm erkennbar. Dies ist in Abb. 4-11 deutlicher zu sehen. Der Knick deutet entweder auf eine Überlappung oder einen neuen Prozess hin.

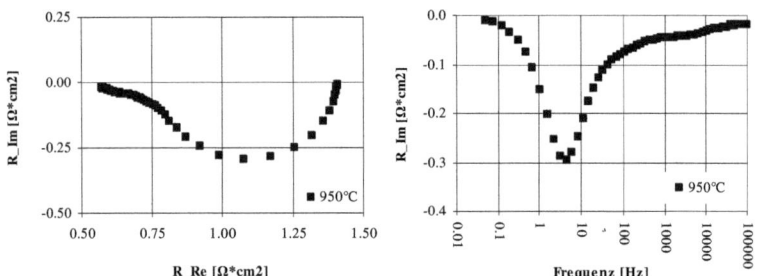

Abb. 4-11: Impedanzen einer symmetrischen Zelle mit Ni/8YSZ-Anode (PSL080006) bei 950°C. links: Nyquist-Diagramm, rechts: R_{Im}-Frequenz-Diagramm

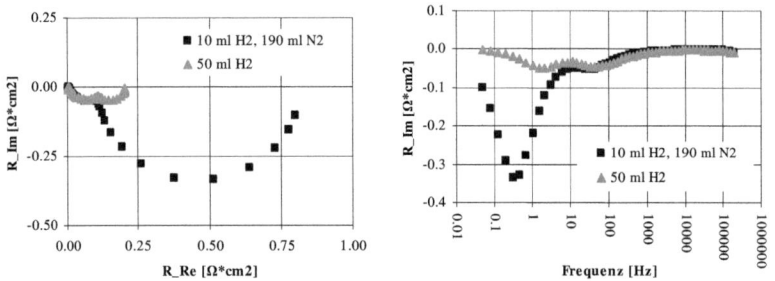

Abb. 4-12: Impedanzen einer symmetrischen Zelle mit Ni/CG40-Anode unter Gasvariation, bei 950°C, links: Nyquist-Diagramm, rechts: R_{Im}-Frequenz-Diagramm

KAPITEL 4: Ergebnisse

Die Impedanzen einer symmetrischen Zelle mit Ni/CG40-Anode, in zwei verschiedenen Gasatmosphären, sind in Abb. 4-12 dargestellt.

Beide Gasflüsse wurden bei Raumtemperatur mit einem Membranverdampfer befeuchtet. Es war deutlich zu erkennen, dass der tieffrequente Prozess eine starke Abhängigkeit von der Gasatmosphäre zeigte. Im Vergleich zum Massenfluss von 50 Nml/min H_2 zeigte sich für den Massenfluss von 10 Nml/min H_2 und 190 Nml/min N_2, dass der Realanteil und der Imaginäranteil des tieffrequenten Prozesses stark zunahmen und sich die Peak-Frequenz zu niedrigeren Frequenzen verschob. Die Änderung der Gaszusammensetzung bzw. des Gasvolumenstroms hatte auch eine Änderung der Nernst-Spannung zur Folge. Der gleiche Versuch wurde an der symmetrischen Zelle mit der Ni/8YSZ-Anode durchgeführt. Wie schon bei der Ni/CG40-Anode, zeigte der tieffrequente Prozess (~10 Hz) eine starke Abhängigkeit von der Gaszusammensetzung, während der hochfrequente Prozess praktisch unbeeinflusst von der Gaszusammensetzung blieb. Die Veränderung des Massenflusses von 50 Nml/min H_2, auf 10 Nml/min H_2 und 190 Nml/min N_2 führte dazu, dass wiederum der Realanteil und der Imaginäranteil des tieffrequenten Prozesses stark zunahmen und sich die Peak-Frequenz zu niedrigeren Frequenzen verschob. Eine Veränderung des mittelfrequenten Prozesses bei etwa 100 Hz konnte anhand dieser Versuche nicht eindeutig nachgewiesen werden.

KAPITEL 4: Ergebnisse

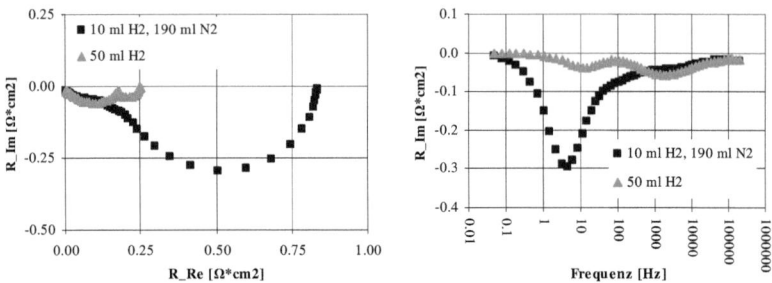

Abb. 4-13: Impedanzen einer symmetrischen Zelle mit Ni/8YSZ-Anode unter Gasvariation, 950°C. links: Nyquist-Diagramm, rechts: R_{Im}-Frequenz-Diagramm

Simulation der Impedanzdaten: Mit Hilfe von elektrischen Ersatzschaltbildern wurden die Impedanzdaten mit der Software Thales (*Zahner-Elektrik GmbH & Co.KG*) simuliert. Die Wahl der Ersatzschaltbilder basierte für die Zellen mit der Ni/8YSZ-Anode auf den Untersuchungen und Interpretationen von PRIMDAHL und MOGENSEN [Prim_97][Prim_98] und für die Zellen mit der Ni/CG40-Anode auf den Überlegungen von KIM et al. [Ki_09]. Es wurde angenommen, dass die Gasimpedanz bei symmetrischen Zellen nicht auftritt. Anhand der zuvor gezeigten Impedanzspektren und der Literaturdaten wurde davon ausgegangen, dass der Polarisationswiderstand von zwei geschwindigkeitsbestimmenden Prozessen dominiert wird. Für beide Zellen wurde deshalb ein Ersatzschaltbild mit zwei Konstantphasenelementen (*RQ-Glieder*), einem ohmschen Widerstand (R_Ω) und einer Spule (*L*) gewählt ($LR_\Omega(R_1Q_1)(R_2Q_2)$). Über das Konstantphasenelement kann die Impedanz (Z_{RQ}) der beiden geschwindigkeitsbestimmenden Prozesse bestimmt werden. Ein elektrisches Ersatzschaltbild mit einem Konstantphasenelements ist in der nachfolgenden Abb. 4-14 dargestellt. Das Konstantphasenelement entspricht einem nicht-idealen Kondensator.

KAPITEL 4: Ergebnisse

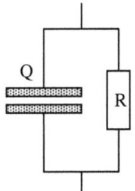

Abb. 4-14: elektrisches Ersatzschaltbild mit einem Konstantphasenelement (*RQ-Glied*)

Das Konstantphasenelement kann mit der Gleichung 4-1 beschrieben werden. Dabei ist Q_0 ein Koeffizient und ω die Winkelfrequenz ($\omega=2\pi f$). Der Exponent (*m*) kann Werte von 1 bis 0 annehmen und ist 1 für einen idealen Kondensator und 0 für einen rein ohmschen Widerstand [Ba_05].

Gleichung 4-1 $$Z_{RQ} = \frac{1}{Q_0 (\omega \cdot i)^m}$$

Das Produkt aus R·Q repräsentiert jeweils einen der beiden geschwindigkeitsbestimmenden Prozesse der jeweiligen Anode. Der ohmsche Widerstand ist die Summe aus Elektrolytwiderstand, Kontaktierungswiderstand und dem ohmschen Widerstand der Anoden und die Spule eine Induktivität vom Messstand. Die simulierten Werte für die realen Widerstände (*R*), die Kapazitäten (*Q*) und die Exponenten des Konstantphasenelementes (*m*) sind für die symmetrischen Zellen mit Ni/8YSZ-Anode in Tab. 4-4 und für die symmetrischen Zellen mit Ni/CG40-Anode in Tab. 4-5 zusammengefasst.

Tab. 4-4: Simulationsdaten für die symmetrische Zelle mit Ni/8YSZ-Anode

T [°C]	R_Ω [mΩ·cm^2]	R_1 [mΩ·cm^2]	Q_1 [mF]	m_1	R_2 [mΩ·cm^2]	Q_2 [mF]	m_2
950	385.2	385.4	90.59	0.981	217.4	1.2720	0.399
900	566.4	399.6	99.82	0.983	246.8	0.8547	0.438
850	740.2	411.3	116.5	1.000	320.5	0.6425	0.454
800	1077	404	137.7	1.006	352.6	0.6203	0.474

KAPITEL 4: Ergebnisse

Tab. 4-5: Simulationsdaten für die symmetrische Zelle mit Ni/CG40-Anode

T [°C]	R_Ω [mΩ·cm²]	R_1 [mΩ·cm²]	Q_1 [mF]	m_1	R_2 [mΩ·cm²]	Q_2 [mF]	m_2
950	332.1	482.7	819.2	0.982	82.39	24.58	0.782
900	451.5	492.3	769.9	0.980	111.1	25.96	0.806
850	628.8	519.1	716.5	0.978	161.4	26.60	0.834
800	914.7	538.7	652.4	0.977	235.1	27.20	0.847

Abb. 4-15 zeigt die gemessenen (Index: m) und simulierten (Index: s) Daten einer symmetrischen Zelle mit einer Ni/8YSZ-Anode (links) und einer Ni/CG40-Anode (rechts) bei verschiedenen Temperaturen. Die Messdaten (offene Symbole) stimmen für beide Zellen gut mit den simulierten Impedanzen (Linien) überein.

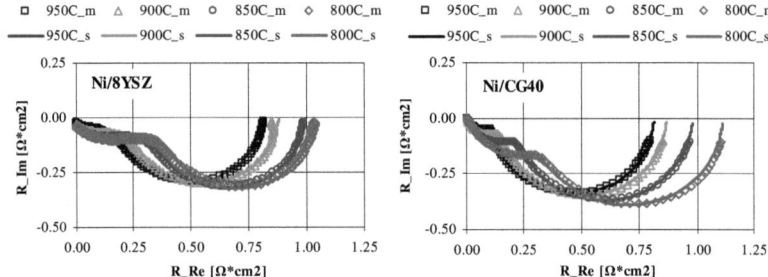

Abb. 4-15: Nyquist-Diagramme der gemessenen und simulierten Daten einer symmetrischen Zelle mit Ni/8YSZ- (links) und Ni/CG40-Anode (rechts) bei verschiedenen Temperaturen, 10 Nml/min H_2, 190 Nml/min N_2, Verdampfertemperatur: 30°C.

Aus den simulierten Werten wurden die Aktivierungsenergien für den ohmschen Widerstand, den Widerstand des jeweils tieffrequenten Prozesses (R_1) und den Widerstand jeweils höchstfrequenten Prozesses (R_2) berechnet. Dazu wurden die einzelnen Widerstände logarithmiert und über

KAPITEL 4: Ergebnisse

den Kehrwert der Temperatur aufgetragen. Die Steigung der resultierenden Geraden durch die Messpunkte entspricht der Aktivierungsenergie. Die Ergebnisse sind in Abb. 4-16 für die symmetrische Zelle mit Ni/8YSZ-Anode (links) und Ni/CG40-Anode (rechts) dargestellt.

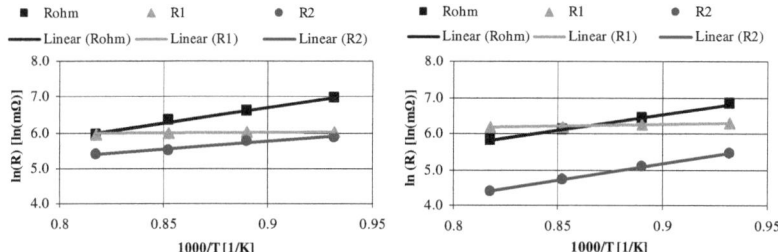

Abb. 4-16: Auftragung des logarithmierten Widerstandes über den Kehrwert der Temperatur zur Bestimmung der thermischen Aktivierung der Einzelwiderstände einer symmetrischen Zelle mit Ni/8YSZ-Anode (links) und Ni/CG40-Anode (rechts), 10 Nml/min H_2, 190 Nml/min N_2, Verdampfertemperatur: 30°C

Die Aktivierungsenergien für den ohmschen und den Polarisationswiderstand der symmetrischen Zellen mit Ni/8YSZ- und Ni/CG40-Anode sind in Tab. 4-6 zusammengefasst. Die Aktivierungsenergien für R_1 und R_2 entsprechen den jeweils tiefst- und höchstfrequenten Prozessen der symmetrischen Zelle mit Ni/CG40- bzw. Ni/8YSZ-Anode. Die niederfrequenten Prozesse zeigten jeweils nur eine schwache thermische Aktivierung, wohingegen die Prozesse bei den jeweils höchsten Frequenzen deutlich thermisch aktiviert waren. Die Aktivierungsenergie für den höchstfrequenten Prozess der Ni/CG40-Anode war etwa doppelt so hoch wie die der Ni/8YSZ-Anode.

KAPITEL 4: Ergebnisse

Tab. 4-6: Aktivierungsenergien der symmetrischen Zellen mit Ni/8YSZ- und Ni/CG40-Anode für den ohmschen und Polarisationswiderstand (R_{pol})

E_A [eV]	R_Ω	R_1	R_2
Ni/8YSZ	0.76 eV	0.04 eV	0.39 eV
Ni/CG40	0.76 eV	0.09 eV	0.80 eV

Die symmetrische Zelle wurde nochmals mit einem zusätzlichen RQ-Element simuliert um einen weiteren möglichen Prozess im Bereich 10 – 100 Hz zu identifizieren. Diese Simulation lieferte jedoch keine plausiblen Resultate.

4.1.1.3. Impedanzmessungen an Vollzellen

Drei verschiedene Anoden (Ni/8YSZ, Ni/CG40 und Ni/CeO$_2$) wurden als Vollzellen (Anode|3YSZ|LSM/YSZ-LSM-Kathode) charakterisiert. Dies bedeutet, dass die nachfolgend gezeigten Impedanzspektren stets eine Summe aus Anoden- und Kathodenimpedanzen sind. Da stets die gleiche Kathode auf die Zellen aufgebracht wurde, wird deren Widerstand als konstant angenommen. Die Unterschiede in den Impedanzspektren werden deshalb auf die Anode zurückgeführt. Die Kathodenimpedanz wird aufgrund interner unveröffentlichter Messungen in einem Frequenzbereich von 100 - 300 Hz erwartet und trägt bei 950°C mit etwa 30 - 50 mΩ·cm^2 zum gesamten Polarisationsverlust bei. Es wird erwartet, dass der Kathodenwiderstand thermisch aktiviert ist.

Alle Messungen erfolgten, wenn nicht anders angegeben, im offenen Button-Cell-Prüfstand mit 200 ml/min H$_2$, 400 ml/min Luft, einer Temperatur des Membranverdampfers von 30°C, an quadratischen Elektroden mit den Abmessungen 12 · 12 mm^2. Die Impedanzmessungen wurden mit dem Gerät IM6EX der Firma *Zahner* durchgeführt.

KAPITEL 4: Ergebnisse

Ni/8YSZ-Anode: Die Temperatur- und Stromdichteabhängigkeit der Impedanz einer Vollzelle mit Ni/8YSZ-Anode ist in den nachfolgenden Abb. 4-17 und Abb. 4-18 dargestellt.

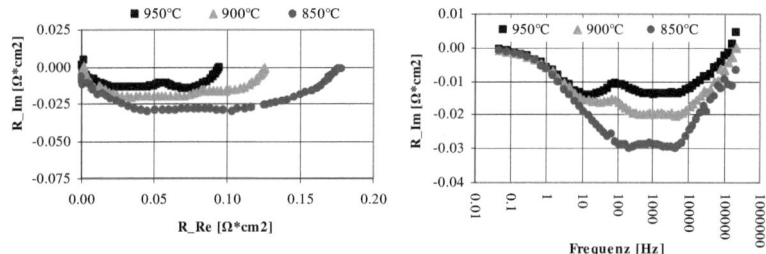

Abb. 4-17: Temperaturabhängigkeit der Impedanz einer Vollzelle mit Ni/8YSZ-Anode, Verdampfertemperatur: 30°C, OCV, R_{Im}-Frequenz-Diagramm, links: Nyquist-Diagramm, rechts: R_{Im}-Frequenz-Diagramm, offenes Button-Cell-System

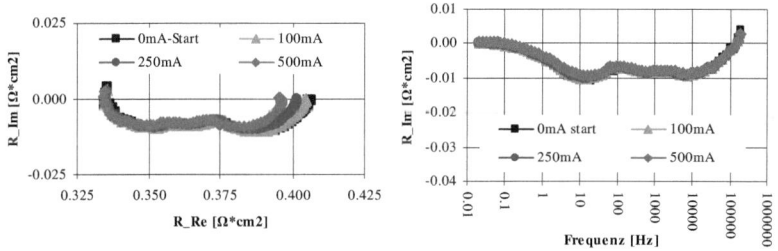

Abb. 4-18: Stromdichteabhängigkeit der Impedanz einer Vollzelle mit Ni/8YSZ-Anode bei 950°C, Verdampfertemperatur: 30°C, links: Nyquist-Diagramm, rechts: R_{Im}-Frequenz-Diagramm, offenes Button-Cell-System

Es zeigt sich eine starke Zunahme von R_{pol} mit abnehmender Temperatur im Frequenzbereich zwischen 200 - 400 Hz und 7 - 8 kHz. Der Widerstand des Prozesses bei etwa 10 Hz zeigt ebenfalls eine leichte Zunahme von R_{pol}

KAPITEL 4: Ergebnisse

mit abnehmender Temperatur. Mit zunehmender Stromdichte nahm R_{pol} in dem hier untersuchten Bereich ab. Die Abnahme des Polarisationswiderstandes zeigt sich über den gesamten Frequenzbereich. Die leichten Veränderungen im ohmschen Widerstand sind auf lokale Temperaturentwicklung mit zunehmender Stromdichte zurückzuführen.

Ni/CG40-Anode: Die Temperatur- und Stromdichteabhängigkeit der Impedanz einer Vollzelle mit Ni/CG40-Anode sind in den Abb. 4-19 und Abb. 4-20 dargestellt. Mit abnehmender Temperatur nahm vor allem die Impedanz des Prozesses im Bereich 40 - 100 Hz zu. Im Frequenzbereich von 1 – 2 Hz und im hochfrequenten Bereich ab 1 kHz ist eine minimale Zunahme der Impedanz mit sinkender Betriebstemperatur zu erkennen.

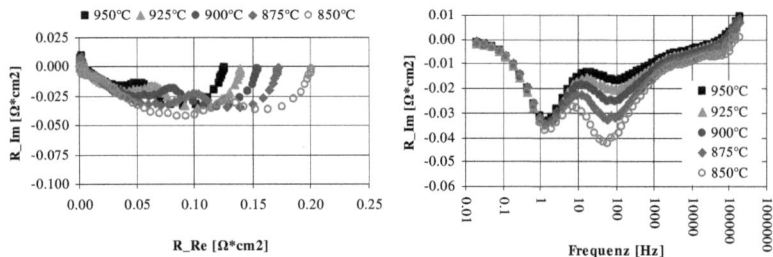

Abb. 4-19: Temperaturabhängigkeit der Impedanz einer Zelle mit Ni/CG40-Anode, Verdampfertemperatur: 30°C, OCV, links: Nyquist-Diagramm, rechts: R_{Im}-Frequenz-Diagramm, offenes Button-Cell-System

Mit zunehmender Stromdichte nahm der Polarisationswiderstand ab. Am deutlichsten änderte sich die Impedanz im tieffrequenten Bereich bei 1 – 2 Hz. Im mittelfrequenten Bereich bei etwa 100 Hz änderte sich die Impedanz nur wenig. Im hochfrequenten Bereich waren gar keine Veränderungen zu erkennen. Die Peak-Frequenzen zeigten keine offensichtliche Veränderung. Der ohmsche Widerstand änderte sich

KAPITEL 4: Ergebnisse

minimal, vermutlich wegen einer lokalen Temperaturentwicklung mit zunehmender Stromdichte.

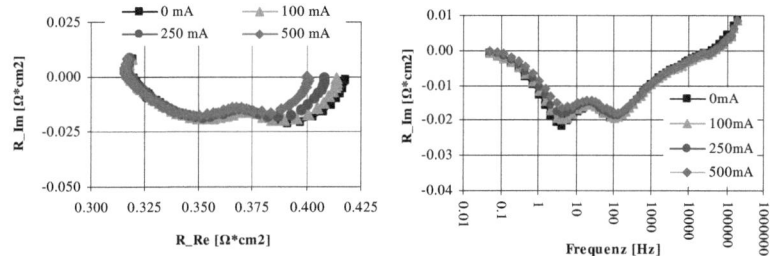

Abb. 4-20: Stromdichteabhängigkeit der Impedanz einer Zelle mit Ni/CG40-Anode bei 950°C, links: Nyquist-Diagramm, rechts: R_{Im}-Frequenz-Diagramm, offenes Button-Cell-System

Ni/CeO$_2$-Anode: Ein Vergleich der Impedanzen von Vollzellen mit einer Ni/CG40- und einer Ni/CeO$_2$-Anode ist in der nachfolgenden Abb. 4-21 dargestellt. Die ohmschen und Polarisationsverluste beider Zellen sind etwa gleich groß. Die beiden geschwindigkeitsbestimmenden Prozesse sind sowohl für die Zelle mit der Ni/CG40-Anode als auch mit der Ni/CeO$_2$-Anode bei etwa 1 – 2 Hz und 100 Hz sichtbar.

Die Temperatur- und Stromdichteabhängigkeit der Vollzelle mit Ni/CeO$_2$-Anode ist in den nachfolgenden Abb. 4-22 und Abb. 4-23 dargestellt. Während die Impedanz des Prozesses im tieffrequenten Bereich nur geringfügig mit abnehmender Temperatur zunahm, stieg sie im Frequenzbereich zwischen 60 – 100 Hz stark an. Die Peak-Frequenz nahm mit abnehmender Temperatur ab. Oberhalb von 1 kHz nahm die Impedanz mit sinkender Temperatur geringfügig zu.

KAPITEL 4: Ergebnisse

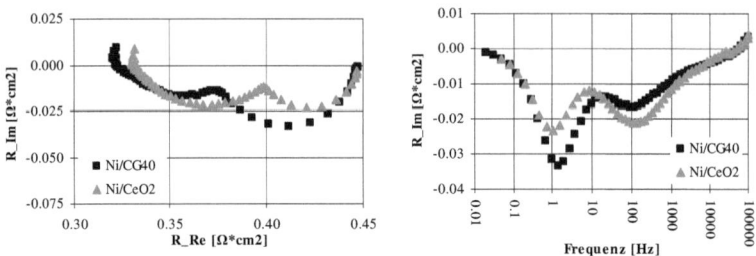

Abb. 4-21: Vergleich der Impedanzen von Zellen mit Ni/CG40-Anode und Ni/CeO$_2$-Anode im Nyquist-Diagramm (links) und als R_{Im}-Frequenz-Diagramm (rechts), 950°C, OCV, Verdampfertemperatur: 30°C, offenes Button-Cell-System

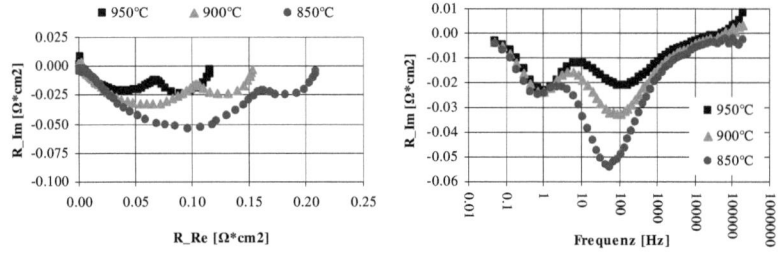

Abb. 4-22: Temperaturabhängigkeit der Impedanzen einer Vollzelle mit Ni/CeO$_2$-Anode, OCV, Verdampfertemperatur: 30°C, links: Nyquist-Diagramm, rechts: R_{Im}-Frequenz-Diagramm, offenes Button-Cell-System

Mit zunehmender Stromdichte nahm R_{pol} ab. Die größte Abnahme der Impedanz zeigte sich im tieffrequenten Bereich bei 1 – 2 Hz, während er sich bei mittleren Frequenzen nur geringfügig änderte. Bei Frequenzen oberhalb 1 kHz war keine Beeinträchtigung des Impedanzspektrums mit der Stromdichte zu erkennen. Der ohmsche Widerstand blieb nahezu konstant.

KAPITEL 4: Ergebnisse

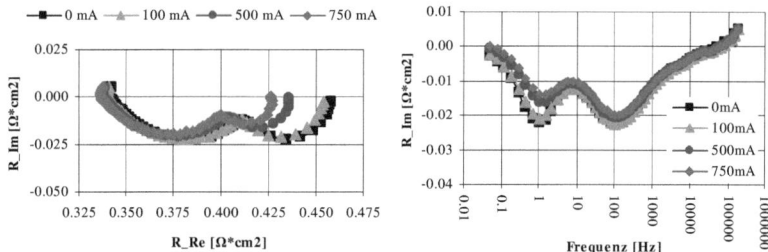

Abb. 4-23: Stromdichteabhängigkeit der Impedanzen einer Zelle mit Ni/CeO$_2$-Anode bei 950°C, Verdampfertemperatur: 30°C, links: Nyquist-Diagramm, rechts: R$_{Im}$-Frequenz-Diagramm, offenes Button-Cell-System

4.1.1.4. Diskussion der Ergebnisse

<u>*Analysetechniken und Fehlerbetrachtung:*</u> Der Vergleich des linearen und des logarithmischen Kramers-Kronig-Tests zeigte Unterschiede der simulierten Impedanzen im hochfrequenten Bereich. Wieso diese Unterschiede zustande kommen und ob sich ein Berechnungsverfahren besser eignet als das andere, kann zum gegenwärtigen Zeitpunkt nicht gesagt werden. Es wird dennoch davon ausgegangen, dass das Impedanzspektrum oberhalb von 20 kHz kritisch betrachtet werden muss, da hier ein signifikanter Einfluss der Verkabelung erwartet wird. Die Reproduzierbarkeit der elektrochemischen Messungen einer Ni/8YSZ-Anode im Button-Cell-Prüfstand zeigte eine Standardabweichung des *ASR* von 16 mΩ·cm^2 bei 950°C und 38 mΩ·cm^2 bei 850°C. Die Unterschiede resultieren aus einer Summe an Fehlerursachen wie z.B. Unterschieden zwischen den im Prinzip baugleichen Prüfständen, Temperaturschwankungen im Labor, Unterschieden in den Zellen aus verschiedenen Sinterungen, geringen Unterschieden in der aktiven Elektrodenfläche oder der Dicke der Elektroden, Unterschieden in den Kontaktierungsverlusten, oder den geringfügigen Gasschwankungen. Um

KAPITEL 4: Ergebnisse

Unterschiede zwischen den Zellwiderständen und deren zeitlichen Verlauf eindeutig nachweisen zu können, müssen diese demnach deutlich über oder unter den Standardabweichungen bei entsprechender Temperatur liegen.

Die Messergebnisse mit einem *Solartron* und einem *Zahner* Impedanzspektrometer lieferten identische Ergebnisse über einen Frequenzbereich von 20 mHz – 20 kHz. Die Abweichungen in den Kurven im Frequenzbereich > 20 kHz werden auf Störeinflüsse der Verkabelung der Zelle oder auf Störeinflüsse der Messgeräte, bzw. auf die dadurch entstehenden Induktivitäten, zurückgeführt. Bei 950°C war ein Anregungsstrom von 30 mA notwendig, um auch bei niedrigen Frequenzbereichen (< 1 Hz) ein qualitativ gutes Spektrum aufzunehmen.

Die Unterschiede in den Impedanzen zwischen dem offenen und dem geschlossenen Button-Cell-System werden vor allem auf die unterschiedlichen Gasvolumenströme zurückgeführt. Die Gasimpedanz erhöht sich nach PRIMDAHL et al. [Prim_98] je nach Leckage um ca. 20 - 30 mΩ·cm^2 durch eine Verminderung des Gasmassenstroms von 200 auf 100 Nml/min. Für die Zelle mit der Ni/8YSZ-Anode wurde durch die Verminderung des Brenngasvolumenstroms zusätzlich eine Erhöhung des Widerstandes des Prozesses bei 10 Hz festgestellt. Dieser Prozess zeigt, wie bereits angesprochen, eine Abhängigkeit von der Gasmenge und der Gaszusammensetzung (siehe Abb. 4-12).

Die gute Reproduzierbarkeit der Leitfähigkeitsmessungen in Bezug auf die Startleitfähigkeiten und den Trend unter Redox-Beanspruchung ist in Tab. 4-2 und Abb. 4-6 zu sehen. Die Abweichungen in den Leitfähigkeiten während der Redox-Zyklierung waren wahrscheinlich begründet durch die Schichtdickenunterschiede der Anoden von wenigen µm, Temperaturgradienten am Probenhalter, Unterschiede im Kontaktabstand und die statistischen Unterschiede zwischen den Proben selbst, die beispielsweise dadurch entstanden waren, dass die Sintertemperaturen der Proben möglicherweise um wenige °C voneinander abwichen.

KAPITEL 4: Ergebnisse

Mikrostrukturen: Der Vergleich der REM-Bilder aus Abb. 4-7 und den Daten aus Tab. 4-3 haben gezeigt, dass die Mikrostrukturen der untersuchten Anoden trotz ähnlicher Ausgangspartikelverteilung unterschiedlich sind. Dies liegt vermutlich daran, dass das Sinterverhalten der verschiedenen Materialien unterschiedlich ist. Die beobachteten Unterschiede in den Impedanzen können deshalb auch in der Mikrostruktur begründet sein. Allgemein geht man davon aus, dass eine feinere Anodenmikrostruktur zu einem niedrigeren Polarisationswiderstand führt, da die Ausdehnung der Dreiphasengrenze vergrößert wird. Dennoch bleibt festzuhalten, dass die Polarisationswiderstände der hier untersuchten Zelle alle in der gleichen Größenordnung lagen.

Impedanzspektroskopie an den symmetrischen Zellen: Der Vergleich der Messungen an symmetrischen Zellen mit der Ni/8YSZ- und der Ni/CG40-Anode in Abb. 4-8 haben gezeigt, dass die charakteristischen Peak-Frequenzen der Anoden unterschiedlich sind. Für die Ni/CG40-Anode wurden mindestens zwei Prozesse erkannt. Bei 950°C und in H_2/H_2O-Atmosphäre lagen die Frequenzbereiche dieser Prozesse bei 1 – 2 Hz und ~100 Hz. Dies deckt sich mit den Beobachtungen von KIM et al. [Ki_09], die eine Zelle mit einer Ni/CG10-Anode untersuchten. Die Autoren interpretierten den Prozess bei mittleren Frequenzen als Ladungsaustausch. Anhand der hier durchgeführten Experimente kann die Temperaturabhängigkeit des Prozesses bei etwa 20 – 100 Hz bestätigt werden. Die Verschiebung zu niedrigeren Frequenzen mit abnehmender Temperatur zeigt, dass sich der Prozess verlangsamt.
In den Versuchen von KIM et al. [Ki_09] zeigte der Prozess bei niedrigeren Frequenzen (0.01 – 0.63 Hz) eine signifikante Abhängigkeit vom Wasserdampfgehalt und bei niedrigen Wasserdampfpartialdrücken eine erhöhte Temperaturabhängigkeit. Die Autoren interpretierten dies als unterschiedliche Massentransportmechanismen. In den hier durchgeführten Versuchen zeigte die Ni/CG40-Anode für den Prozess bei etwa 20 - 100 Hz

KAPITEL 4: Ergebnisse

eine Veränderung mit der Temperatur und für den Prozess bei tiefen Frequenzen (0.5 – 2 Hz) eine Abhängigkeit von der Brenngaszusammensetzung (siehe: Abb. 4-9 und Abb. 4-12). PRIMDAHL und MOGENSEN [Prim_02] zeigen, dass sich die Impedanz des tieffrequenten Prozesses einer reinen CG40-Anode durch die Imprägnierung mit 0.8 wt% Nickel drastisch reduziert. Gleichzeitig verschiebt sich die Peak-Frequenz dieses Prozesses zu höheren Frequenzen. Die Autoren interpretierten diesen Prozess als Adsorption und/oder Dissoziation von Wasserstoff an der Oberfläche des Mischleiters mit einer ggf. nachgelagerten Oberflächendiffusionslimitierung. KISHIMOTO et al. [Kis_09] beobachteten für niedrige Wasserdampfpartialdrücke einen weiteren Prozess für eine Ni/SDC-Anode bei einer Frequenz von 0.1 Hz. Die beiden anderen geschwindigkeitsbestimmenden Prozesse sahen die Autoren in Analogie zu den hier gezeigten Resultaten bei einer Frequenz von 100 – 1000 Hz und von 1 – 10 Hz. Die hier gezeigten Ergebnisse und der Vergleich mit den Literaturdaten deuten darauf hin, dass es sich bei dem Prozess bei etwa 2 Hz um einen am Reaktionsmechanismus direkt beteiligten Elektrodenprozess handelt. Das Auftreten einer Gaskonversionsimpedanz [Prim_98] oder einer Gasdiffusionsimpedanz über der Elektrode [Prim_99], welche typischer Weise in ähnlichen Frequenzbereichen auftreten, werden aus verschiedenen Gründen für unwahrscheinlich gehalten. In den hier gezeigten Versuchen ist eine geringfügige Zunahme der Impedanz im tieffrequenten Bereich mit zunehmender Temperatur erkennbar. Mit H_2 als Brenngas ist dies weder für die Gaskonversionsimpedanz noch für die Gasdiffusionsimpedanz zu erwarten. Dennoch sei noch einmal kritisch darauf hingewiesen, dass die charakteristischen Peak-Frequenzen der geschwindigkeitsbestimmenden Prozesse insbesondere bei Temperaturen < 850°C überlappen. Somit kann die thermische Aktivierung ohne eine Simulation der Impedanzspektren nicht eindeutig einem oder beiden Prozessen zugeordnet werden. Die Simulationen deuten darauf hin, dass die thermische Aktivierung für diesen

KAPITEL 4: Ergebnisse

Prozess gering ist (siehe Tab. 4-6). Die Messungen von PRIMDAHL und MOGENSEN [Prim_98] haben gezeigt, dass die Gaskonversionsimpedanz in der symmetrischen Testkonfiguration nicht auftritt. Im Vergleich zur symmetrischen Zelle mit der Ni/8YSZ-Anode fällt zudem auf, dass die Peak-Frequenzen der Prozesse im tieffrequenten Bereich trotz gleicher Versuchsanordnung nicht identisch sind. Dies war auch bei allen Vollzellversuchen erkennbar. Da sowohl die Gaskonversionsimpedanz als auch die Gasdiffusionsimpedanz über der Elektrode vor allem durch die Testkonfiguration und die Volumenströme beeinflusst werden, würde man unter gleichen Versuchbedingungen keine signifikanten Unterschiede in den Peak-Frequenzen zwischen den beiden Anoden erwarten. Die Ergebnisse deuten darauf hin, dass es sich bei dem tieffrequenten Prozess der Ni/CG40-Anode um die von PRIMDAHL et al. [Prim_02] beschriebene Adsorption und Dissoziation von Wasserstoff handelt. Die Kapazität ergibt sich möglicherweise aufgrund einer Ladungstrennung zwischen den adsorbierten Gasatomen und den Oberflächenatomen des Festkörpers. Die Adsorption des Brenngases könnte beispielsweise vom Wasserdampf positiv beeinflusst werden. Die Menge der adsorbierten H_2-Moleküle ist wahrscheinlich abhängig von der Konzentration an H_2 in der Anode und von der Verdünnung mit anderen Gasmolekülen, beispielweise von N_2. Dies war andeutungsweise anhand der Versuche in Abb. 4-12 erkennbar. Es wird davon ausgegangen, dass der Transport von H_2 durch die Anode ein Diffusionsprozess ist. Möglicherweise ändert sich der Konzentrationsgradient in der Anode in Abhängigkeit von der H_2-Gasgeschwindigkeit im Gaskanal.

Abb. 4-9 zeigt, dass die Impedanz oberhalb von ~100 Hz leichte Veränderungen mit variierender Temperatur aufweist. Der Prozess ist jedoch nicht eindeutig erkennbar. Deshalb kann gegenwärtig nicht gesagt werden, ob es sich um einen realen Elektrodenprozess handelt. Eine mögliche Erklärung könnte sein, dass es sich um eine Impedanz handelt, welche durch den direkten Kontakt von Ni-Partikeln mit dem 3YSZ-

KAPITEL 4: Ergebnisse

Elektrolyten zustande kommt. Der unstetige und unsystematische Verlauf der Messkurve oberhalb von ~30 kHz deutet auf Störeinflüsse beispielsweise von der Verkabelung hin. Dies zeigt indirekt auch das Ergebnis des logarithmischen Kramers-Kronig-Test. Für die symmetrische Zelle mit der Ni/8YSZ-Anode sind in Abb. 4-8, Abb. 4-10, Abb. 4-11 und Abb. 4-13 mindestens zwei geschwindigkeitsbestimmende Prozesse erkennbar. Ein Knick im Impedanzspektrum zwischen 10 und 100 Hz deutet möglicherweise auf einen weiteren Prozess hin. Dies konnte durch die Simulationen mit den Ersatzschaltbilden jedoch nicht bestätigt werden. Die Anzahl der Prozesse und deren Frequenzbereiche im symmetrischen Prüfstand decken sich mit den Beobachtungen von PRIMDAHL et al. [Prim_98]. Einen mikrostrukturabhängigen Prozess bei 1 – 50 kHz interpretieren die Autoren als Doppelschichtkapazität der Ni/YSZ-Grenzfläche.

In Abb. 4-10 war zu erkennen, dass der Widerstand des Prozesses bei etwa 10 Hz, ähnlich wie der 2 Hz Prozess der Ni/CG40-Anode, mit sinkender Temperatur geringfügig zunahm. Auch bezüglich der Sensitivität auf die Gaszusammensetzung verhielten sich beide Anoden qualitativ identisch. Auch die Vollzellenmessungen zeigten eine identische Abhängigkeit von der Stromdichte. Anhand dieser Versuche liegt deshalb die Vermutung nahe, dass es sich bei den tieffrequenten Prozessen der Ni/CG40- und Ni/8YSZ-Anode um ähnliche oder gleiche elektrochemische Prozesse handelt, wobei die Peak-Frequenz unter gleichen Versuchsbedingungen vermutlich materialabhängig ist. Wie die späteren Ergebnisse aus den Unterkapiteln 4.1.3 und 4.1.4 zeigen werden, ist dieser Prozess weder von der Y_2O_3-Dotierung im YSZ, noch von der Mikrostruktur abhängig. Da die Prozesse bei tiefen Frequenzen nahezu ideale Halbkreise darstellen, wird davon ausgegangen, dass keine weiteren Prozesse einen signifikanten Einfluss in diesem Frequenzbereich haben.

KAPITEL 4: Ergebnisse

Wird eine geringe Brenngasmenge mit Stickstoff verdünnt, so ist bei Temperaturen von 950°C ein Abknicken der Messkurve im mittleren Frequenzbereich bei etwa 100 Hz zu erkennen (siehe Abb. 4-11). Ob dies ein weiterer Prozess ist oder lediglich das Überlappen des hoch- und tieffrequenten Prozesses, bleibt ungeklärt. Einen Prozess bei mittleren Frequenzen (40 Hz) deutet MÜLLER [Mü_04/D] als Gasdiffusionslimitierung in der Anodenmikrostruktur. PRIMDAHL et al. [Prim_99] interpretieren einen Prozess bei etwa 10 Hz als Diffusionslimitierung über der Anode.

Für tiefe Temperaturen ist in der Darstellung im R_{Im}-Frequenz-Diagramm in Abb. 4-10 bei ~3 kHz ein leichtes Abknicken der Kurve zu erkennen. Dies könnte auf einen weiteren Prozess im hochfrequenten Bereich hindeuten, wie er bereits von SONN et al. [Son_08/a] diskutiert wurde. Die Autoren interpretieren einen Prozess bei (20 – 30 kHz) als Leitfähigkeit von O^{2-}-Ionen durch das YSZ-Gerüst der Anode.

Die Unterschiede zwischen beiden Anodentypen Ni/CG40 und Ni/8YSZ sind offensichtlich auf die Keramik zurückzuführen. Zum einen ist das Sinterverhalten beider Anodentypen unterschiedlich, was in unterschiedliche Mikrostrukturen resultiert. Darauf wird im nachfolgenden Kapitel 4.1.2 noch ausführlich eingegangen. Andererseits sind die elektrischen und ionischen Leitfähigkeiten von CGO und YSZ sehr unterschiedlich. Während YSZ ein fast reiner Ionenleiter ist und elektronisch isoliert, ist das CGO ein Mischleiter, welcher alleine als Anode fungieren kann [Mar_99][Prim_02].

Ein weiterer Unterschied zwischen YSZ und CGO ist die Löslichkeit von Protonen im Festkörper. Diese ist etwa zwei Größenordnungen höher für dotiertes Ceroxid als für YSZ [Kis_09]. Der Einfluss der Protonen auf die SOFC-Elektrochemie wurde beispielsweise von YOKOKAWA et al. [Yok_04], HORITA et al. [Hor_06] und SFEIR [Sf_01/D] diskutiert. YOKOKAWA et al. [Yok_04] schlagen für die Ni/CGO-Anode einen Reaktionsmechanismus vor, bei welchem die Diffusion des Protons durch

KAPITEL 4: Ergebnisse

den Ni- und CGO-Festkörper als paralleler Reaktionsmechanismus stattfindet. Die Löslichkeit von Protonen in CG20 wurde von SAKAI et al. [Sak_99] gemessen, die Permeabilität von Protonen in CG10 und 10YSZ von NIGARA et al. [Nig_03][Nig_04]. Demnach sind die Permeabilität von Protonen und die Protonenleitfähigkeit höher in CG10 als in 10YSZ. Bezüglich des Reaktionsmechanismus der Ni/YSZ-Anode wurden zahlreiche Modelle in der Literatur vorgeschlagen und diskutiert [Miz_94][Jia_99][Bie_00/D][DBo_98/D][Mog_93][Holt_99]. Über den genauen Ablauf dieses Reaktionsmechanismus besteht jedoch nach wie vor keine Einigkeit. Die Modelle gehen jedoch davon aus, dass das YSZ neben seiner Funktion als Ionenleiter aktiv an der Elektrochemie beteiligt ist.

Die Ni/CG40-Anode zeigt bei 950°C einen Prozess mit maximaler Peak-Frequenz bei etwa 100 Hz, während der Prozess mit maximaler Peak-Frequenz für die Ni/8YSZ-Anode im kHz-Bereich auftritt. Die Unterschiede könnten durch eine Doppelschichtkapazität begründet sein, welche (a) durch eine Ladungstrennung an den direkten Kontaktstellen zwischen Nickel und YSZ zustande kommt oder (b) durch eine Ladungstrennung die beispielsweise auf einer Oberfläche um die Dreiphasengrenze zustande kommt und auf der die elektrochemischen Reaktionen stattfinden.

Eine Ladungstrennung an den Grenzflächen zwischen benachbarten Ni- und 8YSZ-Partikeln könnte deshalb zustande kommen, weil die Oberflächenatome weniger Bindungspartner als die Atome im Inneren des Festkörpers besitzen. Die Verteilungsfunktion könnte beispielsweise aufgrund des Abstandes (d) der benachbarten Ni- und YSZ-Partikel zustande kommen, welche durch ein Dielektrikum (Anodengas) getrennt sind. Über die Eigenschaften des Dielektrikums könnte die Abhängigkeit des hochfrequenten Prozesses vom Wasserdampfgehalt erklärt werden. In diesem Zusammenhang diskutiert BIEBERLE [Bie_01/D] eine katalytische Wirkung des Wasserdampfes, wobei im Vergleich zu den hier durchgeführten Versuchen zu berücksichtigen ist, dass die Versuche von

KAPITEL 4: Ergebnisse

BIEBERLE unter anderen Betriebsbedingungen durchgeführt wurden. Außerdem sei angemerkt, dass der Wasserdampf vor allem die Gaskonversionsimpedanz beeinflusst, welche in der Regel bei geringen Gasmassenflüssen ein dominierender Widerstand ist [Prim_98].

MIZUSAKI et al. [Miz_94] interpretieren aus Modellexperimenten einen Zusammenhang zwischen dem Polarisationswiderstand und der Länge der Dreiphasengrenze. Nach den Modellen, welche in der Literatur beschrieben werden [Mog_93][Miz_94][Holt_99][Jia_99][dBo_98/D], erstreckt sich die elektrochemische Reaktion der Ni/YSZ-Anode auf die Oberflächen oder das Volumen von Ni- und YSZ-Partikeln unmittelbar an der Dreiphasengrenze. Hierbei könnte es beispielsweise an der Oberfläche der benachbarten Nickel und YSZ-Partikel zur Ladungstrennung von Reaktionspartnern kommen. Diesbezüglich wird in der Literatur von einer Mikrostrukturabhängigkeit des hochfrequenten Prozesses der Ni/8YSZ-Anode berichtet [Prim_97][Bro_00]. Da CGO im Vergleich zum YSZ gleichzeitig ein Elektronenleiter ist, können sich die Ladungen an den Grenzflächen Ni|CG40 einfacher austauschen. Wie die Kapazität des Prozesses bei 100 Hz der Ni/CG40-Anode zustande kommt und ob der Prozess der Gleiche ist wie bei der Ni/8YSZ-Anode, ist jedoch unklar. In der Literatur wurden bisher keine Hinweise auf eine Mikrostrukturanhängigkeit des ~100 Hz Prozesses (950°C) der Zelle mit der Ni/CG40-Anode gefunden.

Simulationen an symmetrischen Zellen: Die simulierten Impedanzspektren zeigen eine gute Übereinstimmung mit den Messdaten (siehe Abb. 4-15). Die tieffrequenten Prozesse der Ni/8YSZ- und Ni/CG40-Anode waren im Nyquist-Diagramm als nahezu ideale Halbkreise sichtbar. Der Exponent (*m*) wurde dementsprechend mit nahezu 1 angefittet, was einem idealen Kondensator entspricht. Eine plausible Erklärung hierfür ist, dass es sich um einen einzelnen Prozess handelt.

KAPITEL 4: Ergebnisse

Sowohl der Prozess bei 20 - 100 Hz der Ni/CG40-Anode als auch der Prozess im kHz-Bereich der Ni/8YSZ-Anode werden in der Literatur als Ladungsaustausch interpretiert [Ki_09] [Prim_97]. Der 20 – 100 Hz Prozess der Ni/CG40-Anode zeigt im Vergleich zum kHz-Prozess der Ni/8YSZ-Anode eine größere Abhängigkeit von der Temperatur. Die Aktivierungsenergie dieses Prozesses ist bei der Ni/CG40-Anode etwa doppelt so hoch wie bei der Ni/8YSZ-Anode (siehe Tab. 4-6), wobei der Exponent (m) ebenfalls doppelt so hoch ist (siehe Tab. 4-4 und Tab. 4-5). Ein dritter Prozess bei mittleren Frequenzen konnte für die symmetrische Zelle mit der Ni/8YSZ-Anode anhand der Simulationen nicht identifiziert werden.

Impedanzmessungen an Vollzellen: Beim Vergleich der Ni/8YSZ- mit der Ni/CG40-Anode zeigen die Messungen der Vollzellen in Bezug auf die Anzahl und den Frequenzbereich der geschwindigkeitsbestimmenden Prozesse tendenziell gleiche Ergebnisse wie die symmetrischen Zellen. Die charakteristischen Frequenzen, bei denen für die symmetrischen Zellen die Anodenprozesse identifiziert wurden, sind auch bei den Vollzellen sichtbar. Im Bereich 100 - 300 Hz kommt es bei den Vollzellen zu einer Überlappung eines Anoden- und Kathodenprozesses.

Um mehr über den bereits angesprochenen Effekt der Protonenleitung durch die Festkörper zu erfahren, wurde eine Ni/CeO$_2$-Anode hergestellt und die Impedanz mit einer Ni/CG40-Anode verglichen. Reines CeO$_2$ hat mit $1 \cdot 10^{18}$ Atomen/cm^3 eine ähnliche Protonenlöslichkeit wie YSZ [Sak_99]. Dies lässt die Vermutung zu, dass sich auch das Impedanzspektrum deutlich voneinander unterscheidet, wenn dieser Mechanismus einen entscheidenden Beitrag zum Polarisationswiderstand liefert. Wie aus Abb. 4-21 zu entnehmen ist, sind die Impedanzen für die Ni/CG40- und die Ni/CeO$_2$-Anode sehr ähnlich, in Bezug auf den Realanteil des Polarisationswiderstandes und der charakteristischen Peak-

Frequenzen. Unter Temperaturvariation ändern sich die Polarisationswiderstände beider Zelltypen leicht unterschiedlich. Mit zunehmender Stromdichte nehmen die Polarisationswiderstände qualitativ ähnlich ab, d.h. mit ähnlicher Steigung. Diesbezüglich zeigte sich, dass insbesondere der Widerstand des tieffrequenten Prozesses (0.1 – 10 Hz) mit zunehmender Stromdichte abnimmt. Aus den Messungen an den symmetrischen Zellen war erkennbar, dass dies sowohl für Ni/CG40 als auch für Ni/8YSZ ein Anodenwiderstand ist. In der Literatur wird sowohl für Ni-dotiertes Ceroxid als auch für Ni/YSZ eine starke Abhängigkeit von der Gaszusammensetzung bzw. vom Wasserdampf berichtet [Ki_09][Kis_09][Prim_97][Mü_04/D]. Es liegt deshalb die Vermutung nahe, dass dieser Prozess nicht von der Stromdichte selbst, sondern von der produzierten Menge an Wasserdampf abhängig ist.

KAPITEL 4: Ergebnisse

4.1.2. Vergleich der Stabilität von Zellen mit Ni/CG40- und Ni/8YSZ-Anoden

In diesem Unterkapitel wurden die Redox- und Langzeitstabilität von Zellen mit Ni/CG40- (PSL080027) und Ni/8YSZ-Anoden (PSL080006) miteinander verglichen. Hierzu wurden symmetrische und Vollzellen hergestellt und getestet. Die Impedanzen und die elektrischen Leitfähigkeiten wurden für die verschiedenen Proben gemessen. Die Mikrostrukturen der Anoden wurden vor und nach dem Betrieb mittels Rasterelektronenmikroskop (REM) und Röntgenbeugung (XRD) analysiert.

Herstellung: In einer Planetenkugelmühle wurden Ni/CG40- und Ni/8YSZ-Anodenpasten hergestellt (40 Vol. % Nickel), mittels Siebdruck auf den 3YSZ-Elektrolyten (140 µm, *Nippon Shokubai*) aufgetragen und bei 1350°C/4h gesintert. Für die elektrochemischen Versuche mit Vollzellen wurde eine LSM/YSZ|LSM-Kathode auf die Gegenseite des 3YSZ-Elektrolyten gedruckt und bei 1100°C/3h gesintert. Die Partikelverteilungen der Ausgangspasten und die Herstellungsparameter wurden bereits in Tab. 4-3 des vorangegangenen Unterkapitels beschrieben.

4.1.2.1. Degradation der Zellen unter Redox-Zyklierung

Der zyklische Wechsel von Brenngas und Luft auf der Anodenseite wird als Redox-Zyklus bezeichnet. Bei Nickel-basierten Anoden treten aufgrund der Volumenänderung von Ni zu NiO hohe mechanische Spannungen in der Anodenmikrostruktur auf, welche die Mikrostruktur nachhaltig schädigen. Im Vergleich zum kontinuierlichen Betrieb wurden bei der Redox-Zyklierung eine beschleunigte Ni-Vergröberung [Bat_04], eine

KAPITEL 4: Ergebnisse

irreversible Volumenausdehnung [Rob_04] und gleichzeitig eine beschleunigte Abnahme der Zellspannung beobachtet [Iw_07].

Symmetrische Zellen: Die nachfolgenden Abb. 4-24 und Abb. 4-25 zeigen die ohmschen und Polarisationsverluste bzw. die Impedanzen einer symmetrischen Zelle mit Ni/8YSZ-Anoden. Die Versuche wurden bei 950°C mit 200 Nml/min Formiergas (H_2/N_2: 5:95 Vol. %) durchgeführt. Der Verdampfer wurde bei Raumtemperatur betrieben. Die resultierende Nernst-Spannung betrug 0.935 V. Unter Redox-Beanspruchung erhöhte sich vor allem der Polarisationsanteil des Zellverlustes, während der ohmsche Anteil nur wenig degradierte. Die Bezeichnung „8N" kennzeichnet eine Impedanzmessung, die eine Nacht nach dem letzten, also achten Redox-Zyklus gemessen wurde. Zwischen den Messpunkten wurde die Zelle unter konstanten Bedingungen (Nernst-Spannung und 950°C) betrieben. Im Vergleich der Impedanzspektren unmittelbar nach der achten Messung und nach einer Nacht ist eine deutliche Zunahme des Polarisationswiderstandes erkennbar. Aus dem R_{Im}-Frequenz-Diagramm ist erkennbar, dass vor allem der Widerstand eines Prozesses im Bereich hoher Frequenzen (ca. 2 – 3 kHz) zunimmt. Ebenfalls zeigt der Widerstand des Prozesses bei ~10 Hz zeigt eine Zunahme.

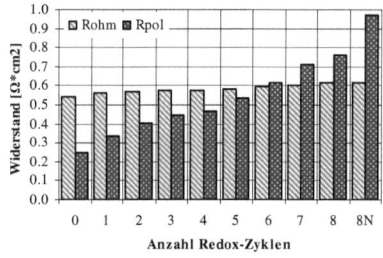

Abb. 4-24: Ohmsche und Polarisationsverluste einer symmetrischen Ni/8YSZ-Anode (PSL080006), acht Redox-Zyklen bei 950°C, Nernst-Spannung: 0.935 V

KAPITEL 4: Ergebnisse

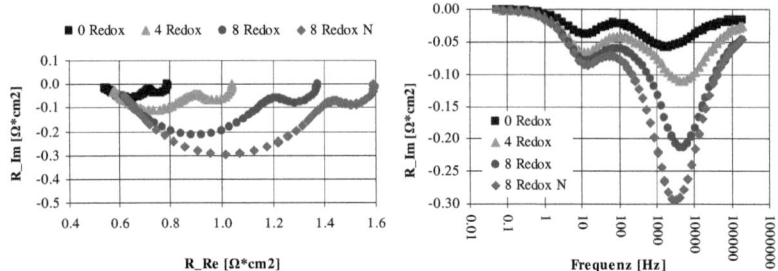

Abb. 4-25: Impedanzen einer symmetrischen Ni/8YSZ-Anode (PSL080006), acht Redox-Zyklen bei 950°C, Nernst-Spannung: 0.935 V, links: Nyquist-Diagramm, rechts: R_{Im}-Frequenz-Diagramm

Die Abb. 4-26 und Abb. 4-27 zeigen die Veränderungen der ohmschen und Polarisationsverluste einer symmetrischen Zelle mit Ni/CG40-Anoden über acht Redox-Zyklen unter den gleichen Versuchsbedingungen wie die zuvor gezeigte symmetrische Zelle mit der Ni/8YSZ-Anode.

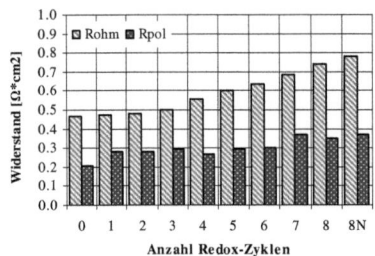

Abb. 4-26: Ohmsche und Polarisationsverluste einer symmetrischen Ni/CG40-Anode (PSL080027), acht Redox-Zyklen bei 950°C, Nernst-Spannung: 0.935 V

KAPITEL 4: Ergebnisse

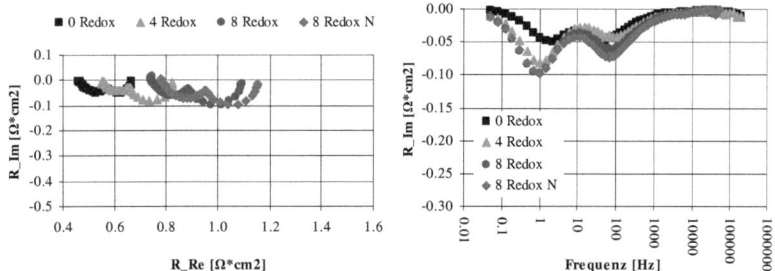

Abb. 4-27: R_{Im}-Frequenz-Diagramm einer symmetrischen Ni/CG40-Anode (PSL080027), acht Redox-Zyklen bei 950°C, Nernst-Spannung: 0.935 V, links: Nyquist-Diagramm, rechts: R_{Im}-Frequenz-Diagramm

Im Gegensatz zur Ni/8YSZ-Anode resultierte der überwiegende Anteil der *ASR*-Zunahme diesmal vom ohmschen Widerstand, welcher nach dem vierten Redox-Zyklus eine starke Zunahme zeigte. Nach dem achten Redox-Zyklus degradierte die Anode weniger stark als die Ni/8YSZ-Anode. Der Grund für die unregelmäßige Veränderung des Polarisationswiderstandes ist derzeit unklar. Das R_{IM}-Frequenz-Diagramm zeigt eine Zunahme von R_{pol} für den Prozesses bei ~2 Hz und auch bei ~100 Hz.

Vollzellen: Alle nachfolgenden Versuche wurden an 1.44 cm² Vollzellen (Ni-Cermet|3YSZ|LSM/YSZ|LSM-Kathode) durchgeführt. Die Abb. 4-28 und Abb. 4-29 zeigen die ohmschen und Polarisationsverluste der Zelle mit Ni/CG40-Anode über acht Redox-Zyklen bei 950°C. Wie schon bei den symmetrischen Zellen fand der größte Anteil der *ASR*-Zunahme im ohmschen Widerstand statt. Der Polarisationswiderstand erhöhte sich im Bereich tiefer Frequenzen (~2 Hz). Dies wurde bei allen Versuchen mit der Ni/CG40-Anode beobachtet. Während der Redox-Zyklen trat keine signifikante Veränderung der OCV auf. Der *ASR* der Impedanzspektren entsprach stets dem *ASR* der U-I-Kennlinien im gleichen Betriebspunkt.

KAPITEL 4: Ergebnisse

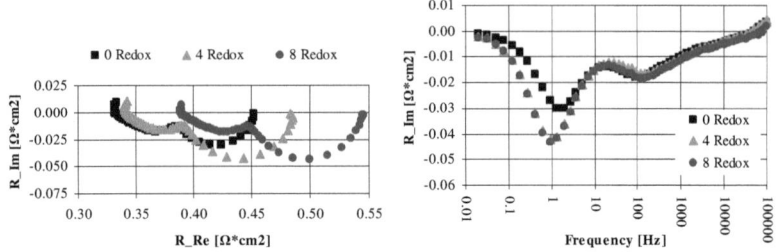

Abb. 4-28: Nyquist-Diagramm (links) und R_{Im}-Frequenz-Diagramm (rechts) einer Vollzelle mit Ni/CG40-Anode (PSL080027), acht Redox-Zyklen bei 950°C, OCV, offenes Button-Cell-System

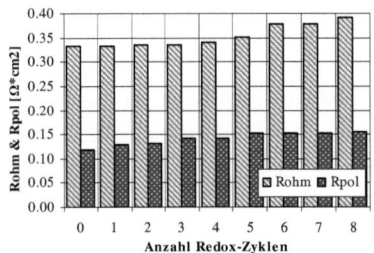

Abb. 4-29: Ohmsche und Polarisationsverluste einer Zelle mit Ni/CG40-Anode (PSL080027), acht Redox-Zyklen bei 950°C, offenes Button-Cell-System

Abb. 4-30 zeigt die Temperaturabhängigkeit des ohmschen Widerstandes der Ni/CG40-Anode vor und nach den acht Redox-Zyklen. Die Zahlenwerte in der Abbildung geben die Differenz zwischen dem End- und dem Anfangswert des ohmschen Widerstandes an. Es ist zu erkennen, dass die Spreizung zwischen Anfangs- und Endwert mit sinkender Temperatur zunahm bzw. die Differenz größer wurde.

KAPITEL 4: Ergebnisse

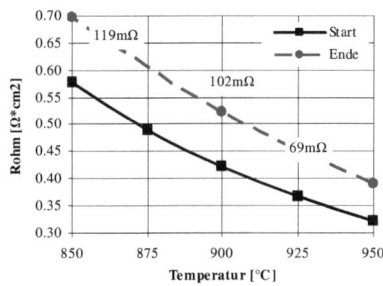

Abb. 4-30: Ohmscher Widerstand einer Zelle mit Ni/CG40-Anode, vor und nach acht Redox-Zyklen bei 950°C, offenes Button-Cell-System

Die nachfolgenden Abb. 4-31 und Abb. 4-32 zeigen die Impedanzspektren einer Zelle mit Ni/8YSZ-Anode unter Redox-Beanspruchung bei 950°C. Analog zu den symmetrischen Zellen erhöhte sich bei diesem Anodentyp lediglich der Polarisationswiderstand, wohingegen der ohmsche Widerstand konstant blieb.

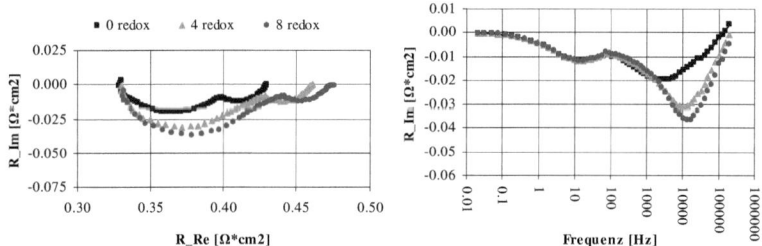

Abb. 4-31: Nyquist-Diagramm (links) und R_{Im}-Frequenz-Diagramm (rechts) einer Zelle mit Ni/8YSZ-Anode (PSL080006), acht Redox-Zyklen bei 950°C, OCV, offenes Button-Cell-System

Zu Beginn des Versuchs ist der ohmsche Widerstand dieser Zelle etwa gleich dem der Zelle mit Ni/CG40-Anode. Die Zunahme des Polarisationswiderstandes fand im Bereich hoher Frequenzen statt (5 –

10 kHz). Wiederum zeigte sich eine starke Zunahme im Widerstand dieses Prozesses zwischen den Messpunkten „8" unmittelbar nach dem Redox-Zyklus und „8N" nach einer Nacht im Konstantbetrieb.

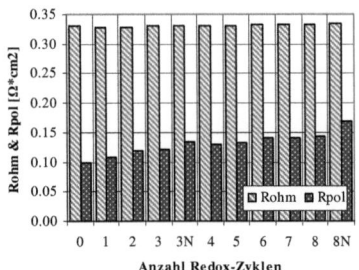

Abb. 4-32: Ohmsche und Polarisationsverluste einer Zelle mit Ni/8YSZ-Anode (PSL080006), acht Redox-Zyklen bei 950°C, offenes Button-Cell-System

Die nachfolgende Abb. 4-33 zeigt den Anstieg des *ASR* der Zelle mit Ni/8YSZ-Anode nach dem achten Redox-Zyklus mit der Zeit. Die flächenspezifischen Widerstände wurden aus der U-I-Kennlinie nahe der Leerlaufspannung (0 – 50 mA) berechnet. Unmittelbar nach dem Redox-Zyklus fand ein starker Anstieg des *ASR* statt, der ca. 3 h anhielt und danach abflachte.

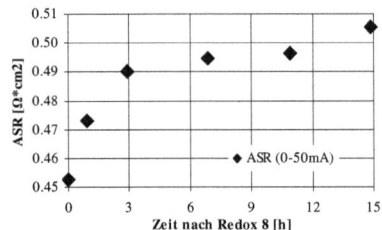

Abb. 4-33: Anstieg des *ASR* einer Zelle mit Ni/8YSZ-Anode (PSL080006) nach dem achten Redox-Zyklus bei 950°C unter konstanten Betriebsbedingungen, offenes Button-Cell-System

KAPITEL 4: Ergebnisse

Ein Vergleich der Zellen mit den Anoden Ni/8YSZ und Ni/CG40 unter Redox-Zyklierung bei 950°C ist in Abb. 4-34 dargestellt. Die Zelle mit der Ni/CG40-Anode zeigte einen höheren Anfangswiderstand und eine stärkere Zunahme des *ASR* mit der Anzahl an Redox-Zyklen.

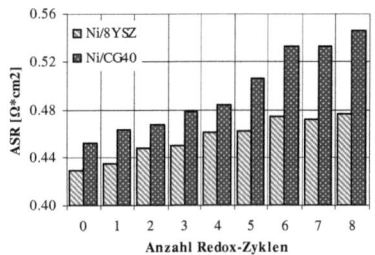

Abb. 4-34: Vergleich der *ASR* von Zellen mit Ni/CG40- (PSL080027) und Ni/8YSZ-Anoden (PSL080006), acht Redox-Zyklen bei 950°C, offenes Button-Cell-System

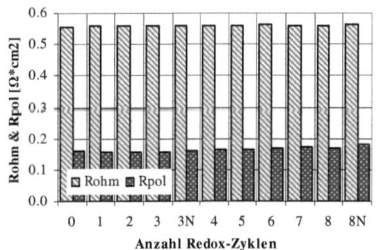

Abb. 4-35: Ohmsche und Polarisationsverluste einer Zelle mit Ni/CG40-Anode (PSL080027), acht Redox-Zyklen bei 850°C, offenes Button-Cell-System

Die ohmschen und Polarisationsverluste der Zelle mit der Ni/CG40-Anode unter Redox-Zyklierung bei 850°C sind in Abb. 4-35 dargestellt. Im Gegensatz zum Versuch bei 950°C war hier keine Zunahme des ohmschen

KAPITEL 4: Ergebnisse

Widerstandes zu erkennen. Der Polarisationswiderstand degradierte um 22 mΩ·cm².

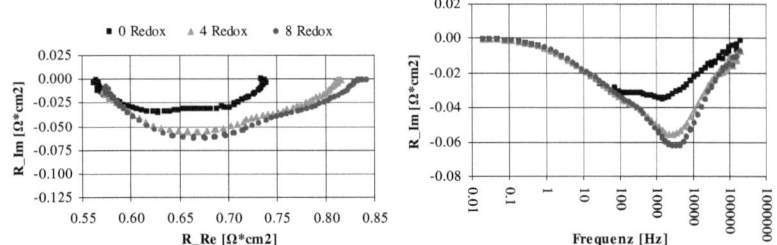

Abb. 4-36: Nyquist-Diagramm (links) und R_{Im}-Frequenz-Diagramm (rechts) einer Zelle mit Ni/8YSZ-Anode (PSL080006), acht Redox-Zyklen bei 850°C, OCV, offenes Button-Cell-System

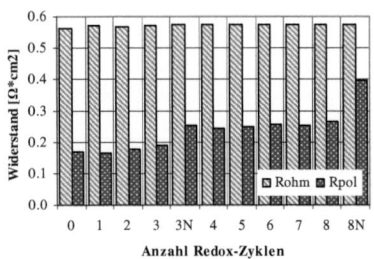

Abb. 4-37: Ohmsche und Polarisationsverluste einer Zelle mit Ni/8YSZ-Anode (PSL080006), acht Redox-Zyklen bei 850°C, OCV, offenes Button-Cell-System

Die Abb. 4-36 und Abb. 4-37 zeigen die ohmschen und Polarisationsverluste der Zelle mit Ni/8YSZ-Anode unter Redox-Beanspruchung bei 850°C. Analog zum Versuch bei 950°C fand die Zunahme von R_{pol} im Bereich hoher Frequenzen statt. Wegen der starken Aktivierung dieses Prozesses war die gemessene Zunahme von R_{pol} höher

KAPITEL 4: Ergebnisse

als bei 950°C. Dies machte sich auch insbesondere zwischen den Messpunkten „8" und „8N" bemerkbar, zwischen denen der Polarisationswiderstand stark anstieg.

Die nachfolgende Abb. 4-38 zeigt den Vergleich der *ASR*-Veränderung der Zellen mit Ni/CG40- und Ni/8YSZ-Anoden unter Redox-Beanspruchung bei 850°C. Im Gegensatz zu den Versuchen bei 950°C waren der anfängliche *ASR* bzw. die Zunahme des *ASR* unter Redox-Zyklierung der Zelle mit der Ni/8YSZ-Anode höher.

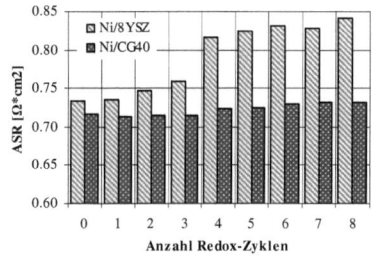

Abb. 4-38: Vergleich des *ASR* von Zellen mit Ni/CG40- und Ni/8YSZ-Anoden, acht Redox-Zyklen bei 850°C, offenes Button-Cell-System

Die nachfolgenden Abb. 4-39 und Abb. 4-40 zeigen eine Zusammenfassung der *ASR*-Veränderung der Zellen mit den Ni/CG40- und Ni/8YSZ-Anoden bei 850 und 950°C. Die Veränderung des flächenspezifischen Widerstandes bezog sich hier auf den Startwert, d.h. dem ersten Redox-Zyklus. Während der *ASR* der Zelle mit der Ni/CG40-Anode bei tiefer Temperatur deutlich weniger zunahm, zeigte die Zelle mit der Ni/8YSZ-Anode eine stärkere Zunahme des *ASR* bei 850°C.

KAPITEL 4: Ergebnisse

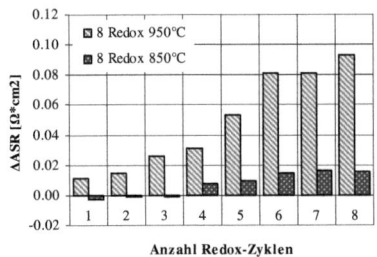

Abb. 4-39: Veränderung des *ASR* von Zellen mit Ni/CG40-Anoden, acht Redox-Zyklen bei 850°C und 950°C, offenes Button-Cell-System

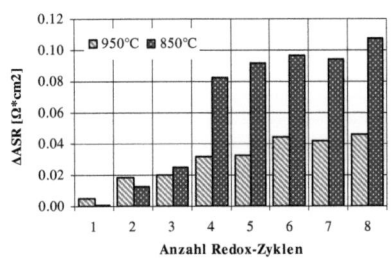

Abb. 4-40: Veränderung des *ASR* von Zellen mit Ni/8YSZ-Anoden, acht Redox-Zyklen bei 850°C und 950°C, offenes Button-Cell-System

Leitfähigkeitsmessung: Die Abb. 4-41 zeigt die Veränderungen der elektrischen Leitfähigkeiten der Anoden Ni/8YSZ und Ni/CG40 unter Redox-Zyklierung bei 850 und 950°C. Für beide Anodentypen zeigte sich eine deutlich geringere Abnahme der elektrischen Leitfähigkeit bei einer Redox-Temperatur von 850°C als bei 950°C. Während der Leitfähigkeitsstartwert der Ni/CG40-Anode auch bei 850°C fast gleich war, war er bei der Ni/8YSZ-Anode bei 850°C um ca. 400 S/cm höher. Die Ni/8YSZ-Anode zeigt durch den ersten Redox-Zyklus einen starken Anstieg der elektrischen Leitfähigkeit die mit jedem weiteren Zyklus kontinuierlich abnahm. Dagegen nahm die elektrische Leitfähigkeit der

KAPITEL 4: Ergebnisse

Ni/CG40-Anode bereits nach dem ersten Redox-Zyklus ab. Die Temperaturabhängigkeit der Leitfähigkeit wurde nach den acht Redox-Zyklen gemessen. Für die Ni/CG40-Anode, welche bei 950°C Redox-zykliert wurde, sank die elektrische Leitfähigkeit mit sinkender Temperatur.

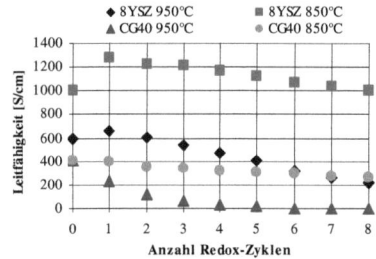

Abb. 4-41: Veränderung der elektrischen Leitfähigkeit von Zellen mit Ni/8YSZ- und Ni/CG40-Anoden, acht Redox-Zyklen bei 850°C und 950°C

KAPITEL 4: Ergebnisse

Mikrostrukturen: Abb. 4-42 zeigt die REM-Bilder der Ni/CG40-Anode (links) und Ni/8YSZ-Anode (rechts) nach der ersten Reduktion bei 950°C. Die Mikrostrukturen der beiden Anoden waren sehr unterschiedlich.

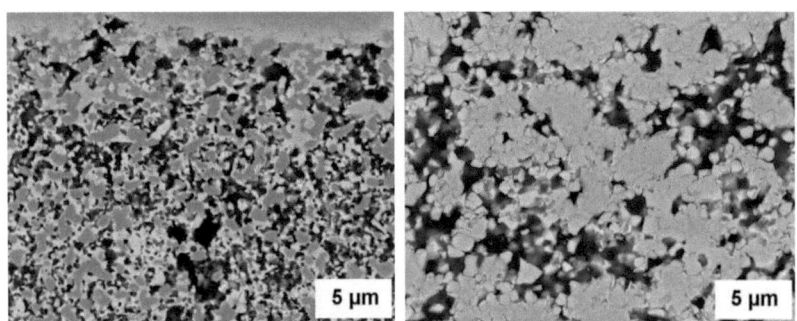

Abb. 4-42: REM-Bilder der Anode, erste Reduktion nach Herstellung (950°C), links: Ni/CG40 und rechts: Ni/8YSZ, Rückstreuelektronendetektor (BSE), Beschleunigungsspannung: 12 kV

Die Ni/CG40-Anode besaß eine feinere Mikrostruktur. Die Nickelpartikel (dunkelgrau) waren von der CG40-Phase (hellgrau) umgeben. Es kam zu einer Anreicherung der CG40-Phase an der Grenzfläche zum Elektrolyt, und die Nickelpartikel waren in diesem Bereich größer. Bei höheren Beschleunigungsspannungen wird an der Phasengrenzfläche eine Interdiffusionsschicht von ca. 2 µm erkennbar. In der Ni/8YSZ-Anode hatten die metallischen und keramischen Partikel eine ähnliche Partikelgröße. Trotz der Unterschiede in der Mikrostruktur lieferten die elektrochemischen Messungen ähnliche flächenspezifische Zellwiderstände.

KAPITEL 4: Ergebnisse

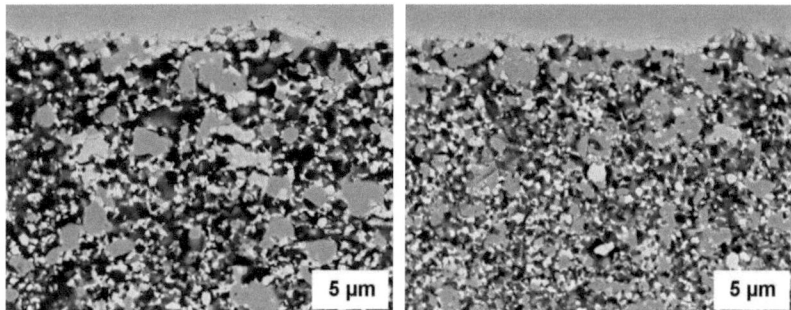

Abb. 4-43: REM-Bilder Ni/CG40-Anode nach acht Redox-Zyklen, links: 950°C und rechts: 850°C, Rückstreuelektronendetektor (BSE), Beschleunigungsspannung: 12 kV

Die REM-Bilder in Abb. 4-43 zeigen die Mikrostruktur der Ni/CG40-Anode nach den acht Redox-Zyklen bei 950°C (links) und 850°C (rechts). Im Vergleich zur Ausgangsprobe war die Mikrostruktur durch die Redox-Beanspruchung stark verändert worden. Die Mikrostruktur nach acht Redox-Zyklen bei 950°C zeigte größere Ni-Agglomerate als nach acht Redox-Zyklen bei 850°C. Ebenso schien das CG40-Gerüst nach acht Redox-Zyklen bei 950°C deutlich mehr geschädigt zu sein als bei 850°C.
Die Ni/8YSZ-Anoden in Abb. 4-44 zeigen nach der Redox-Beanspruchung die gleiche Tendenz wie die Ni/CG40-Anoden. Im Vergleich zur Ausgangsprobe hatte sich die Mikrostruktur durch die Redox-Zyklen stark verändert. Die Ni-Agglomerate waren nach acht Redox-Zyklen bei 950°C größer als nach acht Redox-Zyklen bei 850°C. Wegen des schlechten Kontrastes zwischen Ni und 8YSZ kann keine Aussage über die Schädigung des 8YSZ-Gerüstes gemacht werden.

KAPITEL 4: Ergebnisse

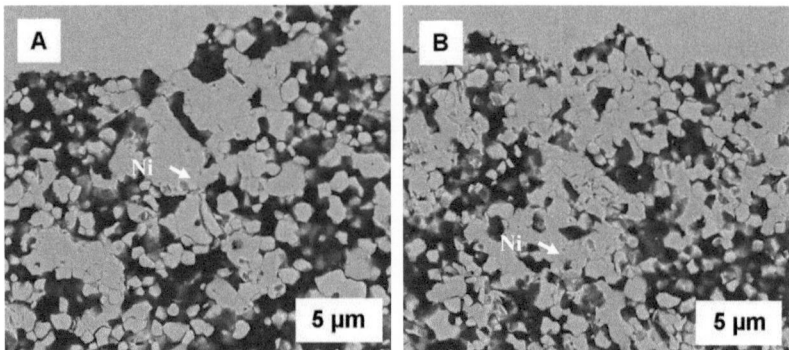

Abb. 4-44: REM-Bilder Ni/8YSZ-Anode nach acht Redox-Zyklen, links: 950°C und rechts: 850°C, Rückstreuelektronendetektor (BSE), Beschleunigungsspannung: 12 kV

Phasenanalyse: Elektrolyten mit Ni/CG40- und Ni/8YSZ-Anoden wurden im Auslagerungsprüfstand achtmal bei 950°C Redox-zykliert. Danach wurden diese Anoden mittels XRD an der *EMPA* analysiert und mit XRD-Messungen an der Referenzprobe, d.h. ohne Redox-Zyklen, verglichen. Die Ergebnisse sind in Abb. 4-45 zusammengefasst. Die gealterten Proben zeigten im Vergleich zu den Referenzproben keine weiteren Phasen außer Ni und CGO bzw. YSZ. Dies bedeutet, dass es bei den hier durchgeführten Versuchen trotz der beobachteten mikrostrukturellen Veränderungen keine Phasenveränderungen der Materialien gibt. Einzelne Peaks waren minimal in x-Richtung verschoben und/oder erschienen mit mehr oder weniger Intensität. Auf eine genauere Analyse wurde jedoch verzichtet.

KAPITEL 4: Ergebnisse

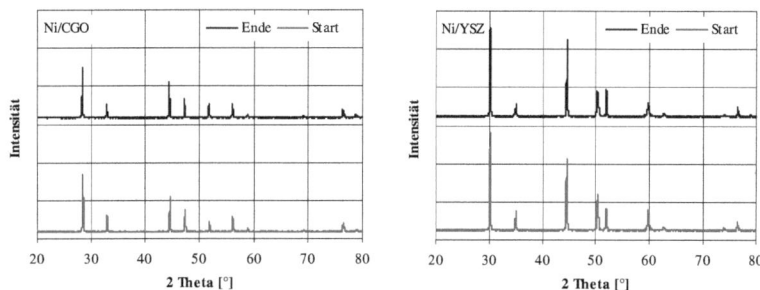

Abb. 4-45: XRD-Messung an der Ni/CG40- (links) und der Ni/8YSZ-Anode (rechts) vor und nach acht Redox-Zyklen bei 950°C

4.1.2.2. Degradation der Zelle unter konstanten Betriebsbedingungen

Elektrochemische Langzeitmessungen: Die Zelle mit der Ni/CG40- und der Ni/8YSZ-Anode wurden bei 950°C über 1'000 h unter konstanten Betriebsbedingungen getestet. Die Änderung des ohmschen und Polarisationswiderstandes der Zelle mit Ni/8YSZ-Anode vor und nach dem Betrieb ist in Abb. 4-46 dargestellt. Die Darstellung im R_{Im}-Frequenz-Diagramm (rechts) zeigt, dass sich die Prozesse im tief- und hochfrequenten Bereich nur geringfügig ändern. Die wesentliche Änderung war die Zunahme des ohmschen Widerstandes, welche im Nyquist-Diagramm (links) zu sehen ist. Gleiches gilt für die Zelle mit Ni/CG40-Anode dargestellt in Abb. 4-47.

KAPITEL 4: Ergebnisse

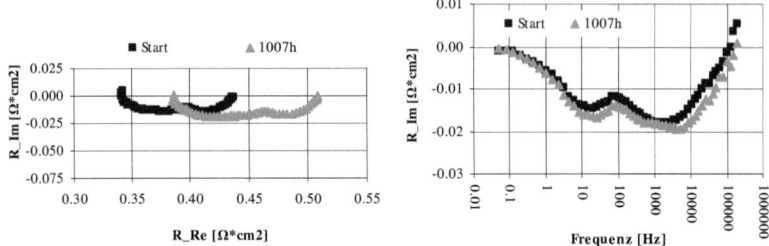

Abb. 4-46: Impedanzen einer Zelle mit Ni/8YSZ-Anode (PSL080006) 950°C, vor und nach 1'000 h im kontinuierlichen Betrieb, links: Nyquist-Diagramm, rechts: R_{Im}-Frequenz-Diagramm, offenes Button-Cell-System

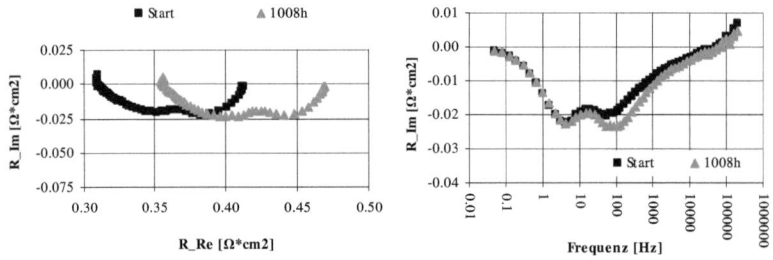

Abb. 4-47: Impedanzen einer Zelle mit Ni/CG40-Anode (PSL080027) 950°C, vor und nach 1'000 h im kontinuierlichen Betrieb, links: Nyquist-Diagramm, rechts: R_{Im}-Frequenz-Diagramm, offenes Button-Cell-System

Der Verlauf des ohmschen und des Polarisationswiderstandes über der Zeit ist in Abb. 4-48 dargestellt. Während der ohmsche Widerstand sowohl für die Zelle mit der Ni/CG40 als auch mit der Ni/8YSZ-Anode deutlich um ca. 50 mΩ·cm^2 zunahm, änderte sich der Polarisationswiderstand nur geringfügig. Für die Zelle mit der Ni/8YSZ-Anode nahm der Polarisationswiderstand um ca. 20 mΩ·cm^2 zu, für die Zelle mit der Ni/CG40-Anode um ca. 10 mΩ·cm^2.

KAPITEL 4: Ergebnisse

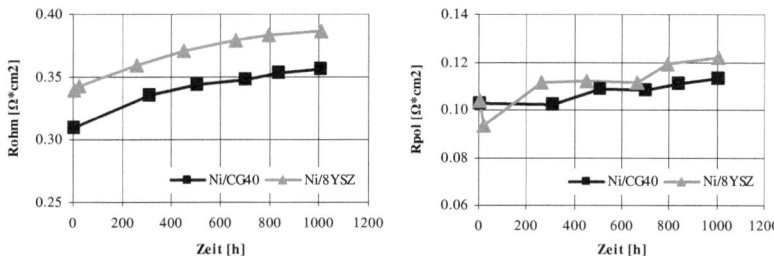

Abb. 4-48: Vergleich der ohmschen (rechts) und Polarisationswiderstände (links) im Langzeitversuch der Zellen mit Ni/8YSZ- (PSL080006) und Ni/CG40-Anode (PSL080027) bei 950°C über 1'000 h, offenes Button-Cell-System

Elektrische Leitfähigkeit: Die elektrische Leitfähigkeit der Ni/CG40- und Ni/8YSZ-Anode wurde bei 950°C unter konstanten Betriebsbedingungen für 500 h gemessen und ist in Abb. 4-49 dargestellt. Während die elektrische Leitfähigkeit der Ni/8YSZ-Anode nach anfänglich starker Abnahme in eine Sättigung bei ca. 600 S/cm läuft, zeigte die elektrische Leitfähigkeit der Ni/CG40-Anode eine kontinuierliche Abnahme.

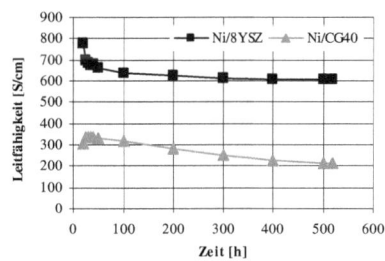

Abb. 4-49: Elektrische Leitfähigkeiten der Ni/CG40-Anode (PSL080027) und Ni/8YSZ-Anode (PSL080006), über 500 h bei 950°C, Nernst-Spannung: 1.1 V

KAPITEL 4: Ergebnisse

4.1.2.3. Diskussion der Ergebnisse

Unterschiede in den Impedanzspektren: Die Unterschiede in den Impedanzen zwischen Zellen mit Ni/CG40- und Ni/8YSZ-Anoden wurden im vorangegangenen Unterkapitel 4.1.1 bereits diskutiert. Nachfolgend wird deshalb nicht mehr auf die Unterschiede eingegangen.

Elektrochemische Charakterisierung: Es wurde gezeigt, dass sich die Degradation der beiden Zellen mit den verschiedenen Anoden unterschiedlich äußerte. Es ist davon auszugehen, dass sich der anodenseitige zyklische Gaswechsel von Brenngas zu Luft (Redox-Zyklus) nur auf die Impedanz der Anode auswirkt. Eine Auswirkung des Redox-Zyklus auf die Kathodenimpedanz wird nicht in der Literatur berichtet und auch nicht erwartet. Dies wird auch beim Vergleich des Degradationsverhaltens der symmetrischen Zelle und der Vollzelle deutlich. Trotz unterschiedlicher Gesamtwiderstände änderten sich sowohl der ohmsche Widerstand als auch der Polarisationswiderstand mit den gleichen Tendenzen unter Redox-Zyklierung.

Bei 950°C nimmt R_{pol}, der Zelle mit der Ni/8YSZ-Anode, vor allem im Bereich hoher Frequenzen (~10 kHz) mit jedem Redox-Zyklus zu (Abb. 4-31 und Abb. 4-32). Der Anodenprozess bei ~10 Hz blieb unverändert. Im Vergleich hierzu änderte sich die Impedanz der Zelle mit der Ni/CG40-Anode vor allem im tieffrequenten Bereich um ~2 Hz und nur wenig im Bereich um ~100 Hz. Die größte Zunahme des ASR, der Zelle mit Ni/CG40-Anode, resultierte jedoch aus dem Anstieg des ohmschen Widerstandes (Abb. 4-28 und Abb. 4-29). Für die Zelle mit der Ni/8YSZ-Anode änderte sich dieser kaum.

Ni/8YSZ: Die Zunahme des Polarisationswiderstandes für Zellen mit Ni/8YSZ-Anoden unter Redox-Zyklierung wurde bereits von FOUQUET et al. [Fou_03] beobachtet. Die Autoren machen jedoch keine Angabe über

KAPITEL 4: Ergebnisse

eine Veränderung des ohmschen Widerstandes. Die Zunahme von R_{pol}, im Bereich hoher Frequenzen, wurde auch von NORGAARD TOFT et al. [Nor_05] beobachtet. Wie bereits erwähnt, korreliert dieser Prozess mit der Dotierung des YSZ [Nak_99] und mit der Mikrostruktur [Prim_97][Bro_00][Mü_04/D] bzw. mit der Länge der Dreiphasengrenze [Miz_94][Bieb_00/D][DBo_98/D] und dem verwendeten Katalysatormaterial [Set_92]. Zahlreiche Autoren interpretieren diesen Prozess als Ladungsaustausch an der Dreiphasengrenze [Mü_04/D][Bro_00][Nor_05] bzw. einen Ladungsaustausch gekoppelt mit einer Doppelschichtkapazität an der Grenzfläche Ni|8YSZ [Prim_97][Gew_08]. Unter Berücksichtigung der Butler-Volmer-Gleichung erscheint diese Interpretation sinnvoll. Wie eingangs erwähnt, beschreibt die Butler-Volmer-Gleichung den lokalen Ladungsaustausch, d.h. an einem Ort in der Elektrode. Für die ganze Elektrode muss die Ausdehnung der Dreiphasengrenze dieser Elektrode berücksichtigt werden. Dies wurde beispielsweise im Mikromodell von COSTAMAGNA et al. [Cos_98] realisiert. Die Ausdehnung der Dreiphasengrenze ist wiederum von der Mikrostruktur, d.h. für die Ni-Cermet-Anode von der Größe der Ni- und YSZ-Partikel, abhängig. Die Austauschstromdichte hängt außerdem von den verwendeten Materialien und der Temperatur ab [Cos_98].

Der hochfrequente Prozess des Polarisationswiderstandes der Zelle mit der Ni/8YSZ-Anode nahm außerdem sehr stark in den ersten drei Stunden nach einem Redox-Zyklus zu. Dies ist in der Abb. 4-33 zu sehen und wurde bei allen Zellen mit Ni/8YSZ-Anoden gemessen. Daraus ergibt sich, dass auch der Zeitpunkt nach einem Redox-Zyklus, bei dem der flächenspezifische Zellwiderstand gemessen wird, das Messergebnis beeinflusst. Wie in der Abb. 4-37 zu sehen ist, erhöht sich der Zellwiderstand während des nächtlichen Betriebes unter konstanten Betriebsbedingungen. Die Kurvenform deutet möglicherweise auf einen Diffusionsprozess hin, welcher mit der Zeit abklingt. Möglicherweise könnte es sich um die

KAPITEL 4: Ergebnisse

Reorganisation der Mikrostruktur und/oder einen Prozess im Festkörper handeln, welcher einen Einfluss auf die Elektrochemie hat. Dieses Degradationsphänomen muss bei Redox-Experimenten mit der Ni/8YSZ-Anode berücksichtigt werden. Im Gegensatz hierzu änderte sich der *ASR* der Zelle mit der Ni/CG40-Anode kaum während des konstanten Betriebes nach einem Redox-Zyklus (z.B. Abb. 4-38).

<u>*Ni/CGO:*</u> Die Zelle mit der Ni/CG40-Anode zeigte nach der Redox-Zyklierung bei 950°C keine Veränderungen der Impedanz im hohen Frequenzbereich (~10 kHz) und kaum Veränderungen im mittelfrequenten Bereich (~100 Hz). Die Zunahme des *ASR* resultierte aus einem Anstieg des tieffrequenten Polarisationswiderstandes und vor allem aus einem Anstieg des ohmschen Widerstandes. Von Veränderungen im tieffrequenten Bereich der Impedanz einer Zelle mit Ni/CG10-Anode wurde von OUWELTJES et al. [Ou_08] berichtet, jedoch ohne den Frequenzbereich explizit zu benennen. Der ohmsche Widerstand einer Zelle wird allgemein durch die elektrischen und ionischen Leitfähigkeiten der einzelnen Zellschichten, d.h. Anode, Kathode und Elektrolyt bestimmt. Da die elektrischen Leitfähigkeiten der Elektroden normalerweise > 100 S/cm sind, liefern diese keinen nennenswerten Beitrag zum ohmschen Widerstand der Zelle, d.h. der ohmsche Widerstand der Zelle wird durch die ionische Leitfähigkeit des Elektrolyten bestimmt. In der Abb. 4-41 ist jedoch zu sehen, dass die elektrische Leitfähigkeit der Ni/CG40-Anode bei 950°C mit jedem Redox-Zyklus drastisch abnimmt und nach acht Zyklen auf einen Wert in der Größenordnung des Elektrolyten gefallen ist. Dieses Verhalten lässt folgende mögliche Interpretationen über den Degradationsmechanismus zu:

1) Das Elektrolytmaterial degradiert
2) Der metallische Leiter degradiert so stark, dass der Ladungstransport nun teilweise über das CG40 stattfindet. In diesem Fall wäre die Leitfähigkeit thermisch aktiviert

KAPITEL 4: Ergebnisse

3) Die aktive Zellfläche wird kleiner aufgrund von Delaminationen oder Dekontaktierung.

Zu Beginn des Experimentes nahm die elektrische Leitfähigkeit der Ni/CG40-Anodenschicht mit steigender Temperatur ab, wohingegen nach acht Redox-Zyklen das umgekehrte Verhalten gemessen wurde. Ein plausibler Grund für diese Beobachtung ist ein Übergang vom metallischen Leiter vor dem zyklischen Betrieb zum Halbleiter nach den acht Redox-Zyklen. Der Anstieg des ohmschen Widerstandes auf Grund der Degradation des 3YSZ-Elektrolyten sollte in diesem Zeitraum (70 h) keine signifikante Rolle spielen. Die Degradation des 3YSZ-Elektrolyten bei 950°C beträgt nach den Messungen von MÜLLER [Mü_04/D] etwa 5 - 10 m$\Omega\cdot$cm^2 im untersuchten Zeitraum.

Bei 850°C degradierte die elektrische Leitfähigkeit der Ni/CG40-Anode nach 8 Redox-Zyklen deutlich langsamer. Die Impedanzmessung an einer Zelle mit der gleichen Anode (Abb. 4-35) ergab bei 850°C keinen Anstieg des ohmschen Widerstandes, wie er zuvor bei 950°C zu sehen war. Eine plausible Erklärung hierfür ist, dass die elektrische Leitfähigkeit der Anode nach acht Redox-Zyklen (850°C) auf einem immer noch akzeptablen Niveau lag. Für eine „Repeat-Unit" (MIC|Zelle|MIC) von *Hexis* wurde ein minimaler elektrischer Leitfähigkeitswert von etwa 100 S/cm bei schlechter Kontaktierung ermittelt [Iw_07]. In diesem Zusammenhang sei erwähnt, dass die Kontaktfläche in Brennstoffzellenstapeln zwischen den metallischen Interkonnektoren und der Zelle, bedingt durch die Noppen- oder Kanalstruktur des Interkonnektors, lediglich 50% oder weniger ist. Dies bedeutet, dass sich die Abnahme der elektrischen Leitfähigkeit der Anode in Stacks stärker auswirken kann als bei flächig kontaktierten Einzelzellen von ~1 cm^2 [Iw_07][Sf_08][Jia_03/a].

Elektrische Leitfähigkeit: Wie in Abb. 4-41 zu sehen ist, stieg die anfängliche elektrische Leitfähigkeit der Ni/8YSZ-Anode um etwa

400 S/cm bei einer Absenkung der Reduktionstemperatur von 950°C auf 850°C. Dies kann nicht durch die Arrhenius-Abhängigkeit der elektrischen Leitfähigkeit von der Temperatur erklärt werden, welche für metallische Leiter lediglich einen Anstieg von wenigen S/cm in diesem Temperaturintervall voraussagt. Es ist deshalb sehr wahrscheinlich, dass das drastische Abfallen der elektrischen Leitfähigkeit bei der Temperaturerhöhung von 850 auf 950°C durch mikrostrukturelle Veränderungen in diesem Temperaturbereich hervorgerufen wird. Für die hier getestete Ni/CG40-Anode konnte dieses Verhalten der elektrischen Leitfähigkeit nicht beobachtet werden. Für beide Anoden führte das Absenken der Temperatur von 950 auf 850°C zu einer geringeren Abnahme der elektrischen Leitfähigkeit unter Redox-Zyklierung. Zum Vergleich zwischen dem Leitfähigkeits- mit dem elektrochemischen Experiment ist anzumerken, dass der Redox-Zyklus beim Leitfähigkeitsexperiment aus Sicherheitsgründen anders durchgeführt wurde. Vor der Reduktion bzw. nach der Oxidation wurde das Alox-Rohr mit N_2 gespült, wohingegen im elektrochemischen Experiment auf das Spülen mit N_2 verzichtet wurde. Der geringe Restsauerstoff im Spülgas oxidiert Teile der Anode bereits sichtbar, bevor die eigentliche Oxidation mit Luft vollzogen wird. Von TIKEKAR et al. [Tik_06] ist bekannt, dass bei höheren Temperaturen die Oxidationskinetik für einen Ni/8YSZ-Probekörper durch die Diffusion von Sauerstoff in die poröse Matrix limitiert ist. Demnach ist oberhalb von 650°C die Oxidationskinetik unabhängig von der Oxidationstemperatur. Es wurde jedoch bisher keine Literatur gefunden, die einen Zusammenhang zwischen dem Sauerstoffangebot bei der Oxidation, der mikrostrukturellen Veränderung und den daraus resultierenden Veränderungen in der elektrischen Leitfähigkeit und in der Zellleistung der Ni-Cermet-Anode herstellt. Die hier vorgestellten Ergebnisse haben gezeigt, dass die Abnahme der Zellleistung und der elektrischen Leitfähigkeit temperaturabhängig war, was sich analog in der Schädigung der Mikrostruktur zeigte. Im Gegensatz

KAPITEL 4: Ergebnisse

zur Oxidationskinetik zeigte die Reduktionskinetik an einem Ni/8YSZ-Probekörper nach TIKEKAR et al. [Tik_06] eine Temperaturabhängigkeit. Eine mögliche Erklärung hierfür ist, dass die mikrostrukturellen Veränderungen von der Reduktionstemperatur abhängig sind. Dies gilt vor allem für die Agglomeration des Nickels. Demnach verschwinden die filigranen NiO-Strukturen, welche während der Oxidation entstanden sind [Wald_05][Iw_07][Faes_09], unmittelbar nach der Reduktion. Dies könnte beispielsweise auch den Anstieg des *ASR* in den ersten 3 h nach dem Redox-Zyklus erklären. Unklar bleibt, warum das gleiche Phänomen nicht für die Zelle mit der Ni/CG40-Anode beobachtet wurde. Re-oxidieren die großen Agglomerate, so kommt es lokal zu sehr hohen Spannungen, welche das keramische Gerüst zerstören können und so indirekt die Abnahme der Zellleistung beschleunigen können. Ein ähnliches Modell wurde bereits von KLEMENSØ et al. [Kle_05] für die anodengestützten Zellen vorgeschlagen. Die lokalen mechanischen Spannungen werden in Rissen abgebaut, welche vor allem die Querleitfähigkeit und die mechanischen Stabilität beeinflussen. Dadurch dehnt sich auch das Volumen der Anode irreversibel aus. Anders ausgedrückt, hat dies einen Anstieg der Porosität zur Folge [Fou_03][Rob_04][Pih_09]. PIHLATIE et al. [Pih_09] zeigten in diesem Zusammenhang, dass die irreversible Volumenausdehnung der Ni/YSZ-Anode temperaturabhängig ist.

Inwiefern die Entstehung der filigranen Strukturen temperaturabhängig ist, bleibt unklar. Es sei angemerkt, dass die Versuche von TIKEKAR et al. [Tik_06] an relativ dichten Ni/8YSZ-Probekörpern durchgeführt wurden, so dass offen bleibt, ob sich anwendungsnahe Ni-Cermet-Anoden mit einer Porosität von 40 – 50 Vol. % anders verhalten.

Für die Ni/CG40-Anode kommt es unter stark reduzierenden Bedingungen zur Umwandlung von Ce^{4+} zu Ce^{3+} und somit zur Volumenausdehnung. Diese Ausdehnung hängt ab von der Konzentration der Dotierung (z.B. Gd), vom Sauerstoffpartialdruck und von der Temperatur [Mog_94][Yas_98]. Mit steigender Temperatur nimmt demnach die

Volumenausdehnung zu. Diese könnte eine Ursache sein für die, im Vergleich zur Ni/8YSZ-Anode, schnelleren Abnahme der elektrischen Leitfähigkeit bei hoher Temperatur. Durch die Volumenausdehnung des CGO würde demnach das keramische Netzwerk zerstört.

Die elektrochemischen Experimente haben gezeigt, dass der anfängliche ohmsche Widerstand beider Zelltypen trotz unterschiedlicher Anoden gleich ist. Dies konnte nicht zwangsläufig erwartet werden, da aus der Literatur bekannt ist, dass ZrO_2 und Gd_2O_3 bei hohen Sintertemperaturen eine Interdiffusionsschicht vom Typ $Zr_2Gd_2O_7$ an der Grenzfläche Ni/CG40Anode|3YSZ-Elektrolyt bilden. REM-Aufnahmen mit hohen Beschleunigungsspannungen (20 kV) an Schliffen zeigten eine Interdiffusionsschicht von ca. 2 µm an der Grenzfläche Ni/CG40-Anode|3YSZ. Mit den Messdaten von UEHARA et al. [Ueh_87] errechnet sich für eine 2 µm Interdiffusionsschicht ein zusätzlicher ohmscher Widerstand von 10 – 50 mΩ·cm^2 je nach Stöchiometrie der $Zr_2Gd_2O_7$-Verbindung. Es sei darauf hingewiesen, dass die berechneten Widerstände in bzw. nahe der Standardabweichung liegen. Wie sich die Stöchiometrie der $Zr_2Gd_2O_7$-Verbindung im Laufe des kontinuierlichen Brennstoffzellenbetriebs verändert, ist nicht bekannt.

Mikrostruktur: Trotz ähnlicher Ausgangspartikelverteilung in den Pasten waren die Mikrostrukturen der beiden Anoden nach der Sinterung sehr unterschiedlich. Dies ist beim Vergleich der REM-Bilder in Abb. 4-42 zu erkennen. Im Vergleich zur Ni/8YSZ-Anode zeigte die Ni/CG40-Anode ein feineres Gefüge nach der Sinterung, sowohl für die keramische als auch für die metallische Phase. Trotzdem waren die ohmschen und Polarisationsverluste in etwa gleich groß.

Nach der Redox-Zyklierung bei 950°C weisen die Anoden massive mikrostrukturelle Veränderungen auf. Dies ist in den Abb. 4-43 und Abb. 4-44 zu sehen. Neben der offensichtlichen Vergröberung des Nickels ist zu erkennen, dass das keramische Netzwerk zerstört ist und sich die

KAPITEL 4: Ergebnisse

Porenverteilung geändert hat. Bei 850°C ist dieser Effekt weniger ausgeprägt insbesondere bei der Ni/8YSZ-Anode. Es wird davon ausgegangen, dass die Agglomeration des Nickels bei 950°C zu einem Verlust an Perkolation führt. Dies würde die Abnahme der elektrischen Leitfähigkeit erklären, was auch in den Experimenten beobachtet wurde (siehe Abb. 4-41). Gleichzeitig vermindert sich die Anzahl an Kontakten zwischen Metall und Keramik und somit auch die Länge der Dreiphasengrenze. Es ist auch bekannt, dass die Mikrostruktur und insbesondere die Nickelagglomerate die thermomechanischen Eigenschaften der Zelle beeinflussen [Rob_04][Sar_07/b]. Die durch die Oxidation hervorgerufene Volumenzunahme führt zu mechanischen Spannungen in der Anode, welche das keramische Gerüst zerstören, und somit auch die ionische Leitfähigkeit innerhalb des Cermets reduzieren können. Trotz der qualitativ ähnlichen mikrostrukturellen Veränderungen haben die elektrochemischen Experimente gezeigt, dass das elektrochemische Verhalten über der Zeit der beiden Anoden sehr unterschiedlich war.

Als mögliche Ursache der Leistungsabnahme könnten deshalb auch die Festkörpereigenschaften der Keramik eine Rolle spielen. So wurde z.B. von LINDEROTH et al. [Lin_01] berichtet, dass sich NiO im Kristallgitter des 8YSZ löst, was wiederum die ionische Leitfähigkeit der Keramik reduziert. Ähnliche Ergebnisse wurden auch von SONN et al. [Son_08/b] gezeigt. Die ionische Leitfähigkeit des 8YSZ-Elektrolyten nahm unmittelbar nach der Reduktion mit einem exponentiellen Zeitgesetz ab. Nach ca. 100 h stellte sich ein stabiler Zustand ein. Im Gegensatz zu den Ergebnissen der Ni/YSZ-Anode wurde von DATTA et al. [Dat_08] berichtet, dass weder Ni noch NiO eine nachweisbare Löslichkeit in CGO besitzt. Außerdem ist aus der Literatur bekannt, dass sich das Y_2O_3 bei hohen Temperaturen aus dem ZrO_2-Gitter löst. Dies wird als einer der Gründe für den Verlust an ionischer Leitfähigkeit mit der Zeit angesehen [Mü_04/D][Hae_01/D]. Diese Interpretation deckt sich wiederum mit den Ergebnissen von

NAKAGAWA et al. [Nak_99]. Die Autoren haben gezeigt, dass der Polarisationswiderstand einer Ni/YSZ-Anode mit zunehmender Konzentration an Y_2O_3 im ZrO_2 abnimmt (untersucht von 0 bis 8 Mol %).

Stabilität unter konstanten Betriebsbedingungen: Sowohl für die Zelle mit der Ni/CG40-Anode als auch mit der Ni/8YSZ-Anode zeigte sich, dass die Zunahme des *ASR* unter konstanten Betriebsbedingungen deutlich langsamer ablief als unter Redox-Zyklierung (vergleiche Abb. 4-34 mit Abb. 4-48). Messungen aus unserer Forschungsgruppe [Bat_04][Iw_07] haben gezeigt, dass sowohl die Degradation der Mikrostruktur als auch die Abnahme der Zellleistung unter Redox-Beanspruchung höher ist als unter konstanten Betriebsbedingungen. Ob es sich um die gleichen Degradationsprozesse handelt und ob die Redox-Zyklierung als beschleunigter Lebensdauertest eingesetzt werden kann, bleibt unklar.

Beide Zellen degradierten unter konstanten Betriebbedingungen mit der gleichen Rate von ~40 mΩ·cm^2/1'000 h im ohmschen Widerstand. Dies ist in Abb. 4-48 zu sehen. Sowohl der Kurvenverlauf als auch der Betrag der *ASR*-Zunahme entsprechen der Abnahme der ionischen Leitfähigkeit eines 3YSZ-Elektrolyten, die MÜLLER [Mü_04/D] über einen Zeitraum von 4'000 h bestimmt hat. Die Elektrolytdegradation wird in Unterkapitel 4.2.1 nochmals aufgegriffen. Die elektrische Anodenleitfähigkeit nahm unter konstanten Betriebsbedingungen ab, blieb jedoch auf einem akzeptablen Niveau (> 100 S/cm). Für elektrische Anodenleitfähigkeiten von > 100 S/cm ist für das *Hexis* Stackkonzept kein zusätzlicher ohmschen Widerstand, auch nicht für Leiterpfade in Querrichtung (Querleitfähigkeitseffekte), zu erwarten. Während des hier untersuchten Zeitraums sollte die elektrische Leitfähigkeit der Anode deshalb keinen messbaren Einfluss auf den ohmschen Widerstand der Zelle haben. Der Polarisationswiderstand änderte sich nur um wenige mΩ·cm^2 für beide Zelltypen.

KAPITEL 4: Ergebnisse

4.1.3. Einfluss der Ionenleitfähigkeit im Ni-Cermet auf Elektrochemie und Degradation

Das nachfolgende Unterkapitel zeigt den Einfluss des Ionenleiters in der Ni/YSZ-Anode auf die Degradation der Zelle. Aus der Literatur ist bekannt, dass die ionische Leitfähigkeit des YSZ-Elektrolyten bei Temperaturen von 800 – 1000°C in Luft mit der Zeit degradiert [Hae_01/D][Mü_04/D][Bal_04]. SONN et al. [Son_08/b] zeigten eine beschleunigte Degradation von porösen 8YSZ-Probekörpern, bei denen das Nickel herausgeätzt wurde in reduzierender Atmosphäre und interpretieren einen Zusammenhang zur Löslichkeit von NiO im YSZ-Gitter. Die Löslichkeit von NiO im YSZ-Kristallgitter wurde auch von LINDEROT et al. [Lin_01] beschrieben. SONN et al. [Son_08/b] interpretieren, dass die ionische Leitfähigkeit eine entscheidende Einflussgröße für die Leistungsfähigkeit und Stabilität einer Ni/8YSZ-Anode ist. Für die Modellierung der Leistung und Langzeitstabilität der Anode ist es deshalb wichtig herauszufinden, inwiefern sich die ionische Leitfähigkeit der Keramik auf den ohmschen und Polarisationswiderstand der Anode auswirkt.

Herstellung: Es wurden zwei verschiedene Ni/YSZ-Anoden mit unterschiedlichen Y_2O_3-Gehalten im YSZ hergestellt (3 und 8 Mol %). Das Phasenverhältnis Ni:YSZ betrug 50:50 Vol. %. Zur Messung der elektrischen Leitfähigkeit und der Elektrochemie wurden die Pasten im jeweiligen Format auf einen 3YSZ-Elektrolyten (140 µm, *Nippon Shokubai*) siebgedruckt und bei 1350°C/4h gesintert. Für die elektrochemischen Experimente wurde eine LSM/YSZ|LSM-Kathode auf die entgegengesetzte Seite des Elektrolyten aufgedruckt und bei 1100°C/3h gesintert.

KAPITEL 4: Ergebnisse

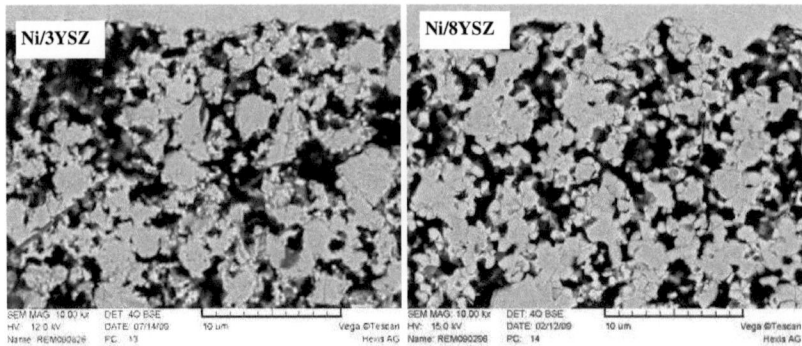

Abb. 4-50: REM-Bilder der Ni/YSZ-Anoden mit unterschiedlichen Y_2O_3-Konzentrationen im ZrO_2, Rückstreuelektronendetektor (BSE), Beschleunigungsspannung: 12 kV

Die Mikrostrukturen der einzelnen Anoden sind in Abb. 4-50 zu sehen. Die Bilder zeigen geringfügige Unterschiede, wobei es wegen des geringen Materialkontrastes zwischen Ni und YSZ schwer ist, die beiden Phasen voneinander zu unterscheiden. Für die Ni/3YSZ-Anode scheint das Netzwerk von Nickel und Keramik weniger stark verbunden zu sein. Es sind einige scheinbar isolierte Partikel zu erkennen. In diesem Zusammenhang ergab die Bildauswertung mit ImageJ eine etwas höhere Porosität für die Ni/3YSZ-Anode.

Die Ausgangspartikelverteilungen der Pasten und die Porositäten der Anoden nach dem Sintern sind in Tab. 4-7 zusammengefasst. Die Porosität wurde mit ImageJ ermittelt. Die Paste PSL090045 wies eine leicht gröbere Partikelverteilung auf.

KAPITEL 4: Ergebnisse

Tab. 4-7: Partikelverteilungen der Ausgangspasten der Anoden und die Porositäten der gesinterten Anoden ermittelt mit ImageJ.

Pasten-ID	Bezeichn.	Pulver-lieferant	d_{10} [µm]	d_{50} µm]	d_{90} [µm]	d_{99} [µm]	$d_{Schicht}$ [µm]	Poros.
PSL090045	Ni/3YSZ	Tosoh	0.39	0.66	2.15	3.79	23	41 %
PSL080060	Ni/8YSZ	Mel Chemicals	0.35	0.53	1.46	2.50	20	37 %

4.1.3.1. Degradation der Zellen unter Redox-Zyklierung

Impedanzmessungen an Vollzellen: Die Impedanzen der Zellen mit Ni/3YSZ- und Ni/8YSZ-Anoden (Ni/YSZ|3YSZ|LSM/YSZ|LSM), bei 950°C und zu Beginn des Versuchs, sind in der nachfolgenden Abb. 4-51 zusammengefasst.

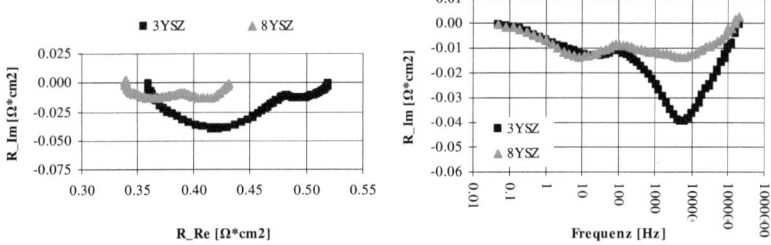

Abb. 4-51: Impedanzen von Zellen mit Ni/8YSZ- und Ni/3YSZ-Anoden (50:50 vol%), 950°C, OCV, links: Nyquist-Diagramm, rechts: R_{Im}-Frequenz-Diagramm, offenes Button-Cell-System

Die Darstellung im R_{Im}-Frequenz-Diagramm zeigt Unterschiede zwischen den Zellen im hochfrequenten Bereich (ca. 5 – 7 kHz). Diese Unterschiede werden auf die Dotierung des Zirkonoxids zurückgeführt. Der Widerstand des tieffrequenten Prozesses, welcher in Unterkapitel 4.1.1 als Anodenprozess identifiziert wurde, ist für beide Anoden etwa gleich groß. Die Peak-Frequenz dieses Prozesses liegt bei der Ni/3YSZ-Anode bei etwa

KAPITEL 4: Ergebnisse

20 Hz, bei der Ni/8YSZ-Anode bei etwa 10 Hz. Bei ca. 300 - 500 Hz kommt bei der Ni/8YSZ-Anode ein weiterer Prozess zum Vorschein. Es wird davon ausgegangen, dass dies ein Kathodenprozess ist. Der ohmschen Widerstande der Zelle mit Ni/3YSZ-Anode lag um ca. 25 mΩ·cm² höher als der der Zelle mit Ni/8YSZ-Anode.

Redox-Zyklierung: Die Zellen wurden mit acht Redox-Zyklen bei 950°C im geschlossenen Button-Cell-Prüfstand beansprucht. Die Veränderungen des ohmschen und des Polarisationswiderstandes sind in Abb. 4-52 dargestellt.

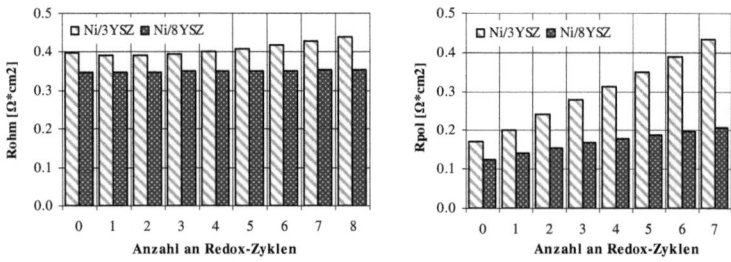

Abb. 4-52: Ohmsche und Polarisationswiderstände der Zellen mit Ni/3YSZ- und Ni/8YSZ-Anoden, acht Redox-Zyklen bei 950°C, links: ohmscher Widerstand, rechts: Polarisationswiderstand, geschlossenes Button-Cell-System

Während die Zelle mit der Ni/8YSZ-Anode praktisch keine Veränderung im ohmschen Widerstand und eine Zunahme von ca. 80 mΩ·cm² nach acht Redox-Zyklen im Polarisationswiderstand zeigte, nahm der Widerstand der Zelle mit Ni/3YSZ-Anode vor allem im Polarisationswiderstand aber auch im ohmschen Widerstand deutlich stärker zu. Die Zelle mit der Ni/3YSZ-Anode hatte beim Versuchsstart, wie bei der Messung im offenen Button-Cell-Prüfstand, einen leicht erhöhten ohmschen Widerstand (~ 50 mΩ·cm²). Die Zunahme im Polarisationswiderstand erfolgte sowohl

KAPITEL 4: Ergebnisse

für die Zelle mit der Ni/3YSZ- als auch mit der Ni/8YSZ-Anode im hochfrequenten Bereich der Impedanz (~ 5 – 10 kHz). Der tieffrequente Prozess (~ 10 Hz) zeigte hingegen keine Veränderung durch die Redox-Zyklierung.

Elektrische Leitfähigkeitsmessung: Die nachfolgende Abb. 4-53 zeigt die Veränderung der elektrischen Leitfähigkeit der verschiedenen Anoden unter Redox-Beanspruchung. Es zeigte sich, dass die Ni/3YSZ-Anode eine deutlich geringere elektrische Leitfähigkeit als die Ni/8YSZ-Anode besaß. Auch die relative Abnahme der elektrischen Leitfähigkeit war für die Ni/3YSZ-Anode höher als die der Ni/8YSZ-Anode (vergleiche logarithmische Auftragung, rechts).

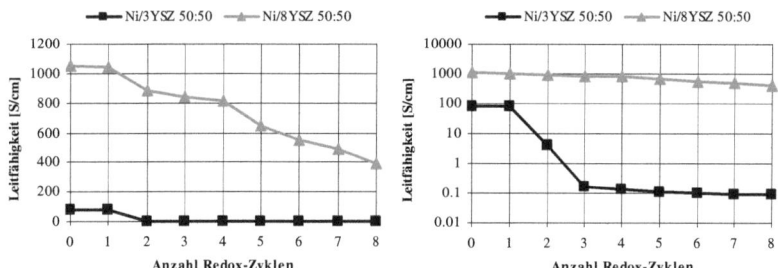

Abb. 4-53: Elektrische Leitfähigkeiten der Ni/3YSZ- und Ni/8YSZ-Anoden unter Redox-Zyklierung, bei 950°C, rechts: logarithmische Auftragung

4.1.3.2. Degradation der Zelle unter konstanten Betriebsbedingungen

Die Veränderung des *ASR* mit der Zeit wurde für Zellen mit Ni/3YSZ- und Ni/8YSZ-Anoden, bei 950°C unter konstanten Betriebsbedingungen gemessen. Der *ASR* wurde anhand von U-I-Kennlinien berechnet, welche

KAPITEL 4: Ergebnisse

anfänglich im 12 h bzw. später im 24 h Abstand aufgezeichnet wurden. Der Verlauf des *ASR* mit der Zeit ist in Abb. 4-54 dargestellt.

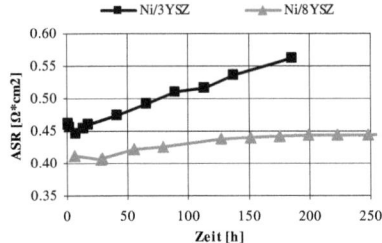

Abb. 4-54: Vergleich der Zunahme des *ASR* von Zellen mit Ni/3YSZ- und Ni/8YSZ-Anoden unter konstanten Betriebsbedingungen, 950°C, offenes Button-Cell-System

Demnach nahm der *ASR* der Zelle mit der Ni/8YSZ-Anode im Vergleich zur Ni/3YSZ-Anode deutlich langsamer zu.

Die nachfolgende Abb. 4-55 zeigt die Zunahme des *ASR* einer Zelle mit der Ni/3YSZ-Anode, dargestellt im Nyquist-Diagramm und als R_{Im}-Frequenz-Diagramm.

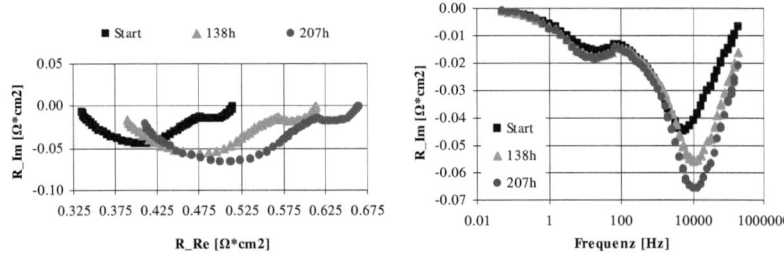

Abb. 4-55: Zunahme des Zellwiderstandes mit einer Ni/3YSZ-Anode bei 950°C unter konstanten Betriebsbedingungen, links: Nyquist-Diagramm, rechts: R_{Im}-Frequenz-Diagramm, offenes Button-Cell-System

KAPITEL 4: Ergebnisse

Die Zunahme des *ASR* war vor allem auf eine Zunahme im ohmschen Widerstand und im hochfrequenten Bereich von R_{pol} bei etwa 8 - 10 kHz zurückzuführen. Der tieffrequente Prozess ändert sich dagegen nur marginal.

4.1.3.4. Diskussion der Ergebnisse

Mikrostrukturelle Beobachtungen: Die Mikrostruktur der Ni/3YSZ-Anode in Abb. 4-50 zeigte Unterschiede im Vergleich zur Mikrostruktur der Ni/8YSZ-Anode. Die Ni-Partikel der Ni/3YSZ-Anode schienen nicht so gut miteinander versintert zu sein, einzelne Ni-Partikel waren isoliert. Möglicherweise hat dies mit den Unterschieden in den YSZ-Ausgangspulvern zu tun. Das 3YSZ-Pulver wurde von *Tosoh* bezogen während, das 8YSZ-Pulver von *Mel Chemicals* stammte. Es ist deshalb nicht auszuschließen, dass sich die Pulver aufgrund von unterschiedlichen Synthesemethoden und Fremdelementen unterschiedlich beim Sintern verhielten. Die Unterschiede im Sinterverhalten von 3YSZ und 8YSZ wurden auch von JIANG [Jia_03/b] thematisiert. Demnach erfolgt das Kornwachstum früher für 8YSZ als für 3YSZ.
Die niedrige elektrische Leitfähigkeit der Ni/3YSZ-Anode in Abb. 4-53 ist ein weiterer Hinweis für die schlechte Versinterung der Pulver. Trotz eines hohen Ni-Phasenanteils von 50 Vol. % war die elektrische Leitfähigkeit der Ni/3YSZ-Schicht mit < 100 S/cm vergleichsweise gering. Die Ni/8YSZ-Anoden zeigte hingegen eine hohe elektrische Leitfähigkeit (> 1000 S/cm). Durch die Redox-Beanspruchung reduzierte sich die Leitfähigkeit der Anoden. Die relative Änderung der elektrischen Leitfähigkeit der Ni/3YSZ-Anode war deutlich höher als die der Ni/8YSZ-Anode.

Zellenwiderstand: Die bekannten Modelle, welche die Elementarreaktionen an Ni/YSZ-Anoden beschreiben, gehen von einer aktiven Beteiligung des YSZ am Reaktionsmechanismus aus [Mog_93][Miz_94][Holt_99][Jia_99]

KAPITEL 4: Ergebnisse

[dBo_98/D]. Durch die Modifikation der ionischen Leitfähigkeit des YSZ ergeben sich zwei denkbare Szenarien: (1) die Dreiphasengrenze erstreckt sich mehr oder weniger weit in die Anode hinein und/oder (2) die katalytischen Eigenschaften der existierenden Dreiphasengrenze ändern sich [Wan_01].
NAKAGAWA et al. [Nak_99] und WANG et al. [Wan_01] haben gezeigt, dass der Polarisationswiderstand mit steigender ionischer Leitfähigkeit des YSZ abnimmt. Dies deckt sich mit den Ergebnissen dieser Arbeit. WANG et al. [Wan_01] führten die Abnahme des Polarisationswiderstandes mit steigendem Y_2O_3-Anteil auf eine Ausdehnung der Dreiphasengrenze in die Anode zurück. Zu einem ähnlichen Ergebnis kommen SETOGUCHI et al. [Set_92], welche die Polarisationswiderstände von Ni-Anoden mit unterschiedlichen Ionenleitern untersuchten. Der Polarisationswiderstand nahm in der Reihenfolge Ni/YSZ > Ni/SDC > Ni/PrO_x ab. In Analogie zu den Literaturdaten zeigten die Impedanzmessungen in Abb. 4-51, dass der Polarisationswiderstand der Zelle mit der Ni/3YSZ-Anode höher war als der der Ni/8YSZ-Anode. Die Unterschiede zwischen den Zellen lagen vor allem im hochfrequenten Anodenprozess. Der tieffrequente Prozess welcher in Unterkapitel 4.1.1 diskutiert wurde änderte sich hingegen nicht mit der Y_2O_3-Konzentration. Zusätzlich wurde für die Zelle mit der Ni/3YSZ-Anode sowohl im offenen als auch im geschlossenen Button-Cell-System ein höherer ohmscher Widerstand gemessen (25 – 50 $\Omega \cdot cm^2$). Da für beide Zellen die gleiche Kathode verwendet wurde, wird davon ausgegangen, dass diese Unterschiede wegen der unterschiedlichen keramischen Materialien in der Anode, 3YSZ und 8YSZ, zustande kamen.
Die ionische Leitfähigkeit von YSZ in Abhängigkeit von der Konzentration von Y_2O_3 wurde von NAKAMURA et al. [Naka_86] zusammengetragen. Neuere Messungen finden sich bei HAERING [Hae_01/D]. Die Daten von NAKAMURA et al. [Naka_86] zeigen ein scharfes Maximum der ionischen Leitfähigkeit bei einer Y_2O_3-Konzentration von 6.5 – 7 Mol %. Darunter und darüber fällt die ionische Leitfähigkeit stark ab. Die geringen

KAPITEL 4: Ergebnisse

Unterschiede in den Messwerten verschiedener Literaturquellen bezüglich des Maximums an ionischer Leitfähigkeit sind vermutlich auf Verunreinigungen in den Ausgangspulvern zurückzuführen sowie auf Poreneinschlüsse, die während des Sinterns entstanden sind. Da die ionische Leitfähigkeit im Vergleich zur Elektronenleitfähigkeit gering ist, wird davon ausgegangen, dass die ionische Leitfähigkeit zumindest den ohmschen Widerstand, sehr wahrscheinlich aber auch den Polarisationswiderstand der Zelle beeinflusst. Dies wurde auch von WANG et al. [Wan_01] angenommen.

Nimmt man an, dass eine Brennstoffzelle bei konstanter Stromdichte betrieben wird, so ist die umgesetzte Menge an Brenngas stets konstant. Betrachtet man nur die Elektrode, so wandelt eine „schlechtere" Elektrode mehr chemisch gebundene Energie in Wärme um, dass heißt der Ladungstransport und/oder der Reaktionsmechanismus ist mehr verlustbehaftet als bei einer „guten" Elektrode. Da das 3YSZ eine geringere ionische Leitfähigkeit als das 8YSZ besitzt, würde man zunächst erwarten, dass der ohmsche Widerstand der Anode bei gleich langem Transportweg für das O^{2-} Ion ansteigt. Experimentell wurde zwar ein tendenziell höherer ohmscher Widerstand für die Zelle mit der Ni/3YSZ-Anode gemessen ($25 - 50$ m$\Omega \cdot$cm^2), jedoch konnte bisher kein direkt proportionaler Zusammenhang zwischen den Unterschieden in der ionischen Leitfähigkeit von 3YSZ und 8YSZ und dem erhöhten ohmschen Widerstand festgestellt werden. Es wird vermutet, dass bei einer Zelle mit einer Ni/3YSZ-Anode mehr Reaktionen in der Nähe der Grenzfläche Anode|Elektrolyt stattfinden, während die Reaktionen bei der Zelle mit der Ni/8YSZ-Anode homogener in der Anodenschicht ablaufen. Dies wurde auch von WANG et al. [Wan_01] angedeutet. Anders ausgedrückt ändert sich das lokale Potential in der Anodenschicht in Abhängigkeit von der ionischen Leitfähigkeit, während der Gasumsatz konstant bleibt.

Experimentell wurde beobachtet, dass sich der Polarisationswiderstand der Zelle mit der Ni/3YSZ-Anode gegenüber der Zelle mit der Ni/8YSZ-Anode

KAPITEL 4: Ergebnisse

deutlich erhöht (Abb. 4-51). Die Ursache hierfür ist die Zunahme des Widerstandes im hochfrequenten Bereich (10 kHz). Die Unterschiede könnten zum einen in den unterschiedlichen Mikrostrukturen begründet sein, die beispielweise dazu führen, dass die Ausdehnung der Dreiphasengrenze vermindert ist. Es wurde beispielsweise gezeigt, dass die elektrische Leitfähigkeit der Ni/3YSZ-Anode deutlich tiefer als die der Ni/8YSZ-Anode war (Abb. 4-53), was auf eine schlechte Perkolation der Nickelpartikel zurückgeführt wurde. Zum anderen könnte es sein, dass die Austauschstromdichte zwischen Ni/3YSZ und Ni/8YSZ unterschiedlich ist, was ggf. dazu führt, dass die bereits angesprochene Doppelschichtkapazität zwischen Nickel und YSZ beeinflusst wird. Dies wurde ebenfalls von WANG et al. [Wan_01] angedeutet. Die Austauschstromdichte beeinflusst direkt den Polarisationswiderstand und indirekt den ohmschen Widerstand, da sich die Reaktionszone mit der Austauschstromdichte verschiebt. Die vorgeschlagenen Modelle für den Reaktionsmechanismus an Ni/YSZ-Anoden [Mog_93][Miz_94][Jia_99][dBo_98/D] gehen außerdem davon aus, dass Teilschritte des Reaktionsmechanismus an der Oberfläche der Nickel- und YSZ-Partikel und/oder im Ni- und YSZ-Material unmittelbar an der Dreiphasengrenze stattfinden [Holt_99]. Wie weit sich diese Fläche bzw. das Volumen von der Dreiphasengrenze auf bzw. in die Partikel erstreckt und wie sich diese Fläche bzw. das Volumen für die unterschiedlichen Anoden ändert, ist unklar.

Die Verschiebung des lokalen Zellpotentials in der Anodenschicht hat möglicherweise auch Folgen für das Gleichgewicht zwischen Nickel und Nickeloxid. Entsteht lokal mehr Wasserdampf, so verschiebt sich dieses Gleichgewicht in Richtung NiO. Experimentell konnte dies jedoch bisher noch nicht nachgewiesen werden.

Redox-Stabilität: Die Zunahme des ohmschen und des Polarisationswiderstandes von Zellen mit einer Ni/3YSZ- und einer

KAPITEL 4: Ergebnisse

Ni/8YSZ-Anode unter Redox-Zyklierung wurde in Abb. 4-52 gezeigt. Die Zunahme des *ASR*, der Zelle mit Ni/3YSZ-Anode im ohmschen Widerstand, wird vor allem auf die Abnahme der elektrischen Leitfähigkeit unter Redox-Zyklierung zurückgeführt. Die starke Zunahme von R_{pol} im Bereich hoher Frequenzen, der Zelle mit der Ni/3YSZ-Anode kann nicht eindeutig einem Phänomen zugeschrieben werden. Die unterschiedliche Sinteraktivität der YSZ-Pulver wurde eingangs erwähnt. Eine mögliche Erklärung ist, dass die ionischen Leiterpfade nicht gut miteinander verbunden sind und deshalb unter Redox-Zyklierung schneller aufgebrochen werden. Durch die Redox-Zyklierung kommt es zu der zuvor beschriebenen Verringerung der Dreiphasenlänge und zu einer Zunahme des Polarisationswiderstandes.

Langzeitstabilität: Die Messungen unter konstanten Betriebsbedingungen zeigten, dass der *ASR* der Zelle mit der Ni/3YSZ-Anode stärker im konstanten Betrieb abnahm im Vergleich zur Zelle mit der Ni/8YSZ-Anode (siehe Abb. 4-54). Dies liegt zum einen an der Zunahme des ohmschen Widerstandes, zum anderen an der Zunahme von R_{pol} im Bereich hoher Frequenzen. Der Widerstand des tieffrequenten Anodenprozess ändert sich hingegen nicht signifikant. Dies wurde in Abb. 4-55 gezeigt. Die Ursache für die Zunahme des ohmschen Widerstandes wird in der Abnahme der elektrischen und ionischen Leitfähigkeit vermutet. Die anfängliche elektrische Leitfähigkeit der Ni/3YSZ-Anode ist mit etwa 80 S/cm vergleichsweise niedrig im Vergleich zur Ni/8YSZ-Anode (~1050 S/cm). Nimmt die elektrische Leitfähigkeit der Ni/3YSZ-Anode im konstanten Betrieb ab, könnte dies zu einem Anstieg des ohmschen Widerstandes in der Anode führen. Aus den Messdaten von MÜLLER [Mü_04/D] ist bekannt, dass sowohl die ionische Leitfähigkeit des 3YSZ als auch die des 8YSZ-Elektrolyten bei 950°C in Luft abnimmt. Die Degradation des Elektrolytmaterials könnte deshalb ebenfalls, wie bereits beschrieben, zur Erhöhung des ohmschen und des Polarisationswiderstandes beitragen.

KAPITEL 4: Ergebnisse

4.1.4. Einfluss der Anodenmikrostruktur auf die Elektrochemie und die Degradation

Im nachfolgenden Unterkapitel wird der Einfluss der Anodenmikrostruktur auf den Zellwiderstand und die elektrische Leitfähigkeit untersucht. Hierzu wurden die Zellen mit verschiedenen Ni/8YSZ-Anodenmikrostrukturen hergestellt und mittels Impedanzspektroskopie und elektrischen Leitfähigkeitsmessungen charakterisiert. Die Versuche wurden unter konstanten Bedingungen und unter Redox-Zyklierung durchgeführt. Die Mikrostrukturen der Anoden wurden vor und nach dem Betrieb an der *EMPA* quantitativ analysiert.

Herstellung: Für Ni/8YSZ-Anoden (40:60 Vol. %) wurde die Größe der 8YSZ-Ausgangspartikel (*Mel Chemicals*) variiert. Es wurden fünf verschiedene Anodenpasten hergestellt, mittels Siebdruck auf den 3YSZ-Elektrolyten (*Nippon Shokubai*, 140 µm) aufgebracht und bei 1350°C für 4 h gesintert. Die Mischungen zwischen feinen und groben bzw. feinen und mittleren 8YSZ-Partikeln wurden mit einem Verhältnis von 50:50 Gew. % hergestellt. Für die elektrochemischen Experimente wurde eine LSM/YSZ|LSM-Kathode auf die entgegengesetzte Seite des Elektrolyten aufgedruckt und bei 1100°C für 3 h gesintert.

Tab. 4-8: Parameter der Pasten und Zellen, die Schichtdicken wurden mit ImageJ anhand der REM-Bilder ermittelt

Pasten-ID	Bezeichnung	Ni:YSZ Vol. %	d10 [µm]	d50 [µm]	d90 [µm]	d99 [µm]	$d_{Schicht}$ [µm]
PSL080051	Fein	40:60	0.35	0.59	1.56	2.50	20
PSL080052	Mittel	40:60	0.31	0.74	2.20	4.72	25
PSL080053	Grob	40:60	0.33	0.91	4.37	7.07	26
PSL080054	Fein+mittel	40:60	0.27	0.48	1.73	3.13	22
PSL080055	Fein+grob	40:60	0.28	0.51	1.91	3.37	23

KAPITEL 4: Ergebnisse

Die Partikelverteilungen der Pasten und die Schichtdicken der gesinterten Anode sind in der nachfolgenden Tab. 4-8 zusammengefasst

Mikrostrukturen: In Abb. 4-56 sind die Bilder der Anoden mit unterschiedlichen Mikrostrukturen zu sehen, welche mit dem Lichtmikroskop aufgenommen wurden. Die Aufnahmen wurden an der *EMPA* gemacht und zeigen einen hohen Kontrast der Phasen. Das Nickel erscheint im Lichtmikroskop hell, die 8YSZ-Keramik dunkelgrau und die Poren schwarz. Es ist zu erkennen, dass die Partikelverteilungen sowohl für Nickel als auch für YSZ deutlich unterschiedlich zwischen den verschiedenen Anoden sind, obwohl lediglich die 8YSZ-Ausgangspartikelverteilung variiert wurde. Die Schichtdicke nimmt für die grob strukturierten Anoden tendenziell zu trotz gleicher Herstellungsparameter.

Zur Ermittlung der Partikelverteilungen wurden die Anoden an der *EMPA* am Rasterelektronenmikroskop analysiert. Über ein EDX-„Mapping" wurden die Phasen voneinander getrennt. Die resultierenden Bilder mit Nickel, 8YSZ und CGO sind in Abb. 4-65 zu sehen. Mit einer an der *EMPA* entwickelten Software wurden die Partikelverteilungen aus den Bildern extrahiert.

KAPITEL 4: Ergebnisse

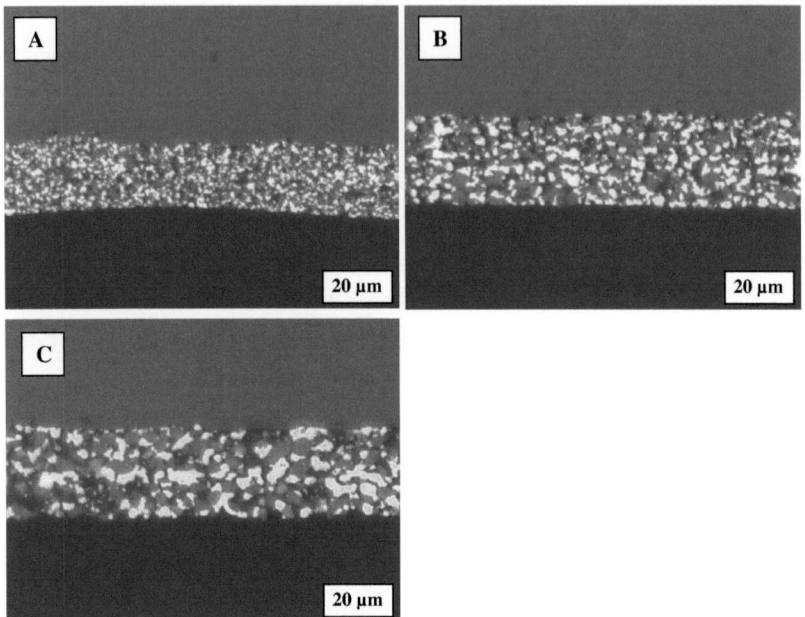

Abb. 4-56: Bilder mit dem Lichtmikroskop von Ni/8YSZ-Anoden mit unterschiedlichen Mikrostrukturen, A: fein, B: mittel, C: grob, helle Partikel: Ni, dunkle Partikel: 8YSZ, schwarz: Poren.

Die ermittelten Partikelverteilungen von Nickel, YSZ und Poren sind in den nachfolgenden Abb. 4-57, Abb. 4-58 und Abb. 4-59 zu sehen. Abb. 4-57 zeigt die Partikelverteilungen von Nickel in den Ni/8YSZ-Anoden mit verschiedenen Mikrostrukturen. Wie bereits in den Lichtmikroskopbildern qualitativ zu sehen war, ist die Nickelpartikelverteilung trotz gleicher Eingangspartikelgröße von NiO unterschiedlich nach der ersten Reduktion der Anode. Der mittlere Ni-Partikelradius änderte sich von etwa 400 nm bei der „feinen" Anode auf 650 nm und 1000 nm bei der „mittleren" und „groben" Anode.

KAPITEL 4: Ergebnisse

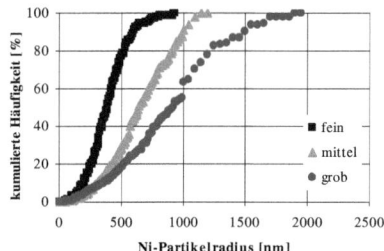

Abb. 4-57: Ni-Partikelverteilung der Ni/8YSZ-Anoden mit verschiedenen Mikrostrukturen

Die nachfolgende Abb. 4-58 zeigt die 8YSZ-Partikelverteilung der Ni/8YSZ-Anoden im Ausgangszustand. Da die Ausgangspartikelverteilung von 8YSZ in den Pasten variiert wurde, entsprach dieser Trend den Erwartungen. Die mittleren Partikelradien lagen in der gleichen Größenordnung wie die der Nickelpartikel.

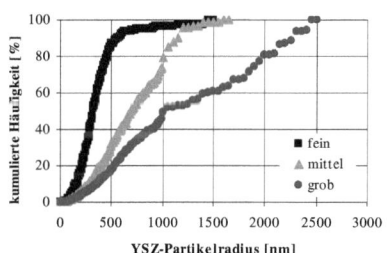

Abb. 4-58: 8YSZ-Partikelverteilung der Ni/8YSZ-Anoden mit verschiedenen Mikrostrukturen

KAPITEL 4: Ergebnisse

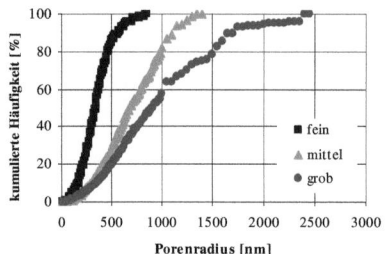

Abb. 4-59: Porenverteilung der Ni/8YSZ-Anoden mit verschiedenen Mikrostrukturen

Die Abb. 4-59 zeigt die Porenverteilung der Ni/8YSZ-Anoden mit unterschiedlichen Mikrostrukturen. Je feiner die 8YSZ- und Nickelpartikel, desto feiner waren auch die Poren. Die mittleren Porenradien waren in etwa so groß wie die mittleren Partikelradien von Nickel und 8YSZ.

4.1.4.1. Degradation der Zellen unter Redox-Zyklierung

Impedanzmessungen an Vollzellen: Die nachfolgenden Abb. 4-60 und Abb. 4-61 zeigen die ohmschen und Polarisationsverluste der fünf Zellen mit den unterschiedlichen Anodenmikrostrukturen bei 950°C.

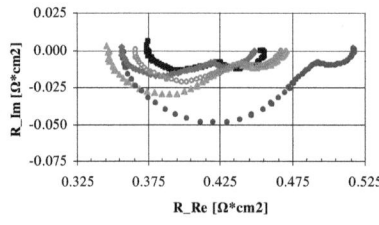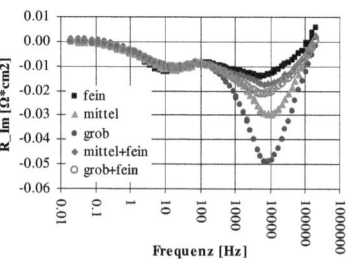

Abb. 4-60: Nyquist-Diagramm (links) und R_{Im}-Frequenz-Diagramm (rechts) von Zellen mit Ni/8YSZ-Anoden mit verschiedenen Anodenmikrostrukturen, 950°C, OCV: 1V, offenes Button-Cell-System

KAPITEL 4: Ergebnisse

Die Impedanzspektren wurden ohne elektrische Belastung bei einem Gasvolumenstrom von 200 Nml/min H_2 durchgeführt. Das Brenngas wurde über einen Membranverdampfer befeuchtet (OCV: 1 V). Der Luftmassenstrom betrug 400 Nml/min.

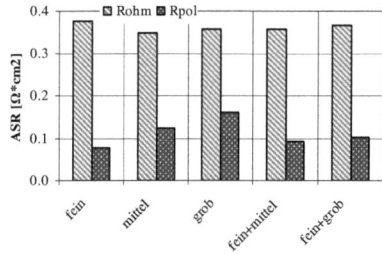

Abb. 4-61: Ohmsche und Polarisationsverluste von Zellen mit Ni/8YSZ-Anoden mit verschiedenen Anodenmikrostrukturen, 950°C, OCV: 1V, offenes Button-Cell-System

Während die ohmschen Verluste nur geringfügig variierten, zeigten sich deutliche Unterschiede im Polarisationswiderstand. Von der „feinen" zur „groben" Mikrostruktur nahmen die Polarisationsverluste deutlich zu. Für die Zellen bei denen die Anoden aus Mischungen aus mittelgroben bzw. groben mit feinen 8YSZ-Partikeln hergestellt wurden, waren die Polarisationsverluste nahe dem der Zellen mit der feinen Anodenmikrostruktur. Die Unterschiede der Polarisationswiderstände waren vor allem durch den Prozess bei hohen Frequenzen (ca. 10 kHz) bedingt.

Redox-Zyklierung: Abb. 4-62 zeigt den Verlauf des Polarisationswiderstandes unter Redox-Zyklierung bei 950°C im geschlossenen Button-Cell-Prüfstand. Die Impedanzspektren wurden ohne elektrische Belastung bei einem Gasmassenfluss von 100 ml/min H_2 zu Versuchsbeginn und nach jedem Redox-Zyklus aufgezeichnet

KAPITEL 4: Ergebnisse

(OCV: 1.05 V). Der ohmsche Widerstand zeigte für alle Versuche keine signifikanten Veränderungen und ist deshalb hier nicht dargestellt. Die im geschlossenen Button-Cell-Prüfstand gemessenen Polarisationswiderstände sind etwas höher als die Polarisationswiderstände im offenen Button-Cell-System. Dies liegt, wie bereits in Unterkapitel 4.1.1 erwähnt, an der Gasimpedanz, die wegen des niedrigeren H_2-Gasmassenflusses um etwa 30 mΩ·cm^2 höher im geschlossenen Button-Cell-System ist. Der Polarisationswiderstand nimmt für alle Zellen nahezu linear mit jedem Redox-Zyklus zu.

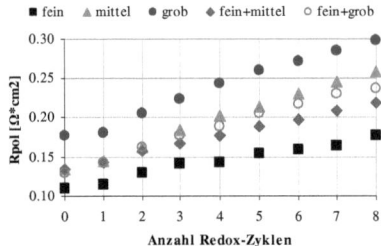

Abb. 4-62: Polarisationsverluste von Zellen mit Ni/8YSZ-Anoden und verschiedenen Anodenmikrostrukturen, acht Redox-Zyklen bei 950°C, OCV: 1.05 V, geschlossenes Button-Cell-System

Die absolute Zunahme und die relative Zunahme, bezogen auf den anfänglichen Polarisationswiderstand, wurden für den Redox-Versuch bei 950°C berechnet und sind in Abb. 4-63 dargestellt. Die absolute Zunahme von R_{pol} war am geringsten für die Zelle mit der feinen Ni/8YSZ-Anode und am höchsten für die Zelle mit der mittleren und groben Anode. Berechnet man die relative Zunahme von R_{pol} in % bezogen auf den Anfangswert, so ergibt sich kein eindeutiger Trend. Es bleibt dennoch festzuhalten, dass die relative Zunahme von R_{pol} am geringsten für die „feine" Ni/8YSZ-Anode war.

KAPITEL 4: Ergebnisse

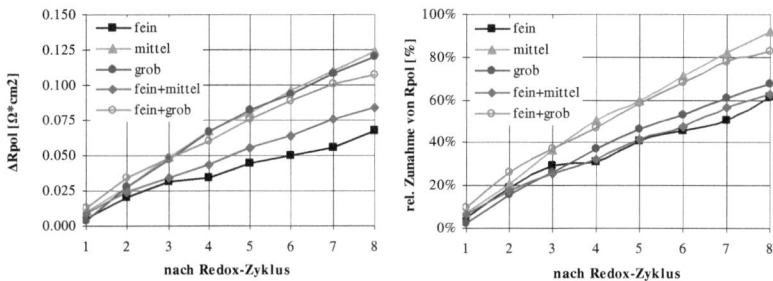

Abb. 4-63: absolute (links) und relative Zunahme (rechts) des Polarisationswiderstandes der Zellen mit den Ni/8YSZ-Anoden mit unterschiedlicher Mikrostruktur unter Redox-Zyklierung bei 950°C, geschlossenes Button-Cell-System

Elektrische Leitfähigkeit: In Abb. 4-64 ist der Verlauf der elektrischen Leitfähigkeit der fünf Ni/8YSZ-Anoden unter Redox-Zyklierung bei 950°C dargestellt.

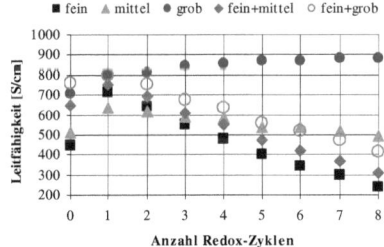

Abb. 4-64: Elektrische Leitfähigkeit von Ni/8YSZ-Anoden mit verschiedenen 8YSZ-Partikelgrößen, acht Redox-Zyklen 950°C

Die Veränderung der elektrischen Leitfähigkeit war von der Mikrostruktur der Anode abhängig. Je feiner die Mikrostruktur, desto niedriger die Startleitfähigkeit, desto höher der Anstieg der elektrischen Leitfähigkeit

KAPITEL 4: Ergebnisse

nach dem ersten Redox-Zyklus und desto schneller die Abnahme der elektrischen Leitfähigkeit mit jedem weiteren Redox-Zyklus. Die Anode mit der groben Mirkostruktur besaß eine hohe Startleitfähigkeit, welche nach jedem weiteren Redox-Zyklus anstieg.

<u>*Mikrostrukturelle Veränderungen:*</u> Die Mikrostrukturen wurden vor und nach der achtfachen Redox-Zyklierung bei 950°C im Leitfähigkeitsexperiment an der „feinen", „mittleren" und „groben" Anode an der *EMPA* analysiert. Wie bereits Eingangs erwähnt erfolgte die Phasentrennung von Nickel, 8YSZ und Poren über ein EDX-„Mapping".

Für jede Anode, mit Ausnahme der „groben", wurde vor und nach der Redox-Zyklierung ein repräsentatives Bild analysiert. Für diese Anode wurden wegen der heterogenen Mikrostruktur zwei Bilder analysiert. Die Bilder der verschiedenen Anoden vor (links) und nach der Redox-Zyklierung (rechts) sind in Abb. 4-65 dargestellt. Das Nickel ist hellgrau dargestellt, das 8YSZ dunkelgrau und die Poren schwarz.

Vor allem die Ni/8YSZ-Anoden mit der „feinen" und „mittleren" Mikrostruktur zeigen massive mikrostrukturelle Veränderungen, insbesondere die Agglomeration des Nickels. Insbesondere fällt bei der „feinen" Anode auf, dass die Nickelpartikel stark agglomeriert und separiert sind und dass die Porosität offensichtlich zugenommen hat. Bei der „groben" Anode ist das Nickel ebenfalls agglomeriert.

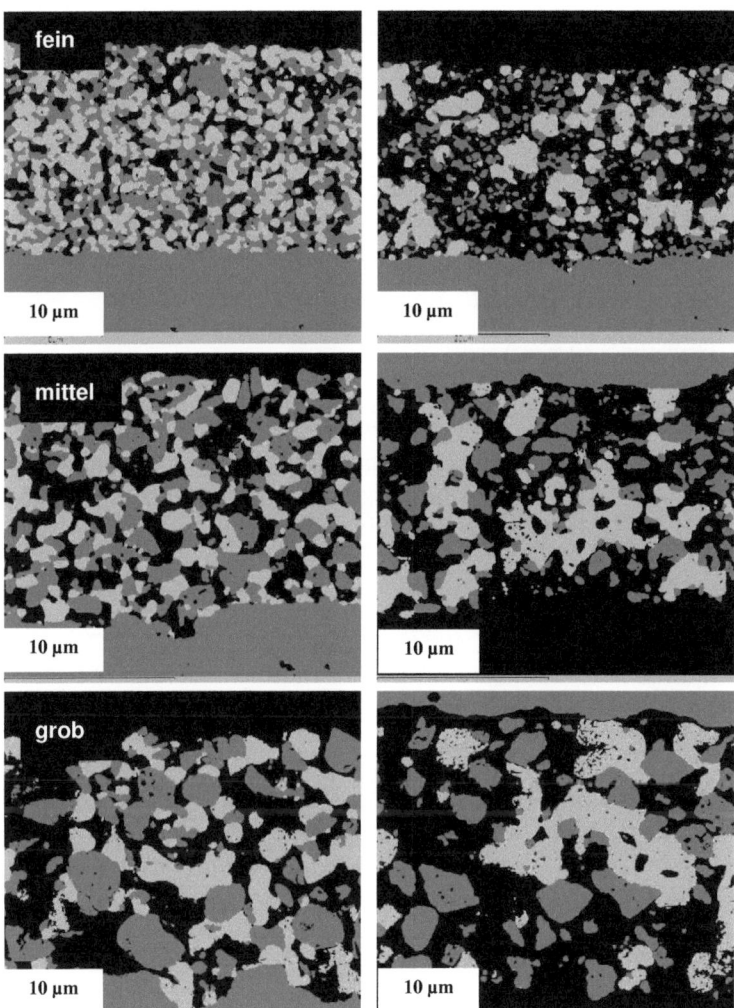

Abb. 4-65: Auf vier Kontraste reduzierte Bilder von Ni/8YSZ-Anoden mit unterschiedlichen Mikrostrukturen aus dem EDX-Mapping, links: vor den acht Redox-Zyklen und rechts: nach den acht Redox-Zyklierung bei 950°C, Nckel: hellgrau, 8YSZ: dunkelgrau, Poren: schwarz, Rest: weiß, oben: „fein", mitte: „mittel", unten: „grob".

KAPITEL 4: Ergebnisse

Im Vergleich zu den anderen Anoden scheint dieses jedoch nach wie vor Teil eines zusammenhängenden Netzwerkes zu sein. Anhand der Bilder ist keine offensichtliche Veränderung der Schichtdicke erkennbar. Insbesondere die „mittleren" und „groben" Ni/8YSZ-Anoden zeigten außerdem Poreneinschlüsse im Nickel nach der Redox-Zyklierung bei 950°C. Für alle Anoden gewinnt man den Eindruck, als ob das Nickel nach der Redox-Zyklierung bevorzugt im Inneren der Anode agglomeriert, wohingegen an der unmittelbaren Grenzfläche Anode|Elektrolyt nur noch wenige Ni-Partikel zu sehen sind.

Mit Hilfe einer Mirkostrukturanalysesoftware wurden die Mikrostrukturen aus Abb. 4-65 quantitativ ausgewertet [Hol_10]. Die Ergebnisse sind in den nachfolgenden Abb. 4-66, Abb. 4-67 und Abb. 4-68 für die verschiedenen Mikrostrukturen dargestellt. Zur Ermittlung des Ni-Partikelradius mit der Auswertesoftware wurde die entstandene interne Porosität eliminiert. Ansonsten würde das Programm die Pore als Grenzfläche interpretieren, bzw. mehrere Partikel in ein einziges Partikel interpretieren und so kleinere Ni-Partikel „vortäuschen".

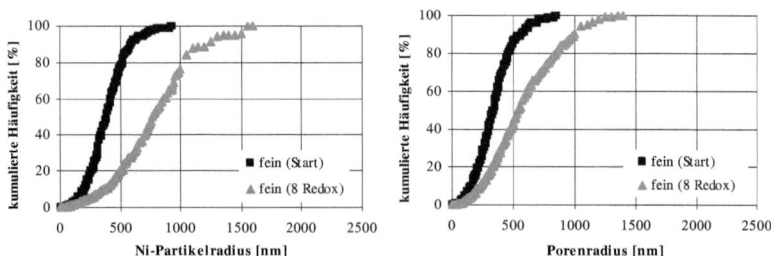

Abb. 4-66: Partikelverteilung von Nickel und Poren, vor und nach der Redox-Zyklierung bei 950°C

KAPITEL 4: Ergebnisse

Abb. 4-66 zeigt die Ni-Partikelverteilung (links) und die Porenverteilung (rechts) der „feinen" Anode vor und nach den acht Redox-Zyklen bei 950°C. Es war zu erkennen, dass sowohl die Nickelpartikel als auch die Poren durch die Redox-Zyklierung größer werden. Die 8YSZ-Partikelverteilung zeigte hingegen keine signifikanten Veränderungen durch die Redox-Zyklierung und ist deshalb hier nicht gezeigt. Die Abb. 4-67 zeigt die Ni-Partikelverteilung (links) und die Porenverteilung (rechts) der „mittleren" Anode vor und nach den acht Redox-Zyklen bei 950°C. Es war zu erkennen, dass die Ni-Partikel deutlich durch die Redox-Zyklierung gewachsen sind. Die Veränderung der Porenverteilung war hingegen weniger ausgeprägt als bei der „feinen" Anode. Die 8YSZ-Partikelverteilung zeigte wiederum keine signifikanten Veränderungen.

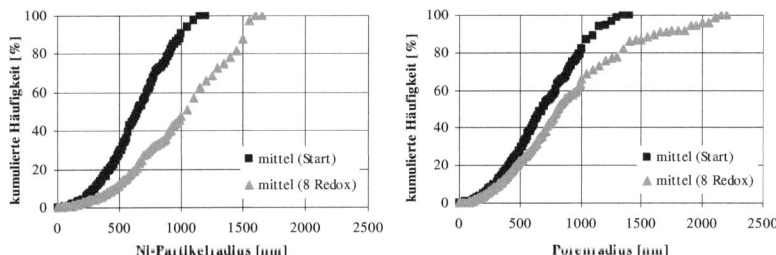

Abb. 4-67: Partikelverteilung von Nickel und Poren vor und nach der Redox-Zyklierung bei 950°C

Abb. 4-68 zeigt die Ni-Partikelverteilung (links) und die Porenverteilung (rechts) der „groben" Anode vor und nach den acht Redox-Zyklen bei 950°C. Die Mikrostrukturen waren sehr inhomogen nach der Redox-Zyklierung und lieferten deshalb keine einheitliche Nickel- bzw. Porenverteilung an verschiedenen Orten der Anodenmikrostruktur.

KAPITEL 4: Ergebnisse

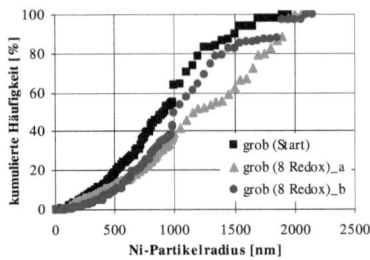
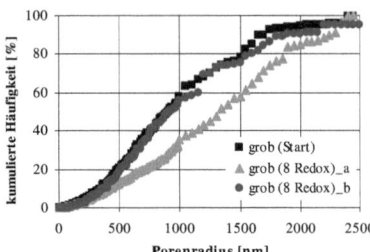

Abb. 4-68: Partikelverteilung von Nickel und Poren, vor und nach der Redox-Zyklierung bei 950°C

Die Phasenverteilungen von Nickel, 8YSZ und Poren wurden für die verschiedenen Anoden vor und nach der Redox-Zyklierung ermittelt. Die Daten sind in Tab. 4-9 zusammengefasst. Insbesondere für die „feine" und „mittlere" Anode ist zu erkennen, dass die Porosität deutlich zunimmt. Gleichzeitig nahmen die Anteile der festen Phasen, Nickel und 8YSZ, für diese Anoden ab. Für die „grobe" Anode ist dieser Trend wegen der inhomogenen Mikrostruktur nicht eindeutig nachweisbar.

Tab. 4-9: Phasenverteilung in % von Nickel, 8YSZ und Poren für die verschiedenen Anoden vor und nach der Redox-Zyklierung bei 950°C, ermittelt aus der quantitativen Mikrostrukturanalyse bei der *EMPA*

	Start			8 Redox-Zyklen bei 950°C			
	fein	mittel	grob	fein	mittel	grob (a)	grob (b)
% Ni	35.1	26.3	24.9	26.6	28.4	24.1	27.3
% YSZ	38.6	34.7	33.3	21	23	25.7	31.8
% Poren	24.8	38.5	41.6	52.14	48.5	49.8	40.9

4.1.4.2. Degradation der Zellen unter konstanten Betriebsbedingungen

Die Zunahme des *ASR* der Zellen unter konstanten Betriebsbedingungen bei 950°C ist in Abb. 4-69 dargestellt. Die Versuche wurden bei

KAPITEL 4: Ergebnisse

200 Nml/min H_2 und 400 Nml/min Luft durchgeführt. Der Membranverdampfer wurde bei Raumtemperatur betrieben (OCV: 1 V). Die Unterschiede in der Zellleistung zwischen den einzelnen Zellen wurden, wie bereits in Abb. 4-60 gezeigt, auf Unterschiede im hochfrequenten Bereich des Polarisationswiderstandes zurückgeführt. Die Zunahme des *ASR* der Zellen war lediglich in der Anfangsphase unterschiedlich. Nach ca. 100 h war der relative Anstieg des *ASR* für alle Zellen etwa gleich, mit 100 – 150 m$\Omega \cdot cm^2$/1'000 h.

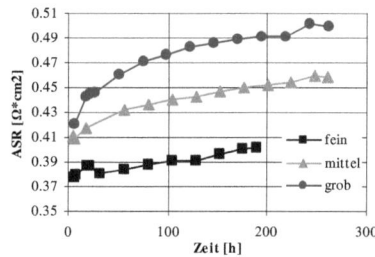

Abb. 4-69: *ASR* von Zellen mit Ni/8YSZ-Anoden mit verschiedenen Anodenmikrostrukturen, im kontinuierlichen Betrieb bei 950°C, offenes Button-Cell-System

Bei konstanten Betriebsbedingungen erfolgte Zunahme des *ASR* der Zellen sowohl im hochfrequenten Bereich des Polarisationswiderstandes als auch im ohmschen Widerstand. Die zeitliche Veränderung von R_Ω und R_{pol} der Zelle mit der groben Ni/8YSZ-Mikrostruktur (PSL080053) ist in Abb. 4-70 dargestellt.

KAPITEL 4: Ergebnisse

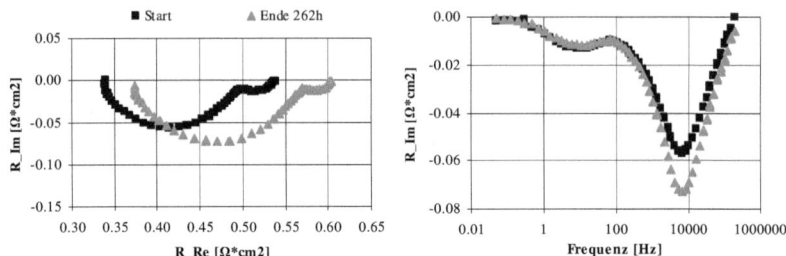

Abb. 4-70: Nyquist-Diagramm (links) und R_{Im}-Frequenz-Diagramm (rechts) von einer Zelle mit Ni/8YSZ-Anode (PSL080053) mit groben 8YSZ-Partikeln vor und nach dem konstanten Betrieb bei 950°C, offenes Button-Cell-System

Elektrische Leitfähigkeit: In einem Zeitraum von etwa 500 h wurde der Verlauf der Anodenleitfähigkeit bei konstanten Betriebsbedingungen gemessen. In drei Versuchen wurden folgende Parameter variiert:

1) Temperatur: 950°C, 10 ml/min H_2, 190 ml/min N_2, Nernst-Spannung: 1.1 V (ohne Verdampfer)
2) Temperatur: 950°C, 10 ml/min H_2, 190 ml/min N_2, Nernst-Spannung: 0.935 V (mit Verdampfer)
3) Temperatur: 850°C, 10 ml/min H_2, 190 ml/min N_2, Nernst-Spannung: 1.15 V (ohne Verdampfer)

Die Verläufe der Anodenleitfähigkeit über der Zeit sind in Abb. 4-71 für die verschiedenen Anoden dargestellt. Es war zu erkennen, dass die Absenkung der Reduktionstemperatur von 950 auf 850°C zu einer allgemein höheren elektrischen Leitfähigkeit führte, welche sich über den zeitlichen Verlauf nur wenig änderte. Bei einer Betriebs- und Reduktionstemperatur von 950°C fiel die elektrische Leitfähigkeit unmittelbar nach der Reduktion stark ab und lief nach ca. 50 - 100 h in eine

KAPITEL 4: Ergebnisse

Sättigung. Das Befeuchten des Brenngases hatte ein schnelleres Abfallen der elektrischen Leitfähigkeit unmittelbar nach der Reduktion zur Folge, wobei die anschließende relative Leitfähigkeitsänderung im linearen Bereich nun deutlich kleiner war als beim Versuch ohne Wasserdampf. Die Abnahme der elektrischen Leitfähigkeiten der verschiedenen Anoden wurde nach der anfänglichen Aktivierungsphase berechnet und sind in der nachfolgenden Tab. 4-10 zusammengefasst.

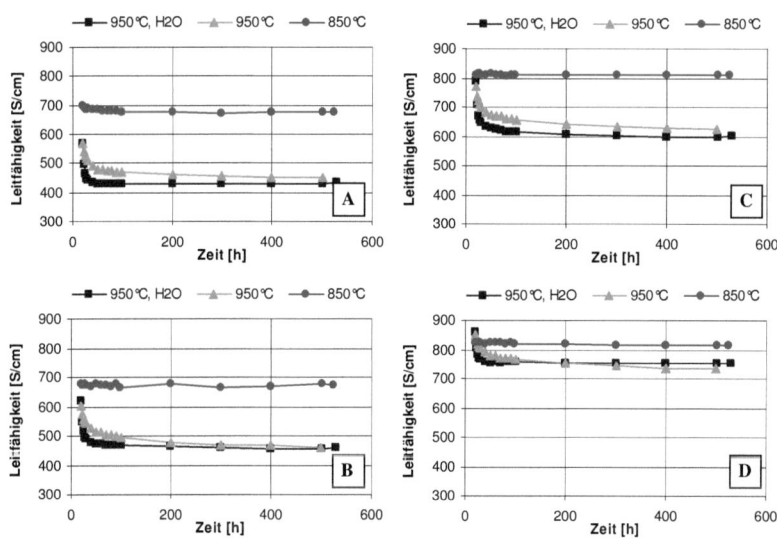

Abb. 4-71: Zeitliche Veränderung der elektrischen Leitfähigkeit von Anoden mit unterschiedlichen Mikrostrukturen und Betriebsparametern, A: fein (PSL080051), B: mittel (PSL080052), C: grob (PSL080053), D: fein + grob (PSL080055)

KAPITEL 4: Ergebnisse

Tab. 4-10: Veränderung der elektrischen Leitfähigkeit in (S/cm)/1'000 h für verschiedene Anoden und Betriebsbedingungen nach der Aktivierungsphase

Temperatur	PSL080051 fein	PSL080052 mittel	PSL080053 grob	PSL080054 fein&mittel	PSL080055 fein&grob
950°C	22.16 S/cm	61.54 S/cm	61.21 S/cm	33.90 S/cm	60.11 S/cm
950°C, H_2O	1.92 S/cm	20.30 S/cm	22.11 S/cm	10.86 S/cm	6.74 S/cm
850°C	7.71 S/cm	18.51 S/cm	-2.88 S/cm	-	22.88 S/cm

4.1.4.4. Diskussion der Ergebnisse

Mikrostruktur: Der Vergleich der Mikrostrukturen (Abb. 4-56 und Abb. 4-65) zeigte die Unterschiede in der Größe der Partikel von Ni und 8YSZ. Bei der Herstellung wurde stets das gleiche Nickelpulver verwendet und lediglich die 8YSZ-Ausgangspartikelverteilung variiert. Die Verwendung von feinem 8YSZ-Ausgangspulver führte zu einer Mikrostruktur bei der sowohl das 8YSZ als auch das Nickel fein verteilt waren, wohingegen das grobe 8YSZ-Ausgangspulver zu groben Mikrostrukturen mit einem groben Nickelnetzwerk führte. Dies wurde auch bei der quantitativen Auswertung der Mikrostrukturen deutlich (siehe Abb. 4-57, Abb. 4-58 und Abb. 4-59). Dies bedeutet, dass das Sinterverhalten des Nickels maßgeblich von der Größe der 8YSZ-Partikel beeinflusst wird. Beim Vergleich der analysierten Partikelverteilungen fiel auf, dass sowohl die Nickel-, die 8YSZ- als auch die Porenradien ähnlich groß waren. Gleiche Tendenzen wurden von YU et al. [Yu_07] beobachtet. Mit den Partikelgrößen wurden auch die Porosität und die Porengröße beeinflusst. Die feinere Mikrostruktur hatte demnach eine geringere Porosität mit kleineren Poren, was sich mit den Beobachtungen aus der Literatur deckt [Yu_07][Wa_06]. Die Messung der Schichtdicken, zusammengefasst in Tab. 4-8, zeigte eine Zunahme der Schichtdicke mit

KAPITEL 4: Ergebnisse

gröber werdenden 8YSZ-Partikeln trotz gleicher Herstellungsparameter (Pulverladung, Schichtgewicht beim Siebdruck, Sintertemperatur). Ob dies ein rein geometrischer Effekt ist und/oder durch die geringere Sinteraktivität verursacht wurde, ist unklar.

Impedanzmessungen an Vollzellen: Die Polarisationswiderstände der Zellen mit den verschiedenen Ni/8YSZ-Anoden variierten erwartungsgemäß mit der Variation der Mikrostruktur (siehe Abb. 4-60 und Abb. 4-61). Dies wurde beispielsweise von BROWN et al. [Bro_00] und MÜLLER [Mü_04/D] beschrieben. Grobe Anoden-Mikrostrukturen führten zu einer geringeren Zellleistung als feine. Mischungen aus grobem und feinem bzw. mittleren und feinen 8YSZ-Partikeln führten zu einer deutlichen Absenkung des Polarisationswiderstandes im Vergleich zur „groben" bzw. „mittleren" Ni/8YSZ-Anode. Die „feine" Anode zeigte den geringsten Zellwiderstand. Wie die Abb. 4-60 zeigt, fanden die Veränderungen der Impedanz im hochfrequenten Bereich bei etwa 10 kHz statt, während sich der Prozess bei tiefen Frequenzen (ca. 10 Hz) nicht mit der Mikrostruktur änderte. Die charakteristische Peak-Frequenz des hochfrequenten Prozesses folgte keinem erkennbaren Trend mit der Variation der Mikrostruktur und blieb mehr oder weniger konstant bei 10 kHz. MIZUSAKI et al. [Miz_94] interpretierten aus Messungen an Modellelektroden, dass der Prozess bei hohen Frequenzen von der Länge der Dreiphasengrenze abhängt. Die Kapazität des hochfrequenten Prozesses interpretieren PRIMDAHL et al. [Prim_97] als Doppelschichtkapazität an der Grenzfläche Nickel|8YSZ. Dies wurde bereits im Unterkapitel 4.1.1 diskutiert.
Um die Abhängigkeit des Polarisationswiderstandes von der Mikrostruktur beschreiben zu können, wurde die Modellvorstellung aus Unterkapitel 4.1.1 übernommen. Demnach kommt die Doppelschichtkapazität aufgrund einer Ladungstrennung an der Kontaktfläche Nickel|8YSZ zustande. Zur

KAPITEL 4: Ergebnisse

Beschreibung der Doppelschichtkapazität (C_{dl}) wird vereinfacht angenommen, dass sich die Nickel|8YSZ-Grenzfläche wie ein Plattenkondensator nach Gleichung 4-2 verhält. Dabei ist ε_r die Dielektrizitätszahl, ε_0 die elektrische Feldkonstante, A die Kondensatorfläche und d der Abstand der Kondensatorplatten. Nimmt man ε_r und d als konstant an, was nicht zwangsläufig der Fall sein muss, so bleibt A als einzige Variable der Mikrostruktur übrig. Die Fläche A entspricht entweder der direkten Kontaktfläche zwischen Nickel- und 8YSZ-Partikeln, oder einer Fläche unmittelbar um die Dreiphasengrenze (*TPB*), auf der die elektrochemischen Reaktionen ablaufen. In beiden Fällen ist die Fläche (A) direkt von der Mikrostruktur abhängig. Wie groß die elektrochemisch aktive Zone der Ni/YSZ-Anode ist, bleibt unklar da es kein allgemein anerkanntes Modell für den Reaktionsmechanismus der Anode gibt. In diesem Zusammenhang sei auch erwähnt, dass einzelne Modelle die Diffusion von am Reaktionsmechanismus beteiligten Spezies durch den Festkörper postulieren [Holt_99][Yok_04].

Gleichung 4-2
$$C_{dL} = \frac{\varepsilon_0 \cdot \varepsilon_r \cdot A}{x}$$

Die Kapazität erhöht sich demnach mit abnehmendem Abstand x der Kondensatorplatten, bzw. der Ni- und YSZ-Partikel zueinander und mit zunehmender Kondensatorfläche A. Hieraus lässt sich ableiten, dass in groben Mikrostrukturen weniger Kontaktflächen zwischen Ni- und YSZ-Partikeln vorhanden sind, und folgerichtig die Kapazität sinkt und der Widerstand des Ladungsaustausches steigt. Diese Aussage stimmt qualitativ mit den Beobachtungen aus den hier durchgeführten Experimenten überein. Die Kapazität (C), die Frequenz (f) und der Widerstand (R) sind über folgende Gleichung 4-3 miteinander verknüpft:

KAPITEL 4: Ergebnisse

Gleichung 4-3 $$C = \frac{1}{2\pi \cdot f \cdot R}$$

In diesem Zusammenhang sei nochmals darauf hingewiesen, dass in den Impedanzspektren der Ni/CG40-Anode (siehe Unterkapitel 4.1.2) kein Prozess bei hohen Frequenzen identifiziert werden konnte. Es wurden bisher außerdem keine Hinweise über eine Mikrostrukturabhängigkeit des Prozesses bei etwa 100 Hz (950°C) der Ni/CG40-Anode gefunden. Die Unterschiede zwischen der Ni/8YSZ- und der Ni/CG40-Anode wurden deshalb auf die Eigenschaften der keramischen Materialien zurückgeführt. Insbesondere wird vermutet, dass die Unterschiede wegen der Mischleitereigenschaften des CGO zustande kommen. Letztere führen vermutlich dazu, dass die elektrochemisch aktive Zone deutlich größer ist als die der Ni/YSZ-Anode.

Abnahme der Zellleistung unter Redox-Zyklierung: Die Zellen mit den unterschiedlichen Ni/8YSZ-Anodenmikrostrukturen zeigten unter Redox-Zyklierung nur eine Erhöhung des Polarisationswiderstandes. Der ohmsche Widerstand zeigte hingegen keine signifikanten Veränderungen. Dies lag daran, dass auch die Ni/8YSZ-Anode mit der niedrigsten elektrischen Leitfähigkeit nach acht Redox-Zyklen einen Wert von > 200 S/cm hatte. Die Zunahme des Polarisationswiderstandes der Zellen mit unterschiedlichen Anodenmikrostrukturen ist in den Abb. 4-62 und Abb. 4-63 zu sehen. Die absolute Zunahme des Polarisationswiderstandes in mΩ·cm² war für die feine Anode am geringsten, für die mittlere und grobe Anode am größten. Im Gegensatz dazu war für die relative Zunahme von R_{pol} in % kein Trend erkennbar. Die geringen Unterschiede in der relativen Zunahme von R_{pol} wurden nicht zwangsläufig erwartet, da aus der Literatur bekannt ist, dass sich Unterschiede in der Anodenmikrostruktur insbesondere auf die thermomechanischen Eigenschaften der Zelle auswirken. FOUQUET et al. [Fou_03] und ROBERT et al. [Rob_04]

KAPITEL 4: Ergebnisse

untersuchten z.B. die irreversible Volumenausdehnung (siehe Unterkapitel 2.8) nach einem Redox-Zyklus für verschiedene Anodenmikrostrukturen in Dilatometerversuchen an Anodenpellets. Die irreversible Volumenausdehnung wird demnach insbesondere durch das Mischungsverhältnis von groben und feinen Partikeln in der Ausgangspaste bestimmt. Für Elektrolyt-gestützte Zellen wurde keine vergleichbare Studie gefunden, die einen Bezug zwischen der irreversiblen Ausdehnung des Ni-Cermets und der Zunahme von R_{pol} herstellt.

<u>Elektrische Leitfähigkeit und deren Abnahme unter Redox-Zyklierung:</u> Die elektrische Leitfähigkeit der Ni/8YSZ-Anodenschichten in Abhängigkeit von der Mikrostruktur wurde in Abb. 4-64 gezeigt. Vor der Redox-Zyklierung war die elektrische Leitfähigkeit am höchsten, je gröber die Mikrostrukturen waren. Ähnliche Beobachtungen wurden von YU et al. [Yu_07] gemacht, welche die elektrische Leitfähigkeit von Anoden mit unterschiedlichen Partikelgrößen an Ni und 8YSZ untersuchten. Anodenmikrostrukturen, hergestellt aus „feinen" NiO- und „groben" 8YSZ-Partikeln, zeigten wie auch in den hier durchgeführten Experimenten die höchste elektrische Leitfähigkeit, gefolgt von einer Ni/8YSZ-Anode, hergestellt aus feinen NiO- und „feinen" 8YSZ-Partikeln. Im Gegensatz dazu hatten die Ni/8YSZ-Mikrostrukturen, hergestellt aus „groben" NiO- und „feinen" 8YSZ-Partikeln eine deutlich niedrigere elektrische Leitfähigkeit. Die Autoren heben diesbezüglich die Rolle von feinen 8YSZ-Partikeln hervor, welche die groben Nickelpartikel isolieren.

Im Gegensatz zur Zunahme von R_{pol} zeigte die Veränderung der elektrischen Anodenleitfähigkeit unter Redox-Beanspruchung eine deutliche Abhängigkeit von der Mikrostruktur. Demnach war die Abnahme der elektrischen Leitfähigkeit am höchsten für die „feine" Anodenmikrostruktur. Für die „grobe" Anodenmikrostruktur nahm die elektrische Leitfähigkeit innerhalb der acht Redox-Zyklen zu. Die Mischungen von „groben" und „feinen" bzw. „mittleren" und „feinen"

KAPITEL 4: Ergebnisse

8YSZ-Partikeln mit Nickel zeigten im Vergleich zu der Anodenmikrostruktur mit den „feinen" 8YSZ-Partikeln eine geringere Erhöhung der Stabilität der elektrischen Leitfähigkeit. Eine signifikante Verbesserung der Stabilität der Anodenleitfähigkeit wurde jedoch erst für die „mittlere" und die „grobe" Ni/8YSZ-Anode festgestellt. Die Ergebnisse deuten darauf hin, dass die relative Abnahme der elektrischen Leitfähigkeit maßgeblich von den „feinen" 8YSZ-Partikeln bestimmt wird. Die beobachteten Unterschiede in der Stabilität der elektrischen Leitfähigkeit von „groben" und „feinen" Anodenmikrostrukturen lassen sich durch folgende Mechanismen erklären:

1) Veränderung von Kontaktwiderständen beispielsweise zwischen benachbarten Ni-Partikeln oder zum Stromabgriff
2) Veränderung der Porosität in der Anode durch Ausdehnung oder Schrumpfen der Anodenschicht oder durch Abdampfen von Nickel
3) Beeinflussung der Querleitfähigkeit durch Risswachstum
4) Isolierung von Partikeln

Es wurde bereits im vorangegangenen Unterkapitel 4.1.2 diskutiert, dass die Agglomeration des Nickels und die Zerstörung des keramischen Gerüstes die offensichtlichsten mikrostrukturellen Veränderungen durch die Redox-Zyklierung sind, die im Rasterelektronenmikroskop beobachtet wurden. KLEMENSØ et al. [Kle_05] schlagen diesbezüglich ein Modell für Anoden-gestützte SOFC-Brennstoffzellen vor, bei welchem die Oxidation agglomerierter Nickelpartikel und das damit verbundene Volumenwachstum die keramische YSZ-Struktur zerstört. Nach der Re-Oxidation kommt es zu einer irreversiblen Ausdehnung des Anodensubstrates, welches wiederum Risse im Elektrolyten verursacht [Cas_96][Rob_04][Kle_05][Pih_07][Sar_07]. Eine Volumenausdehnung führte demnach zu einer Erhöhung der Porosität. Aus der Literatur ist bekannt, dass eine erhöhte Porosität die elektrische Leitfähigkeit verringert

KAPITEL 4: Ergebnisse

[Dees_87]. Anhand der REM-Bilder von OUWELTJES et al. [Ou_08] ist anzunehmen, dass die irreversible Volumenausdehnung nach der Redox-Zyklierung auch bei der Anode der Elektrolyt-gestützten SOFC-Zelle auftritt. KLEMENSØ et al. [Kle_05] nehmen außerdem an, dass es bei der Reduktion des Nickels zu einer Reorganisation des Nickelnetzwerkes bzw. zu einer Versinterung kleiner Nickelpartikel zu größeren Agglomeraten kommt. Die Triebkraft für diesen Materialtransportmechanismus ist die Reduktion der freien Oberflächenenergie. In diesem Zusammenhang sei angemerkt, dass der Schmelzpunkt von Nickel mit 1453°C deutlich geringer als der von Nickeloxid (1957°C) ist. Der Dampfdruck von Ni ist bei 900°C um mehr als zwei Größenordnungen höher als der von NiO [Hal_75].

Nach dem ersten Redox-Zyklus erhöhte sich die elektrische Leitfähigkeit aller hier untersuchten Anoden. Dieser Effekt war umso ausgeprägter, je feiner die Mikrostruktur war. Für ein Ni/8YSZ-Anodensubstrat wurde dieser Effekt ebenfalls von YOUNG et al. [You_07] gemessen. Die Autoren schreiben dies einem verbesserten Kontakt der Probe zu den Platinabgriffen zu. Mit jedem weiteren Redox-Zyklus (10 Stück) nimmt die Leitfähigkeit des Anodensubstrates, analog zu den hier vorgestellten Ergebnissen mit der „groben" Ni/8YSZ-Anode leicht zu. YOUNG et al. [You_07] interpretieren das Ergebnis so, dass die Mikrostruktur des verwendeten Anodensubstrats ausreichend Platz für die Volumenausdehnung während der Oxidation des Nickels bietet. Kontaktierungsprobleme sind prinzipiell denkbar, wirken sich jedoch in der Regel nur bei Proben mit geringen elektrischen Leitfähigkeiten aus. In den hier durchgeführten Leitfähigkeitsexperimenten werden aufgrund der hohen elektrischen Leitfähigkeiten der Anoden keine Kontaktierungsprobleme erwartet [Prim_00][Gui_00][Jia_03/a][Iw_07] [Sf_08]. Wie die REM-Bilder in den Abb. 4-56 und Abb. 4-65: Auf vier Kontraste reduzierte Bilder von Ni/8YSZ-Anoden mit unterschiedlichen Mikrostrukturen aus dem EDX-Mapping, links: vor den acht Redox-Zyklen und rechts: nach den acht Redox-Zyklierung bei 950°C, Nckel: hellgrau,

KAPITEL 4: Ergebnisse

8YSZ: dunkelgrau, Poren: schwarz, Rest: weiß, oben: „fein", mitte: „mittel", unten: „grob".
Im Vergleich zu den anderen Anoden scheint dieses jedoch nach wie vor Teil eines zusammenhängenden Netzwerkes zu sein. Anhand der Bilder ist keine offensichtliche Veränderung der Schichtdicke erkennbar. Insbesondere die „mittleren" und „groben" Ni/8YSZ-Anoden zeigten außerdem Poreneinschlüsse im Nickel nach der Redox-Zyklierung bei 950°C. Für alle Anoden gewinnt man den Eindruck, als ob das Nickel nach der Redox-Zyklierung bevorzugt im Inneren der Anode agglomeriert, wohingegen an der unmittelbaren Grenzfläche Anode|Elektrolyt nur noch wenige Ni-Partikel zu sehen sind.

und die quantitative Mikrostrukturauswertung von der *EMPA* (siehe Abb. 4-59) zeigen, sind die Porengrößen größer für grobe und kleiner für feine Mikrostrukturen. Demnach ist der Platz für die Volumenausdehnung des Nickels während der Oxidation etwa der gleiche. Wahrscheinlicher ist deshalb, dass der beobachtete starke Anstieg der elektrischen Leitfähigkeit nach dem ersten Redox-Zyklus und die Zunahme der elektrischen Leitfähigkeit der groben Anode in der Mikrostruktur der Anode begründet lagen. Eine mögliche Erklärung für den anfänglichen Anstieg der elektrischen Leitfähigkeit ist, dass sich die Sinterhälse zwischen den benachbarten Ni-Partikeln zunächst besser ausbilden. Da die Anzahl der Kontakte in der feinen Mikrostruktur größer ist, ist dieser Effekt des Leitfähigkeitsanstiegs für feine Anoden stärker ausgeprägt als für die grob strukturierten Anoden. Diesbezüglich wurde gezeigt, dass das Ni in der Ni/CG40-Anode unter Redox-Beanspruchung stärker agglomeriert als im konstanten Betrieb [Bat_04][Iw_07].
Wie die Experimente gezeigt haben, wird die Veränderung der elektrischen Leitfähigkeit von den „feinen" Partikeln in der Anode bestimmt. Diesbezüglich haben MOON et al. [Mo_99] gezeigt, dass die Sinterung des

KAPITEL 4: Ergebnisse

Nickels durch 15 Vol. % fein verteilte YSZ-Partikel auf der Oberfläche des Nickels reduziert werden kann. Die Ergebnisse können so interpretiert werden, dass feine YSZ-Partikel als „Abstandshalter" zwischen benachbarten Nickelpartikeln fungieren und so die Versinterung des Nickels räumlich blockieren. Der Einfluss feiner Partikel auf die elektrische Leitfähigkeit wurde bereits von Yu et al. [Yu_07] beschrieben. Weitere Ergebnisse, welche die These der räumlichen Blockierung untermauern werden im Unterkapitel 4.2 vorgestellt.

Durch die Ni-Agglomeration kommt es zur Änderung des Radienverhältnisses zwischen Nickel und YSZ und die Anzahl der Ni-Partikel reduziert sich. Die Agglomeration des Nickels durch die Redox-Zyklierung konnte anhand der, an der *EMPA* durchgeführten, quantitativen Mikrostrukturuntersuchungen nachgewiesen werden (siehe Abb. 4-66, Abb. 4-67 und Abb. 4-68), wohingegen der 8YSZ-Partikeldurchmesser, d.h. die Anzahl der 8YSZ-Partikel, konstant bleibt. Zusätzlich ist anhand der quantitativen Mikrostrukturanalysen (Abb. 4-66, Abb. 4-67 und Abb. 4-68 und Tab. 4-9) davon auszugehen, dass sich auch für Elektrolyt getragene Zellen die Porosität in der Anode mit zunehmender Redox-Zyklenanzahl erhöht. Die Gründe für die Erhöhung der Porosität werden nochmals in Unterkapitel 4.2.1 aufgegriffen. Durch die Erhöhung der Porosität und durch den Effekt der räumlichen Blockierung mit „feinen" YSZ-Partikeln erhöht sich die Wahrscheinlichkeit, dass einzelne Ni-Partikel vom zusammenhängenden Ni-Netzwerk isoliert werden und somit die elektrische Leitfähigkeit abnimmt. Die Isolierung von Nickelpartikeln ist in der nachfolgenden Abb. 4-72 dargestellt. Nach der mehrmaligen Redox-Zyklierung kommt es, bedingt durch das Wachstum benachbarter Ni-Partikel, zur Unterbrechung einzelner Strompfade bzw. zur Isolierung von Ni-Partikeln (hellgrau schraffiert). Das YSZ-Gerüst wird zerstört, wobei sich die Partikeldurchmesser nicht durch den Betrieb ändern. Die Zerstörung des YSZ-Gerüstes wirkt sich vor allem auf die ionische Leitung innerhalb der Anode aus. Der Einfluss der ionischen

KAPITEL 4: Ergebnisse

Leitfähigkeit innerhalb der Anode auf den ohmschen und Polarisationswiderstand wurde bereits im vorangegangenen Unterkapitel 4.1.3 diskutiert.

Abb. 4-72: schematische Darstellung der Degradation einer Ni/8YSZ-Anode mit einer „feinen" Mikrostruktur vor und nach der Redox-Zyklierung, links: die ursprüngliche Mikrostruktur, rechts: die degradierte Mikrostruktur, Ni: hellgrau, YSZ: dunkelgrau

Im Vergleich zur „fein" strukturierten Ni/8YSZ-Anode vermindert sich für die „grobe" Anodenmikrostruktur bei gleichem Anodenvolumen auch die Anzahl an Nickel-Nickel- und 8YSZ-8YSZ-Kontakten. Die Ni-Partikel sind jedoch gut miteinander verbunden, was zu einer hohen elektrischen Leitfähigkeit führt. Es ändert sich deshalb nur der Polarisationswiderstand. Das unterschiedliche Degradationsverhalten der „groben" Anodenmikrostruktur im Leitfähigkeitsexperiment kann anhand der Abb. 4-73 wie folgt erklärt werden:

1) Das Radienverhältnis zwischen Nickel- und YSZ-Partikeln ändert sich für die „grobe" Anodenmikrostruktur weniger stark als bei den „feinen" Anoden. Dies ist zum einen ein geometrischer Effekt, zum anderen ist davon auszugehen, dass „grobe" Ni-Partikel weniger

KAPITEL 4: Ergebnisse

Oberflächenenergie besitzen und deshalb weniger sinteraktiv sind. Dadurch reduziert sich die Gefahr der Isolation einzelner Partikel.

2) Die Anzahl an Partikeln ändert sich demnach in „groben" Anoden weniger drastisch und langsamer als in „feinen" Anoden. Während der Redox-Zyklen kommt es zur Vergrösserung der Sinterhalsfläche benachbarter Ni-Partikel, was zu einem besseren Kontakt bzw. zu einer höheren Leitfähigkeit führt.

3) Eine offene Frage stellt sich bezüglich der Homogenität der Mikrostruktur. 3D-FIB Analysen an Ni/CGO-Anoden haben gezeigt, dass sowohl Nickel als auch CGO und Poren ein in sich zusammenhängendes Netzwerk bilden, an der nahezu alle vorhandenen Partikel und Poren der jeweiligen Phase beteiligt sind [Hol_09]. Es ist anzunehmen, dass dies ebenfalls für eine Ni/8YSZ-Anode mit ähnlicher Mikrostruktur und gleicher Phasenzusammensetzung der Fall ist (Abb. 4-65). In den REM-Bildern der Ni/CG40-Anode, welche im Unterkapitel 4.2.1 gezeigt werden, ist zu erkennen, dass sich das CGO um die Nickelpartikel herum anlagerte. Es ist deshalb unklar, ob die Phasen zufällig ineinander verteilt sind oder ob sich die Partikel der jeweiligen Phasen zueinander ausrichten. Für den letzteren Fall entstehen möglicherweise lokale Bereiche, bei denen eine Phase dominiert. Diese wurden insbesondere bei der degradierten Anodenmikrostruktur gesehen (Abb. 4-65).

Unter der Redox-Zyklierung kommt es zur angesprochenen Ni-Agglomeration, bzw. zum Sinterhalswachstum benachbarter Ni-Partikel. Anhand der Mikrostrukturen, welche über das EDX-Mapping erstellt wurden (siehe Abb. 4-65), wird davon ausgegangen, dass die Ni- und 8YSZ-Partikel nicht zwangsläufig willkürlich miteinander vermischt sind. Es wird davon ausgegangen, dass ein NiO-Partikel bevorzugt mit einem anderen NiO-Partikel versintert und so ein zusammenhängendes Netzwerk ausbildet. Gleiches gilt für die Keramik. Dies bedeutet auch, dass die lokale

KAPITEL 4: Ergebnisse

Konzentration einer Komponente variieren kann (Abb. 4-73). Dies zeigt sich beim Vergleich der Abb. 4-72 mit Abb. 4-73, unter der Voraussetzung, dass der Maßstab der gleiche ist. Somit sinkt die Wahrscheinlichkeit für „grobe" Anodenmikrostrukturen, dass ein 8YSZ-Partikel die Sinterung zweier benachbarter Ni-Partikel verhindert. Durch den besseren Verbund des Nickelnetzwerkes erhöht sich die elektrische Leitfähigkeit dieser Anode. Durch das Wachsen der Ni-Partikel und die anschließende Re-Oxidation wird das YSZ-Gerüst wie bei der „feinen" Anodenmikrostruktur vermutlich zerstört, und der Polarisationswiderstand steigt an.

Abb. 4-73: schematische Darstellung der Degradation einer Ni/8YSZ-Anode mit einer „groben" Mikrostruktur unter Redox-Beanspruchung, links: die ursprüngliche Mikrostruktur, rechts: die degradierte Mikrostruktur, Ni: hellgrau, YSZ: dunkelgrau

Ein weiterer bereits angesprochener Effekt, welcher die elektrische Leitfähigkeit der Ni/8YSZ-Anode beeinflusst, ist die Porosität. Diesbezüglich wurde von anderen Autoren gezeigt, dass das Volumen der Anode mit jedem Redox-Zyklus irreversibel vergrößert wird [Fou_03][Rob_04][Pih_09], was bedeutet, dass die Porosität steigt, wenn der Festkörperanteil konstant bleibt. Unklar ist jedoch, ob sich die Ausdehnung für die hier gezeigten Mikrostrukturen gleich verhält wie für die in der Literatur verwendeten Anoden. ROBERT et al. [Rob_04] weisen in ihren Dilatometerversuchen auf den großen Einfluss der

KAPITEL 4: Ergebnisse

Ausgangspartikelverteilung auf die irreversible Volumenausdehnung hin und OUWELTJES et al. [Ou_08] zeigen, dass die Oxidation an „groben" Ni-Partikeln deutlich langsamer als an feinen verläuft. Aus Tab. 4-8 ist zudem ersichtlich, dass die Schichtdicken für „gröbere" Anoden größer sind als für „feine", was möglicherweise mit dem Sinterverhalten der Partikel begründet ist. Möglicherweise kommt es bei der „groben" Anode unter Redox-Beanspruchung zu einem Schrumpfen der Schichtdicke, bedingt durch das Versintern der Ni-Partikel, was die Porosität herabsetzt und die elektrische Leitfähigkeit kontinuierlich erhöht.

Zusammengefasst bedeutet dies, dass die Zelle mit der „feinen" Anodenmikrostruktur die beste Leistung erzielte, während sie bezüglich der elektrischen Leitfähigkeit sehr stark unter Redox-Beanspruchung degradierte. Umgekehrtes gilt für die Zelle mit der „groben" Anodenmikrostruktur. Dieses Ergebnis suggeriert die Verwendung einer Doppelschichtanode wie sie z.B. von KOIDE et al. [Koi_00] vorgeschlagen wurde. In einer dem Elektrolyten zugewandten Anode mit „feiner" Mikrostruktur findet die Elektrochemie statt, während in einer darüber liegenden „grob" strukturierten Anode der dauerhafte Gas- und Elektronentransport sichergestellt wird.

Mikrostrukturelle Veränderungen: Die mikrostrukturellen Veränderungen der Anode nach der Redox-Zyklierung wurden bereits in der vorangegangenen Diskussion erwähnt. In der Abb. 4-65: Auf vier Kontraste reduzierte Bilder von Ni/8YSZ-Anoden mit unterschiedlichen Mikrostrukturen aus dem EDX-Mapping, links: vor den acht Redox-Zyklen und rechts: nach den acht Redox-Zyklierung bei 950°C, Nckel: hellgrau, 8YSZ: dunkelgrau, Poren: schwarz, Rest: weiß, oben: „fein", mitte: „mittel", unten: „grob".

Im Vergleich zu den anderen Anoden scheint dieses jedoch nach wie vor Teil eines zusammenhängenden Netzwerkes zu sein. Anhand der Bilder ist keine offensichtliche Veränderung der Schichtdicke erkennbar.

KAPITEL 4: Ergebnisse

Insbesondere die „mittleren" und „groben" Ni/8YSZ-Anoden zeigten außerdem Poreneinschlüsse im Nickel nach der Redox-Zyklierung bei 950°C. Für alle Anoden gewinnt man den Eindruck, als ob das Nickel nach der Redox-Zyklierung bevorzugt im Inneren der Anode agglomeriert, wohingegen an der unmittelbaren Grenzfläche Anode|Elektrolyt nur noch wenige Ni-Partikel zu sehen sind.

sind die Bilder aus dem EDX-Mapping zu sehen, die für die jeweilige Anode vor und nach dem Redox-Zyklus quantitativ an der *EMPA* ausgewertet wurden (siehe Abb. 4-66, Abb. 4-67 und Abb. 4-68). Allgemein war vor allem für die „feine" und „mittlere" Ni/8YSZ-Anode eine deutliche Vergröberung der Nickel- und Porenradien erkennbar. Nachdem zu Beginn des Versuches jedoch ähnliche Partikelgrößen für Nickel, 8YSZ und Poren innerhalb der jeweiligen Anode gemessen wurden, zeigte sich nach der Redox-Zyklierung der Trend, dass die Nickelradien > Porenradien > 8YSZ-Radien waren. Für die „grobe" Anode waren die Veränderungen ebenfalls nachweisbar, wobei die Mikrostruktur sehr heterogen war und deshalb die Messergebnisse stark schwankten. Der Einfluss der Ni-Agglomeration auf die elektrische Leitfähigkeit und die Kontakte zwischen Nickel- und YSZ-Partikel wurde bereits diskutiert. Die YSZ-Partikelradien änderten sich hingegen nicht während der Redox-Zyklierung. Nach der Redox-Zyklierung waren insbesondere für die „mittlere" und die „grobe" Mikrostruktur Poreneinschlüsse im Nickel erkennbar. Diese Beobachtungen wurden bereits in der Literatur für Ni/YSZ-Anoden berichtet [Sar_08][Faes_09/c]. FAES et al. [Faes_09/c] zeigten, dass die Bildung von interner Porosität im Nickel temperaturabhängig ist. SARANTARIDIS et al. [Sar_08] gehen davon aus, dass die interne Porosität im Nickel einen wesentlichen Beitrag zur irreversiblen Ausdehnung der Ni/8YSZ-Anode unter Redox-Zyklierung leistet. Dies ist insbesondere in Bezug auf die hier beobachtete starke Veränderung der

Porosität interessant. Es sei auch darauf hingewiesen, dass die Größe der hier beobachteten Poreneinschlüsse nahe der Nachweisgrenze des Rückstreuelektronendetektors und des EDX-Detektors lagen. Der tatsächliche Anteil an Poren in den Nickelpartikeln ist deshalb möglicherweise höher. Signifikante Veränderungen wurden in den Phasenanteilen aller Anoden vor und nach der Redox-Zyklierung gemessen (siehe Tab. 4-9). Nach der Redox-Zyklierung hatte die Porosität aller Anoden deutlich zugenommen. Dieser Effekt war umso deutlicher zu erkennen, je feiner die Anodenmikrostruktur war. Es wird angenommen, dass durch die Zunahme der Porosität sowohl der ohmsche als auch der Polarisationswiderstand der Zelle zunehmen. Durch die Erhöhung der Porosität vermindern sich die Kontakte zwischen Ni-Ni, YSZ-YSZ und Ni-YSZ.

Stabilität der Ni/8YSZ-Anode unter konstanten Betriebsbedingungen: Die Zunahme des *ASR* der Zellen mit den unterschiedlichen Anodenmikrostrukturen wurden für wenige 100 h unter konstanten Betriebsbedingungen gemessen. Allgemein war die Zunahme des *ASR* unter konstanten Betriebsbedingungen wie schon bei den vorangegangenen Versuchen deutlich niedriger als unter Redox-Beanspruchung. Der Verlauf der flächenbezogenen Zellwiderstände (*ASR*) über der Zeit ist in der Abb. 4-69 dargestellt und zeigt die wesentlichen Unterschiede in den ersten Betriebsstunden. Die „grobe" Anode zeigte in dieser Phase den stärksten Anstieg des Polarisationswiderstandes, die „feine" Anode den geringsten. Dies hat vermutlich damit zu tun, dass die Elektrochemie in der „groben" Anode vor allem durch die Kontakte zwischen Nickel und YSZ limitiert wird. Kleine Veränderungen im Ni-Partikeldurchmesser, bzw. an der Dreiphasengrenze machen sich stärker bemerkbar. Nach ca. 100 h nahm der *ASR* der Zellen mit etwa der gleichen Rate zu. Die Zunahme des ohmschen Widerstandes wird vor allem auf die Abnahme der ionischen Leitfähigkeit des 3YSZ-Elektrolyten (140 µm) zurückgeführt. Generell ist

KAPITEL 4: Ergebnisse

zu erwarten, dass es unmittelbar nach der Reduktion zu einer Reorganisation der Mikrostruktur kommt, insbesondere zu einer Reorganisation des Nickelnetzwerkes. Reorganisation kann z.b. bedeuten, dass sich die Länge der Dreiphasengrenze bzw. die angesprochene Kondensatorfläche (A) ändern, oder der Abstand (d) zwischen den benachbarten Ni- und 8YSZ-Partikeln. Infolgedessen würde der Polarisationswiderstand ansteigen (siehe Abb. 4-70).

Abnahme der elektrischen Leitfähigkeit unter konstanten Betriebsbedingungen: Die elektrische Leitfähigkeit der verschiedenen Anodenmikrostrukturen wurde unter verschiedenen Betriebsbedingungen über einen Zeitraum von 500 h gemessen (Abb. 4-71). Allgemein ist zu sagen, dass die elektrischen Leitfähigkeiten aller hier untersuchten Anoden trotz der signifikanten Abnahme durch die Redox-Zyklierung auf einem hohen Niveau liegen. Es wird deshalb nicht erwartet, dass die hier festgestellte Abnahme der elektrischen Leitfähigkeit der Anode den ohmschen Widerstand der Zelle erhöht [Iw_07]. Den größten Einfluss auf die Start-Leitfähigkeit und die Abnahme der elektrischen Leitfähigkeit unter Redox-Zyklierung hatte die Temperaturabsenkung von 950 auf 850°C. Es wird davon ausgegangen, dass bei Temperaturen > 850°C die Vergröberung des Nickels in der Anode beschleunigt abläuft. Auf diesen Aspekt wird im nachfolgenden Unterkapitel 4.2 noch genauer eingegangen. In befeuchtetem Brenngas nahm die anfängliche elektrische Anodenleitfähigkeit sehr schnell ab und stabilisierte sich nach ca. 50 h. Ohne Wasserdampf verlief diese Einlaufphase länger. Die elektrische Leitfähigkeit näherte sich jedoch dem gleichen Endwert. Es wird davon ausgegangen, dass sich die Mikrostruktur nach der Reduktion zunächst stabilisieren muss. Dies gilt insbesondere für das Nickel. Feine Ni-Partikel agglomerieren mit größeren Ni-Partikeln, bis sich ein Gleichgewichtszustand eingestellt hat. Es ist bekannt, dass sich Nickel in wasserdampfhaltiger Atmosphäre zu $Ni(OH)_2$ verbindet, welches sehr flüchtig ist. Dadurch laufen die Materialtransportvorgänge beschleunigt ab. Auf die möglichen Transportmechanismen von Nickel und den Einfluss von Wasserdampf wird im nachfolgenden Unterkapitel 4.2.1 ausführlich eingegangen.

KAPITEL 4: Ergebnisse

4.1.5. Einfluss der Phasenanteile von Nickel und 8YSZ auf die Degradation

Anhand von experimentellen Ergebnissen [Aru_98][CHL_97][Koi_00] und Simulationen [Cos_98] wird für die Ni/8YSZ-Anode ein breites Minimum des Anodenwiderstandes bei 35 – 50 Vol. % Nickel erwartet. Es wird außerdem erwartet, dass das Minimum von der Nickel- und YSZ-Partikelverteilung innerhalb der Mikrostruktur beeinflusst wird. Unklar ist, wie die elektrische Leitfähigkeit und die Zellleistung, im zeitlichen Verlauf und unter Redox-Zyklierung, von der Phasenverteilung beeinflusst werden und wie sich das Optimum (minimale Degradation) mit der Partikelverteilung ändert. Hierzu wurde der Phasenanteil an Nickel zwischen 30 – 50 Vol. % Nickel variiert. Zusätzlich wurde die Partikelverteilung variiert. Die Zellimpedanz und die elektrische Leitfähigkeit wurden unter Redox-Zyklierung und im konstanten Betrieb gemessen.

Herstellung: Ni/8YSZ-Anoden wurden mit verschiedenen Volumenanteilen an Ni und 8YSZ hergestellt. Die Mischungen wurden sowohl mit „feinem" als auch mit „grobem" 8YSZ (*Mel Chemicals*) durchgeführt. Insgesamt wurden sechs zusätzliche Anoden hergestellt. Die Partikelverteilungen der Ausgangspasten und die Parameter der gesinterten Schichten sind in der nachfolgenden Tab. 4-11 zusammengefasst. Die Herstellung der Pasten und Zellen erfolgte mit den gleichen Parametern wie die zuvor durchgeführte Variation der Partikelgrößen (Unterkapitel 4.1.4). Die Anoden wurden bei 1350°C für 4 h auf den 3YSZ-Elektrolyten (140 µm, *Nippon Shokubai*) gesintert. Für die elektrochemischen Experimente wurde eine LSM/YSZ|LSM-Kathode auf der Gegenseite des Elektrolyten aufgedruckt und bei 1100°C für 3 h gesintert. Somit konnten die Messergebnisse mit der „feinen" und „groben"

KAPITEL 4: Ergebnisse

Anode mit einem Volumenanteil Ni:8YSZ 40:60 Vol. % direkt übernommen werden, d.h. acht Zellen wurden miteinander verglichen:

Tab. 4-11: Parameter der Pasten und Zellen nach dem Sintern. Die Schichtdicken und Porositäten wurden mit ImageJ ermittelt, f: fein, c: grob

Pasten-ID	Bez.	Ni:YSZ Vol. %	d10 [µm]	d50 [µm]	d90 [µm]	d99 [µm]	Poros. Ox. Vol. %	Poros. Red. Vol. %	$d_{Schicht}$ [µm]
PSL090058	30/70f	30:70	0.20	0.42	1.45	2.87	14	37	20
PSL090059	35/65f	35:65	0.31	0.48	1.27	2.42	9	35	21
PSL080051	40/60f	40:60	0.35	0.59	1.56	2.50	17	35	20
PSL090060	50/50f	50:50	0.35	0.53	1.46	2.50	21	45	21
PSL090061	30/70c	30:70	0.41	1.91	4.54	6.64	39	52	28
PSL090062	35/65c	35:65	0.38	1.42	3.33	5.03	38	53	27
PSL080053	40/60c	40:60	0.33	0.91	4.37	7.07	28	40	26
PSL090063	50/50c	50:50	0.39	1.77	5.64	9.94	41	48	33

Die Porositäten der gesinterten Anoden wurde mit ImageJ anhand der REM-Bilder ermittelt. Tendenziell weisen die „grob" strukturierten Anoden eine höhere Porosität und eine um etwa 10 µm dickere Schicht als die „fein" strukturierten Anoden auf.

KAPITEL 4: Ergebnisse

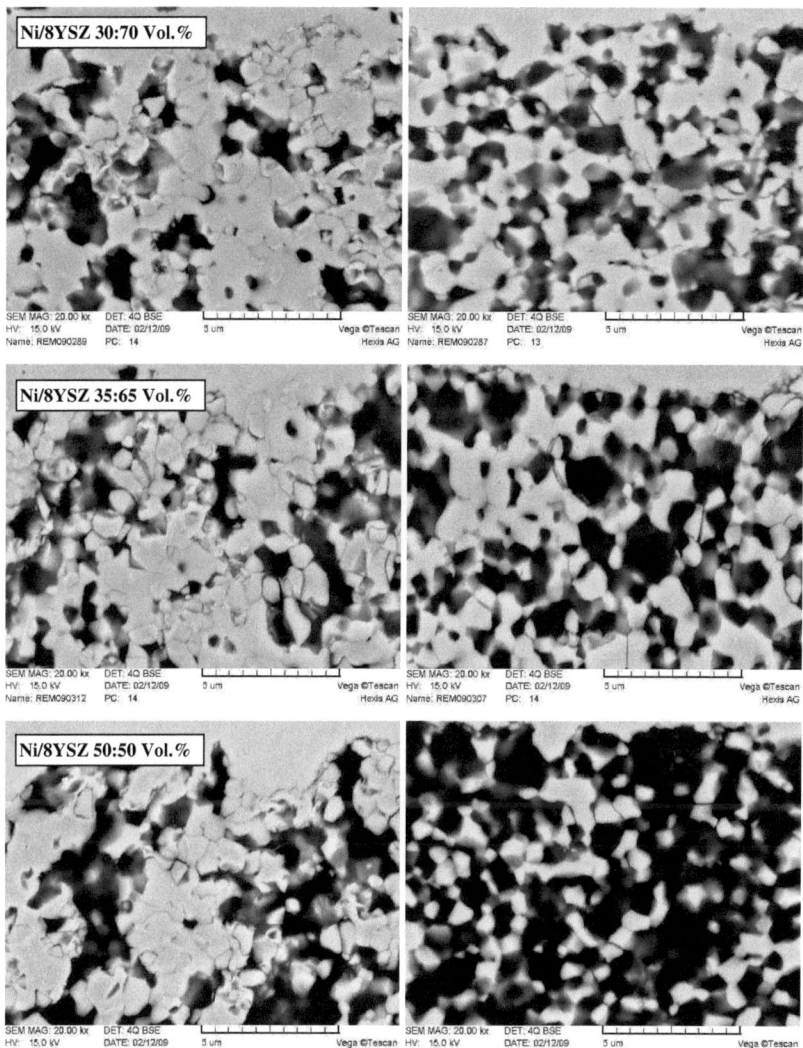

Abb. 4-74: REM-Bilder von Anoden mit verschiedenen Volumenanteilen an Nickel, links: Ni/8YSZ-Anode (reduziert), rechts: Anoden 8YSZ-Gerüst ohne Nickel, Rückstreuelektronendetektor (BSE), Beschleunigungsspannung: 15 kV

KAPITEL 4: Ergebnisse

Mikrostrukturen: Die Anodenmikrostrukturen mit unterschiedlichen Phasenanteilen an Ni und 8YSZ (30:70, 35:65 und 50:50 Vol. %) sind in Abb. 4-74 gezeigt. In den REM-Bildern auf der rechten Seite wurde das Nickel mit verdünnter Salzsäure herausgelöst. Beim Vergleich der geätzten Anodenmikrostrukturen (rechts) ist qualitativ zu erkennen, dass der Phasenanteil an 8YSZ in den Bildern von 30 nach 50 Vol. % Nickel deutlich abnimmt. Dies entspricht den Erwartungen. Inwiefern die Perkolation des Ionenleiters dadurch beeinflusst wird, kann anhand der 2D Bilder nicht abgeschätzt werden.

4.1.5.1. Degradation der Zellen unter Redox-Zyklierung

Impedanzmessungen an Vollzellen: Die nachfolgende Abb. 4-75 zeigt die ohmschen und Polarisationswiderstände der Zellen mit den acht unterschiedlichen Anoden zu Beginn des elektrochemischen Versuchs. Alle Experimente wurden im geschlossenen Button-Cell-System bei 950°C durchgeführt mit einem H_2-Volumenstrom von 100 Nml/min bzw. 300 Nml/min Luft. Die Befeuchtung erfolgte über die Verbrennung von 2.5 Nml/min O_2. In Übereinstimmung mit dem vorherigen Unterkapitel 4.1.4 ist zu erkennen, dass die Zellen mit den fein strukturierten Ni/8YSZ-Anoden einen geringeren *ASR* aufwiesen als die Zellen mit den grob strukturierten Anoden. Eine Ausnahme war die Zelle mit der „feinen" Anode und einem Ni:8YSZ-Verhältnis von 30:70 Vol. %, welche sowohl einen höheren ohmschen als auch Polarisationswiderstand aufwies. Über einem Ni:8YSZ-Phasenanteil von 30:70 Vol. % zeigten die „feinen" Anoden nur geringe Unterschiede im Polarisationswiderstand. Die Zellen mit den „feinen" Anoden zeigten ein Minimum des Polarisationswiderstandes bei einem Phasenverhältnis Ni:YSZ von 40:60 Vol. %, die Zellen mit den „groben" Anoden bei einem Nickelgehalt von 35 Vol. %.

KAPITEL 4: Ergebnisse

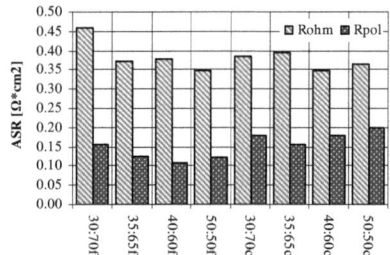

Abb. 4-75: Start-*ASR* von R_{pol} und R_Ω der Zellen mit Ni/8YSZ-Anoden bei 950°C mit unterschiedlichen Volumenanteilen von Ni:8YSZ, f: fein, c: grob, geschlossenes Button-Cell-System

Die Impedanzspektren der Zellen zu Beginn des Versuchs sind in Abb. 4-76 und Abb. 4-77 im Nyquist- und R_{Im}-Frequenz-Diagramm dargestellt. Der ohmsche Widerstand wurde im Nyquist-Diagramm normiert.

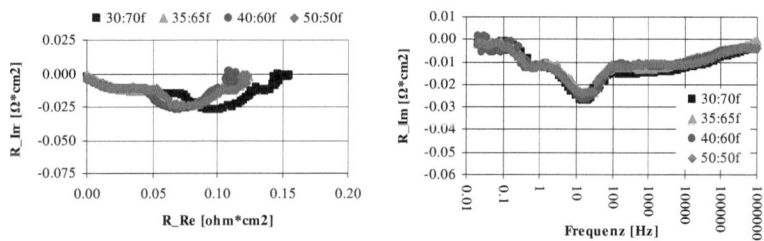

Abb. 4-76: Impedanzspektren an Zellen mit „feinen" Ni/8YSZ-Anoden mit unterschiedlichen Volumenanteilen an Ni/8YSZ bei 950°C, f: fein, c: grob, links: Nyquist-Diagramm, rechts: R_{Im}-Frequenz-Diagramm, geschlossenes Button-Cell-System

Diese Impedanzen unterscheiden sich hauptsächlich im hochfrequenten Bereich (5 – 10 kHz). Der Widerstand der Gasimpedanz war für alle Versuche gleich groß. Der Peak der Gasimpedanz wurde bei einer

KAPITEL 4: Ergebnisse

Frequenz von etwa 200 mHz detektiert. Der Anodenprozess bei etwa 10 Hz zeigte keine signifikante Mikrostrukturabhängigkeit, wohingegen der Anodenprozess bei hohen Frequenzen wie im vorherigen Unterkapitel 4.1.4 eine deutliche Abhängigkeit von der Anodenmikrostruktur zeigte.

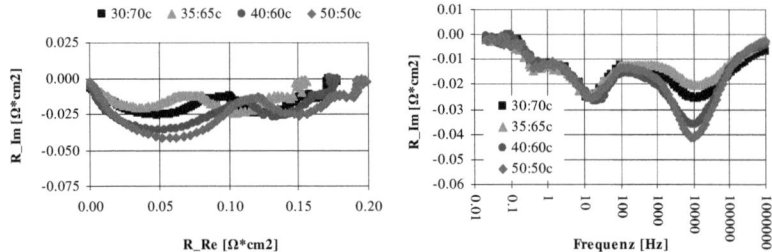

Abb. 4-77: Impedanzspektren an Zellen mit „groben" Ni/8YSZ-Anoden mit unterschiedlichen Volumenanteilen an Ni/8YSZ bei 950°C, f: fein, c: grob, links: Nyquist-Diagramm, rechts: R_{Im}-Frequenz-Diagramm, geschlossenes Button-Cell-System

Redox-Versuche: In Abb. 4-78 ist der Verlauf des *ASR* unter Redox-Zyklierung an den Zellen mit den acht unterschiedlichen Anoden dargestellt. Die Versuche wurden bei 950°C im geschlossenen Button-Cell-Prüfstand durchgeführt. Die Abbildung auf der linken Seite zeigt die Ergebnisse der „fein" strukturierten Anode, die Abbildung auf der rechten Seite die der „grob" strukturierten Anode. Für die „fein" strukturierten Ni/8YSZ-Anoden (links) war ein Ni-Volumenanteil von mindestens 40 % notwendig um eine ausreichende Redox-Stabilität zu gewährleisten. Alle Zellen zeigen eine Zunahme von R_{pol} im Bereich hoher Frequenzen. Bei den Zellen mit den „fein" strukturierten Anoden mit einem Nickel-Volumenanteil von unter 40 % degradierte auch der ohmsche Widerstand, was bei einem Volumenanteil über 40 % nicht der Fall war. Dies galt insbesondere für die Phasenzusammensetzung 30:70 Vol. %. Für diese

KAPITEL 4: Ergebnisse

Zelle war auch der ohmsche Widerstand bereits zu Versuchsbeginn höher. Die Zunahme des *ASR* war höher für die „fein" strukturierten Anoden mit einem Volumenanteil von < 40 %. Für die Zellen mit den „grob" strukturierten Anoden (rechts) war der Anstieg des *ASR* unter Redox-Zyklierung ähnlich für alle Phasenzusammensetzungen. Dennoch nahm der *ASR* auch hier stärker für die Zelle mit der Anode mit einem Volumenanteil von 30:70 zu. Das Optimum für die Phasenzusammensetzung der „grob" strukturierten Anode lag bei etwa 40:60 Vol. %. Bedingt durch die Partikelverteilung lagen die Polarisationswiderstände der Zellen mit den „grob" strukturierten Anoden höher als die der „fein" strukturierten Anoden, und die Zunahme des *ASR* erfolgte stärker. Der Hauptanteil der *ASR*-Zunahme resultierte aus einem Anstieg des Polarisationswiderstandes.

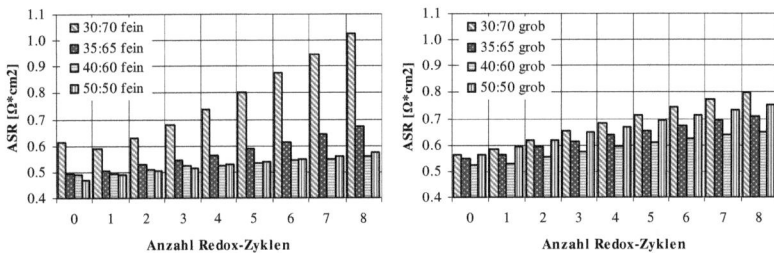

Abb. 4-78: *ASR*-Zunahme während acht Redox-Zyklen bei 950°C an Zellen mit Ni/8YSZ-Anoden mit unterschiedlichen Volumenanteilen an Ni:8YSZ, links: feine Anode, rechts: grobe Anode, geschlossenes Button-Cell-System

Die Veränderung des *ASR* von baugleichen Zellen über acht Redox-Zyklen bei 850°C ist in Abb. 4-79 dargestellt. Die Zellen mit den „fein" strukturierten Anoden unterschieden sich in ihren Anfangswiderständen, welche vor allem aufgrund eines unterschiedlichen ohmschen Widerstandes zustande kamen. Die „grob" strukturierten Anoden zeigten bei 850°C im Vergleich zu den „fein" strukturierten Anoden eine andere Abhängigkeit des *ASR* unter Redox-Beanspruchung. Nach dem ersten Redox-Zyklus sank

KAPITEL 4: Ergebnisse

der *ASR*-Wert zunächst deutlich ab. Danach nahm der *ASR* der Zellen kontinuierlich mit jedem weiteren Zyklus ab. Im Allgemeinen waren die Polarisationswiderstände der Zellen mit den „grob" strukturierten Anoden höher als die mit den „fein" strukturierten Anoden.

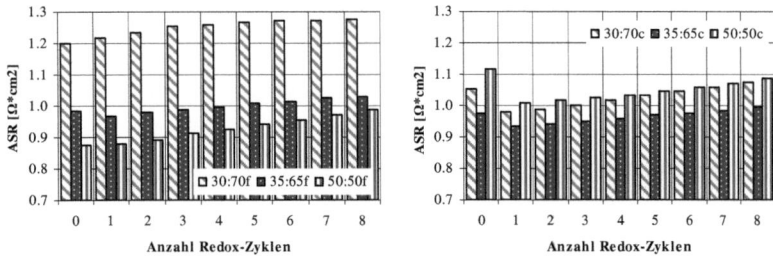

Abb. 4-79: *ASR*-Zunahme über acht Redox-Zyklen bei 850°C an Zellen mit Ni/8YSZ-Anoden mit unterschiedlichen Volumenanteilen an Ni:8YSZ, links: feine Anode, rechts: grobe Anode, geschlossenes Button-Cell-System

Bei 850°C war die Zunahme des *ASR*, sowohl für die Zellen mit den „fein" strukturierten Anoden als auch für die mit den „grob" strukturierten Anoden, vor allem im Anstieg von R_{pol} begründet. Der ohmsche Widerstand blieb in allen Versuchen nahezu unverändert. Für die grob strukturierten Anoden verminderte sich der Widerstand des hochfrequenten Prozesses (~10 kHz) nach dem ersten Redox-Zyklus und stiegt dann wieder mit jedem weiteren Redox-Zyklus an (siehe Abb. 4-80). Im Gegensatz zur Redox-Zyklierung bei 950°C waren bei den Versuchen bei 850°C auch Veränderungen in anderen Frequenzbereichen zu erkennen. Dies ist exemplarisch in Abb. 4-80 für die Zelle mit der „groben" Ni/8YSZ-Anode (35:65 Vol. %) dargestellt.

KAPITEL 4: Ergebnisse

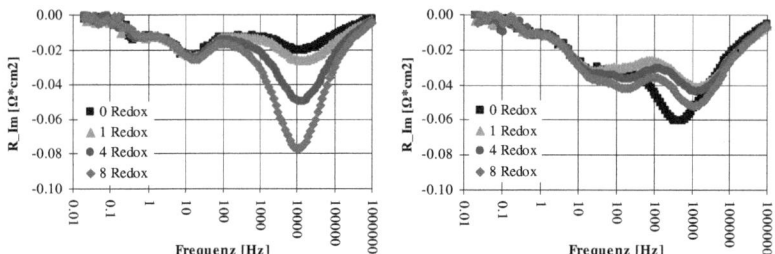

Abb. 4-80: R_{Im}-Frequenz-Diagramm einer Zelle mit einer „groben" Ni/8YSZ-Anode mit einem Phasenanteil von 35:65 Vol. %, acht Redox-Zyklen, links: 950°C, rechts: 850°C

Einfluss der Redox-Temperatur auf die Degradation: Der Einfluss der Temperaturen bei denen die Redox-Zyklen durchgeführt wurden, auf die Veränderung des *ASR* ist in der nachfolgenden Abb. 4-81 exemplarisch für die Zelle mit der „grob" und „fein" strukturierten Anode mit einem Volumenanteil von Ni/8YSZ 50:50 dargestellt. Vor und nach dem Experiment wurden an allen Zellen Impedanzmessungen bei 950, 900 und 850°C durchgeführt und so die Zellwiderstände bestimmt. Die hier dargestellte Zunahme des *ASR* wurde durch die Subtraktion des *ASR*-Endwertes mit dem Startwert berechnet. Der hellblaue schraffierte Balken repräsentiert die Zunahme des *ASR* unter Redox-Beanspruchung bei 850°C, der weinrote gepunktete die Zunahme des *ASR* unter Redox-Beanspruchung bei 950°C des gleichen Zelltyps. In x-Richtung ist der *ASR* in Abhängigkeit der drei Messtemperaturen aufgetragen. Es zeigte sich zum einen, dass die Zunahme des flächenspezifischen Zellwiderstandes durch ein Absenken der Betriebstemperatur von 950 auf 850°C deutlich reduziert werden konnte. Dies galt vor allem für die Zelle mit der „grob" strukturierten Anode. Zum anderen ist zu erkennen, dass sich die Degradation bei 850°C und 950°C offensichtlich unterschiedlich stark auf die Aktivierung der Zelle auswirkte. Nach der Redox-Zyklierung bei 850°C

KAPITEL 4: Ergebnisse

war die Zelle weniger stark thermisch aktiviert als nach der Redox-Zyklierung bei 950°C. Die Ergebnisse zeigen auch, dass die gemessene Zunahme des *ASR* in $\Omega \cdot cm^2$ der Ni/8YSZ-Anode vor allem wegen der thermischen Aktivierung des Polarisationswiderstandes von der Temperatur abhängt, bei der der *ASR* bestimmt wurde. Bei einer Redox-Temperatur von 950°C zeigte die Zelle mit der „groben" Anode eine stärkere Zunahme des *ASR* als die Zelle mit der „feinen" Anode. Bei einer Redox-Temperatur von 850°C war das Verhalten umgekehrt.

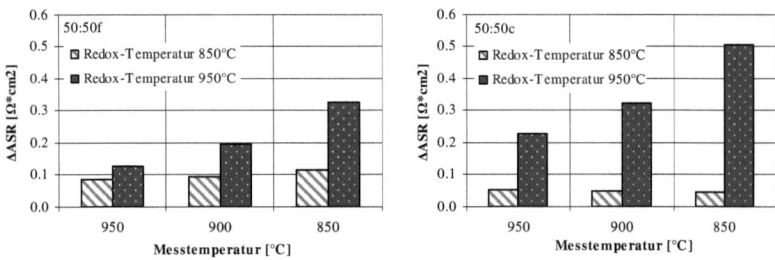

Abb. 4-81: Veränderung des *ASR* nach acht Redox-Zyklen im vergleich zum Start-*ASR* bei 850°C und 950°C gemessen bei verschiedenen Temperaturen an Zellen mit Ni/8YSZ-Anoden mit Volumenanteilen an Ni:8YSZ von 50:50f (links) und 50:50c (rechts), f: fein, c: grob, geschlossenes Button-Cell-System

Elektrische Leitfähigkeit: Die Abb. 4-82 zeigt die elektrischen Leitfähigkeiten der Anoden mit variierendem Volumenanteil an Nickel und feiner Ni/8YSZ-Mikrostruktur. Ähnlich wie im elektrochemischen Experiment nahm die elektrische Leitfähigkeit für die Anoden mit einem Volumenanteil < 40 % offensichtlich stärker ab. Die prozentualen Veränderungen der einzelnen Anodenleitfähigkeiten sind in Tab. 4-12 zusammengefasst. Nach dem ersten Redox-Zyklus war der bereits diskutierte Anstieg der elektrischen Leitfähigkeit zu erkennen. Ab einem Phasenanteil von 40 Vol. % Nickel war die Anode für den praktischen

KAPITEL 4: Ergebnisse

Gebrauch auf Elektrolyt gestützten Zellen tauglich, da hier die obere Perkolationsschwelle bzw. der Wert von 100 S/cm überschritten wurde. Die Darstellung der elektrischen Leitfähigkeit über dem Volumenanteil an Nickel zeigt den Ansatz der typischen S-Kurve, welche aus der Literatur bekannt ist [Dees_87][Pra_99].

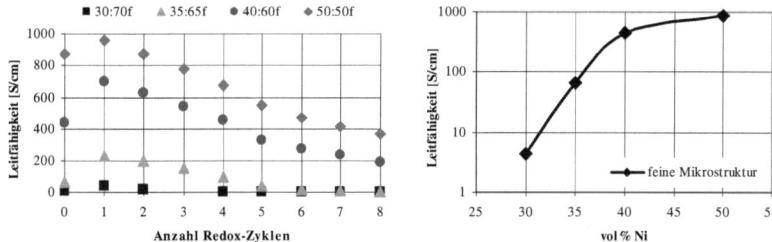

Abb. 4-82: Veränderung der elektrischen Anodenleitfähigkeit bei 950°C mit acht Redox-Zyklen (links) an „fein" strukturierten Ni/8YSZ-Anoden mit unterschiedlichen Volumenanteilen an Ni:8YSZ, rechts: Startwert der elektrischen Leitfähigkeit in Abhängigkeit des Phasenanteils an Nickel.

Die prozentuale Veränderung der elektrischen Leitfähigkeit in Tab. 4-12 bezieht sich auf den Wert vor dem ersten Redox-Zyklus, welcher nach etwa 50 h unter konstanten Betriebsbedingungen gemessen wurde.

Tab. 4-12: Veränderung der elektrischen Anodenleitfähigkeit nach acht Redox-Zyklen bei 950°C in %, bezogen auf den Startwert, „fein" strukturierte Ni/8YSZ-Anoden.

Nickelgehalt	30 Vol. %	35 Vol. %	40 Vol. %	50 Vol. %
Veränderung [%]	85.8	96.7	56.7	57.7

Der Verlauf der elektrischen Anodenleitfähigkeit unter Redox-Beanspruchung bei 950°C mit „grob" strukturierten Anoden ist in

KAPITEL 4: Ergebnisse

Abb. 4-83 zu sehen. Wie bereits im vorangegangenen Unterkapitel beschrieben wurde, veränderte sich die elektrische Leitfähigkeit der Anoden mit grober Mikrostruktur anders als die der „fein" strukturierten Anoden. Dies ist auch anhand der prozentualen Veränderungen der elektrischen Leitfähigkeiten in Tab. 4-13 zu sehen, die bezogen auf den Anfangswert berechnet wurden.

Tab. 4-13: Veränderung der elektrischen Anodenleitfähigkeit nach acht Redox-Zyklen bei 950°C in %, bezogen auf den Startwert, „grob" strukturierte Ni/8YSZ-Anoden.

Nickelgehalt	30 Vol. %	35 Vol. %	40 Vol. %	50 Vol. %
Veränderung [%]	98.2	50.4	-16.7	-25.2

Die beiden Anoden mit einem Volumenanteil an Nickel von ≥ 40 % zeigten eine Zunahme der elektrischen Leitfähigkeit durch die acht Redox-Zyklen.

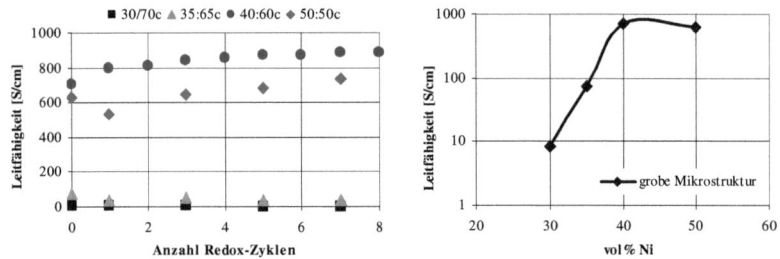

Abb. 4-83: Veränderung der elektrischen Anodeleitfähigkeit bei 950°C mit acht Redox-Zyklen (links), an „grob" strukturierten Ni/8YSZ-Anoden mit unterschiedlichen Volumenanteilen an Ni:8YSZ, rechts: Startwert der elektrischen Leitfähigkeit in Abhängigkeit des Phasenanteils an Nickel.

KAPITEL 4: Ergebnisse

Die elektrische Leitfähigkeit der Anode mit einem Volumenanteil an Nickel von 35 % degradierte nur langsam mit wenigen S/cm pro Zyklus. Lediglich die Anode mit einem Volumenanteil an Nickel von 30 % zeigte eine schnelle Abnahme der elektrischen Leitfähigkeit mit zunehmender Anzahl an Redox-Zyklen und erreichte einen Widerstand nahe dem des Elektrolyten. Wie in der Abbildung auf der rechten Seite zu sehen ist liegt dies daran, dass das obere Perkolationslimit bereits deutlich unterschritten war. In diesem Bereich ändert sich die elektrische Leitfähigkeit drastisch mit dem Volumenanteil an Nickel und den mikrostrukturellen Parametern.

4.1.5.2. Degradation der Zellen unter konstanten Betriebsbedingungen

Die Abb. 4-84 zeigt die anfängliche Zunahme des *ASR* im konstanten elektrochemischen Betrieb der Zellen mit Ni/8YSZ-Anoden mit unterschiedlichen Ni:8YSZ-Volumenanteilen. Die Zunahme des *ASR* der Zellen mit den „fein" strukturierten Ni/8YSZ-Anoden ist in der linken Abbildung zusammengefasst. Mit zunehmendem Ni-Gehalt verminderte sich allgemein die *ASR*-Zunahme.

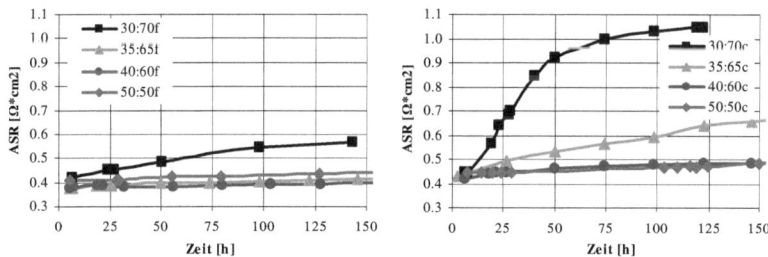

Abb. 4-84: *ASR*-Veränderung unter konstanten Betriebsbedingungen bei 950°C und 300 mA/cm^2 Belastung an Zellen mit Ni/8YSZ-Anoden mit unterschiedlichen Volumenanteilen an Ni:8YSZ, offenes Button-Cell-System

KAPITEL 4: Ergebnisse

Die Zelle mit der Anode 30:70f zeigte eine stärkere Zunahme des *ASR* mit der Zeit. Alle übrigen Zellen mit den „feinen" Anoden zeigten einen ähnlichen Anstieg des *ASR* mit der Zeit. Die Zelle mit der Anode 35:65f hatte einen leicht geringeren *ASR* als die Zelle mit der 50:50f Anode. Dennoch lagen die Unterschiede zwischen den Zellen innerhalb bzw. nahe der ermittelten Messgenauigkeit. Die Zunahme des *ASR* der Zellen mit den „grob" strukturierten Ni/8YSZ-Anoden sind in der rechten Abbildung zusammengefasst. Mit zunehmendem Ni-Gehalt verringerte sich die Zunahme des *ASR* mit der Zeit. Die Zelle mit der Anode mit einem Volumenanteil von 30:70 % degradierte stark und stetig innerhalb der ersten 50 h. Danach flacht die Zunahme des *ASR* ab.

4.1.5.3. Diskussion der Ergebnisse

Zellleistung: Die Zellwiderstände in Abb. 4-75 korrelierten weniger mit den Phasenanteilen in der Anode als mit der Anodenmikrostruktur. Eine Ausnahme war die Zelle mit der feinen Anodenmikrostruktur, welche einen Ni/8YSZ-Phasenanteil von 30:70 Vol. % aufwies. Für diese Zelle war sowohl der ohmsche Widerstand als auch der Polarisationswiderstand erhöht. Dies lag wahrscheinlich an der geringen elektrischen Leitfähigkeit dieser Anode (Abb. 4-82), die unterhalb des Perkolationslimits lag. Zu einem ähnlichen Ergebnis kommen LEE et al. [CHL_97], die Ni/8YSZ-Anoden im Bereich 25 - 65 Vol. % untersuchten. Oberhalb des Perkolationslimits wird ein breites Minimum des Anodenwiderstandes erwartet. Dies liegt daran, dass der Ni-Cermet hier die optimalen Eigenschaften bezüglich der elektrischen und ionischen Leitfähigkeit besitzt. Die einzelnen Netzwerke für die ionisch und elektronisch leitenden Phasen sowie für die Poren perkolieren bei diesen Phasenverhältnissen, d.h. die elektrische Leitfähigkeit ist genügend hoch bei gleichzeitig hoher Kontaktfläche. Diese Interpretation deckt sich mit den Ergebnissen, welche aus der Literatur bekannt sind [Aru_98][CHL_97][Koi_00]. KOIDE et al.

KAPITEL 4: Ergebnisse

[Koi_00] berichten für eine Zelle mit Ni/8YSZ-Anode von einem Minimum des Polarisationswiderstandes bei 40 Vol. % Nickel und LEE et al. [CHL_97] bei einem Volumenanteil an Nickel von 40 - 50 %. LEE et al. [CHL_97] zeigten, dass der erhöhte Zellwiderstand bei niedrigen Ni-Volumenanteilen analog zu den hier gezeigten Ergebnissen sowohl mit dem ohmschen als auch mit dem Polarisationswiderstand zusammenhängen. Oberhalb eines Volumenanteils an Nickel von 35 % zeigten die Versuchsergebnisse, dass sich der Anodenwiderstand stärker mit der Mikrostruktur als mit der Phasenzusammensetzung änderte. Auch hier kommen LEE et al. [CHL_97] zu einem qualitativ ähnlichen Ergebnis. Die Autoren berichten jedoch, dass sich bei ihren Zellen auch der ohmsche Widerstand durch eine Mikrostrukturvariation der Anode ändert. Dieser Unterschied lässt sich ggf. so erklären, dass in den hier vorgestellten Ergebnissen grobes YSZ und feines Nickeloxid als Ausgangspulver verwendet wurden, während LEE et al. [CHL_97] grobes Nickeloxid und feines 8YSZ als Ausgangspulver verwendeten. Da das Sinterverhalten des Nickels durch die Partikelgröße des YSZ beeinflusst wird, ist davon auszugehen, dass die Mikrostrukturen der hier verwendeten Anoden und der Verbund Anode|Elektrolyt unterschiedlich waren, im Vergleich zu LEE et al. [CHL_97].

Degradation der Zellen unter Redox-Zyklierung: Unterschiede in der *ASR*-Zunahme unter Redox-Beanspruchung bei 950°C (Abb. 4-78) zeigten sich vor allem für die Zellen mit den „fein" strukturierten Anoden. Für die Anoden mit einem Phasenanteil Ni/8YSZ von 40:60 und 50:50 Vol. % war der Anstieg des *ASR* vor allem durch die Zunahme von R_{pol} begründet. Im Gegensatz dazu nahm der *ASR* für die Anoden mit einem Phasenanteil Ni/8YSZ von 30:70 und 35:65 Vol. % deutlich stärker zu. Die Auswertung der Impedanzspektren zeigte neben dem Anstieg des Polarisationswiderstandes auch einen Anstieg des ohmschen Widerstandes. Der Anstieg des ohmschen Widerstandes wird auf den Verlust an

KAPITEL 4: Ergebnisse

elektrischer Leitfähigkeit in der Ni/8YSZ-Anode zurückgeführt, wie die Abb. 4-82 und Abb. 4-83 zeigen. Auf der Grundlage der hier durchgeführten Versuche liegt der optimale Phasenanteil an Nickel für die Zellleistung und die elektrochemische Stabilität bei etwa 40 - 50 Vol. %. Dies bestätigt sich insofern, dass in zahlreichen Publikationen mit diesen Ni/8YSZ-Phasenzusammensetzungen experimentiert wurde [Ito_97] [Prim_99/D][Aru_98] [CHL_97][Koi_00].

Einfluss der Temperatur auf die Degradation unter Redox-Zyklierung: Der Vergleich der Abb. 4-78 und Abb. 4-79 bzw. Abb. 4-81 zeigt, dass die Zunahme des *ASR* der Zellen mit Ni/8YSZ-Anoden bei tieferer Temperatur geringer war. Für „gröbere" Anodenmikrostrukturen war dieser Effekt noch stärker ausgeprägt. In Abb. 4-81 wurde gezeigt, dass eine Absenkung von 950 auf 850°C die Zunahme des *ASR* unter Redox-Beanspruchung deutlich reduziert. Es ist davon auszugehen, dass die Redox-Zyklen lediglich die Anodenimpedanz beeinflussen. Dies bedeutet wiederum, dass die für die Zunahme des *ASR* verantwortlichen Mechanismen ebenfalls temperaturabhängig sind, was beispielsweise für Materialtransportprozesse wie die Verdampfung oder die Diffusion zutrifft [Haa_74] [Oli_96][Bar_78][Seh_06/b]. Es ist bekannt, dass sich das Nickel während dem Brennstoffzellenbetrieb vergröbert. Die Ni-Agglomeration führt zu einem Verlust an elektrischer Leitfähigkeit und zu einem Kontaktverlust zwischen Nickel und 8YSZ. Letzter führt zu einer Minimierung der Ausdehnung der Dreiphasengrenze.

Neben der Nickelvergröberung müssen bezüglich der Degradation auch Diffusionsprozesse in der keramischen Matrix in Betracht gezogen werden. Es ist beispielsweise bekannt, dass sich das Y_2O_3 aus dem ZrO_2-Gitter entmischt und an die Korngrenzen diffundiert. Dies wird als einer der wesentlichen Gründe angesehen, warum sich die ionische Leitfähigkeit der Keramik vermindert [Hae_01/D][Mü_04/D]. Die beschriebenen Effekte werden nochmals ausführlich im Unterkapitel 4.2.3 diskutiert.

KAPITEL 4: Ergebnisse

Abb. 4-81 zeigt ebenfalls, dass die Zunahme des *ASR* sehr stark von der Temperatur abhängig sein kann, bei der der *ASR* bestimmt wird. Dies macht die Notwendigkeit eines Referenzpunktes deutlich, ohne den ein Vergleich zwischen verschiedenen Versuchen nicht möglich ist. Die Temperaturabsenkung einer Zelle, welche bei 950°C Redox-zykliert wurde, wirkte sich sehr stark auf den gemessenen *ASR* aus. Im Gegensatz dazu zeigte die Zunahme des *ASR* einer Zelle, welche bei 850°C Redox-zykliert wurde, eine geringere Abhängigkeit von der Messtemperatur. Dies resultierte vor allem aus der thermischen Aktivierung des hochfrequenten Anodenprozesses der Ni/8YSZ-Anode. Diese starke Abhängigkeit der gemessenen Zunahme des *ASR* von der Temperatur, zumindest für die Zelle mit Ni/8YSZ-Anode, macht deutlich, dass der Vergleich mit Literaturdaten schwierig ist. Abb. 4-81 zeigt außerdem, dass der *ASR* der Zelle mit der „groben" Anode unter Redox-Zyklierung stärker bei 950°C zunimmt als bei der Zelle mit der „feinen" Anode, wobei sich unter Redox-Zyklierung bei 850°C ein umgekehrtes Bild zeigt. Der Grund für dieses Verhalten ist derzeit unklar.

Veränderung der elektrischen Leitfähigkeit der Anode unter Redox-Zyklierung: Die Veränderung der elektrischen Anodenleitfähigkeit, dargestellt in den Abb. 4-82 und Abb. 4-83, folgte allgemein dem gleichen Trend, wie bereits im vorangegangenen Unterkapitel 4.1.4 beschrieben. „Fein" strukturierte Anoden zeigten nach dem ersten Redox-Zyklus zunächst ein Ansteigen der elektrischen Leitfähigkeit. Mit jedem weiteren Redox-Zyklus nahm die elektrische Leitfähigkeit kontinuierlich ab. Für die „fein" strukturierten Anoden reduzierte sich die prozentuale Veränderung der elektrischen Leitfähigkeit oberhalb einem Volumenanteil von 40 % Nickel. Mit einem höheren Volumenanteil an Nickel erhöhte sich die elektrische Leitfähigkeit der Anode bzw. das Niveau, auf dem die elektrische Leitfähigkeit unter der Redox-Zyklierung abnahm. Die Abhängigkeit der elektrischen Leitfähigkeit vom Nickelvolumenanteil in

KAPITEL 4: Ergebnisse

Ni/8YSZ-Anoden ist aus der Literatur bekannt [Dees_87][Pra_99] [Koi_00][Ma_98]. Demnach stimmen der Kurvenverlauf und die Größenordnung der elektrischen Leitfähigkeitswerte mit den Literaturdaten überein. Das untere Perkolationslimit liegt etwa bei 25 – 30 Vol. % Nickel, das obere Perkolationslimit bei 35 - 40 Vol. % Nickel. Die Abweichungen zwischen den einzelnen Literaturdaten werden mit den unterschiedlichen Herstellungsmethoden für die Probekörper sowie den unterschiedlichen Partikelverteilungen und Sintertemperaturen begründet. Warum die anfängliche elektrische Leitfähigkeit bei einem Volumenanteil an Nickel vom 40 % Nickel höher lag als die bei 50 %, ist unklar. Sowohl für die „fein" als auch die „grob" strukturierte Anode sollte der Volumenanteil an Nickel demnach oberhalb von 40 % liegen, da erstens das obere Perkolationslimit erreicht ist und die Anode demnach eine gute elektrische Leitfähigkeit besitzt und zweitens auch die prozentuale Veränderung der elektrischen Leitfähigkeit geringer bzw. positiv ist. Für das *Hexis* Stackdesign wird, wie bereits erwähnt, eine elektrische Anodenleitfähigkeit von > 100 S/cm als notwendig erachtet, um die ohmschen Verluste dauerhaft gering zu halten.

Elektrochemische Charakterisierung der Zellen im kontinuierlichen Betrieb: Da lediglich die Anodenmikrostruktur bzw. die Phasenanteile von Ni und 8YSZ variiert wurden, kann auch hier davon ausgegangen werden, dass die Veränderungen in der Zellleistung auf die Eigenschaften der Anode zurückzuführen sind. Die anfängliche Zunahme des *ASR* der Zellen mit Ni/8YSZ-Anode wurde im kontinuierlichen Betrieb sowohl vom Volumenanteil an Nickel als auch von der Mikrostruktur bestimmt. Letztes wurde bereits im vorangegangenen Unterkapitel 4.1.4 diskutiert. Eine „feine" Anodenmikrostruktur und ein Volumenanteil an Nickel von > 40 % reduzierten die anfängliche Zunahme des *ASR*. Anhand der eingangs erwähnten Literaturdaten und Simulationen ist zu erwarten, dass es ein Optimum für den Volumenanteil an Nickel und 8YSZ gibt. In diesem

KAPITEL 4: Ergebnisse

Bereich perkolieren die ionisch und elektrisch leitenden Phasen. Wird dieser Bereich unterschritten, so kommt es zu einen zum Verlust an ionischer oder elektrischer Leitfähigkeit in der Anode und zur Verminderung der Ausdehnung der Dreiphasengrenze.
LEE et al. [CHL_97], die eine Zunahme des Widerstandes von Zellen mit Ni/8YSZ-Anoden mit variierenden Volumenanteilen an Nickel über einen Zeitraum von 125 h gemessen haben, kommen zu einem ähnlichen Ergebnis. Die Zunahme des Widerstandes war bei einem Volumenanteil von 45 bzw. 55 % am geringsten. Bei einem Volumenanteil von 65 % stieg der Widerstand der Zelle über der Zeit jedoch wieder signifikant an. Die zeitlichen Verläufe der Widerstände waren je nach Phasenzusammensetzung ähnlich wie in den hier vorgestellten Ergebnissen.

Im Vergleich zum kontinuierlichen Betrieb zeigten die Zellen mit den „feinen" Anoden grundsätzlich eine stärkere Zunahme des *ASR* unter Redox-Beanspruchung, während der *ASR* für die „groben" Anoden im kontinuierlichen Betrieb teilweise stärker zunahm als unter Redox-Beanspruchung. Grundsätzlich sei jedoch angemerkt, dass die Anzahl an Redox-Zyklen in der Regel einen Einfluss auf die Veränderung des *ASR* der Anode hat. Im kontinuierlichen Betrieb flachte die Zunahme des *ASR* aller Zellen nach der anfänglichen Aktivierungsphase ab. Die Versuche wurden jedoch nach 150 h beendet, so dass eine eventuell eintretende Sättigung des *ASR* nicht beobachtet werden konnte.

KAPITEL 4: Ergebnisse

4.1.6. Übergreifende Zusammenfassung der vorangegangenen Ergebnisse

Unter Berücksichtigung aller Ergebnisse aus den vorangegangen Kapiteln, kann folgendes über die Leistung und die Stabilität der Ni-Cermet-Anoden gesagt werden:

- Zwischen den Zellen mit Ni/8YSZ und Ni/CG40-Anoden zeigen sich Unterschiede in den Impedanzen, welche auf die verschiedenen Keramiken zurückgeführt wurden.
- Die Zellen mit Ni/8YSZ und Ni/CG40-Anoden zeigen ein unterschiedliches Degradationsverhalten.
- Zellen mit Ni/3YSZ-Anoden zeigen im Vergleich zu Zellen mit Ni/8YSZ-Anoden einen höheren ohmschen und Polarisationswiderstand. Im kontinuierlichen Betrieb ist die Zunahme des *ASR* höher für die Zelle mit der Ni/3YSZ-Anode.
- Die Polarisationswiderstände von Zellen mit Ni/8YSZ-Anoden zeigen eine deutliche Abhängigkeit von der Mikrostruktur. Der Polarisationswiderstand nimmt bei feinen Anodenmikrostrukturen ab.
- Grobe Ni/8YSZ-Mikrostrukturen zeigen eine bessere Stabilität der elektrischen Leitfähigkeit unter Redox-Zyklierung.
- Die optimale Zellleistung liegt bei den Zellen mit den „feinen" Ni/8YSZ-Anoden bei einem Volumenanteil von 40-50 Vol. % Nickel.
- Eine Temperaturabsenkung führt zumindest für „feine" Ni/8YSZ-Anoden zu einem geringeren Anstieg des *ASR* unter Redox-Zyklierung.

KAPITEL 4: Ergebnisse

4.2. Degradation der Mikrostruktur

In den vorangegangenen Unterkapiteln wurde gezeigt, dass die Abnahme der Zellleistung größtenteils auf die mikrostrukturellen Veränderungen zurückgeführt werden konnte. Die signifikantesten Veränderungen waren die Vergröberung des Nickels und die Zerstörung des keramischen Gerüstes. Ein Bestreben ist es, die mikrostrukturellen Beobachtungen mit den elektrochemischen Daten über längere Zeiträume zu korrelieren, um zum einen Voraussagen über die Lebensdauer treffen und zum anderen gezielte Gegenmaßnahmen und Optimierungen einleiten zu können. Das nachfolgende Kapitel fasst verschiedene Experimente zusammen, bei denen die Veränderungen der Anodenmikrostruktur mit der Zeit untersucht wurden. Thematisch ist das Kapitel unterteilt in:

(1) Einfluss der Betriebsparameter auf die mikrostrukturellen Veränderungen
(2) Einfluss feiner Partikel auf die Ni-Agglomeration
(3) Einfluss von Redox-Zyklen auf die mikrostrukturellen Veränderungen

4.2.1. Einfluss der Betriebsparameter auf die Veränderungen in der Mikrostruktur

Im kontinuierlichen SOFC-Betrieb kommt es anodenseitig vor allem zu einer Vergröberung des Nickels. Dies wurde in den vorangegangenen Unterkapiteln bereits diskutiert. Man nimmt an, dass die Kinetik der Vergröberung von den Betriebsparametern beeinflusst wird. Anhand von elektrochemischen Versuchen insbesondere an Brennstoffzellenstacks ist es schwierig, den Einfluss der einzelnen Parameter voneinander zu trennen, da die Degradationsmechanismen parallel ablaufen. Der Einfluss einzelner Betriebsparameter muss deshalb in Modellexperimenten voneinander getrennt werden. Es wurde deshalb der Einfluss des Wasserdampfes, der

KAPITEL 4: Ergebnisse

Temperatur und der Stromdichte auf die Degradation der Anodenmikrostruktur untersucht.

4.2.1.1. Einfluss von Wasserdampf auf die Ni-Vergröberung

Herstellung: Die Versuche wurden an Produktionszellen von *Hexis* mit einer Ni/CG40-Anode (O-220306-2) und an Ni/8YSZ-Modelelektroden durchgeführt. Die Ni/CG40-Anode besteht aus einer elektrochemisch aktiven Schicht (Anode 1), welche dem Elektrolyten zugewandt ist und einer Stromsammlerschicht (Anode 2), welche auf Anode 1 gedruckt und gesintert wurde. Die Anode ist in Abb. 4-85 dargestellt. Der CGO-Anteil ist höher in Anode 1 als in Anode 2. Zur weiteren Analyse wurden die beiden Schichten getrennt betrachtet. Die drei Phasen Nickel, CGO und Poren wurden auf je eine Farbe reduziert, um die Mikrostrukturen quantitativ auszuwerten. Die Aufnahmen und die quantitativen Analysen wurden an der *EMPA* von Dr. Lorenz Holzer durchgeführt.

Die Modellelektroden wurden mit einer Phasenzusammensetzung von 82 Vol. % Nickel und 18 Vol. % 8YSZ hergestellt. Die Sintertemperatur betrug 1300°C/2h. Die Auslagerungsversuche wurden in einem Rohrofen durchgeführt. Die Nernst-Spannung wurde mit einer Pt|YSZ|Pt-Sonde gemessen (Details siehe Kapitel 3).

KAPITEL 4: Ergebnisse

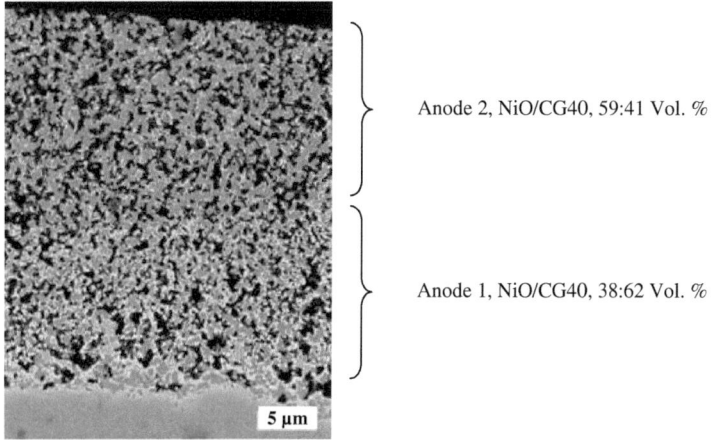

Anode 2, NiO/CG40, 59:41 Vol. %

Anode 1, NiO/CG40, 38:62 Vol. %

Abb. 4-85: REM-Bild der Ni/CG40-Anode (O-220306-2), dunkelgrau: Nickel, hellgrau: CG40, schwarz: Poren, Rückstreuelektronendetektor (BSE), Beschleunigungsspannung: 20 kV

Versuche ohne Wasserdampf: Die Ni/CG40-Anode (O-220306-2) wurde in einem Rohrofen über 2'000 h ausgelagert und Probenstücke nach 0, 1'000 und 2'000 h entnommen. Die Veränderung der Partikelverteilung in der Ni/CG40-Anode (O-220306-2) über der Zeit wurde mittels Bildauswertung an der *EMPA* quantifiziert. Für jede Auslagerungszeit wurden mehrere Bilder (mindestens drei) aufgenommen und die Partikelverteilungen gemittelt. Während der Auslagerung bei 950°C wurde kein Wasserdampf zudosiert. Die Nernst-Spannung betrug während des gesamten Versuchs 1.1 Volt. Die Veränderungen der Ni-Partikelverteilung für Anode 1 und Anode 2 (O-220306-2) sind in den nachfolgenden Abb. 4-86 und Abb. 4-87 dargestellt. Für Anode 1 waren die Veränderungen stärker ausgeprägt als für Anode 2.

KAPITEL 4: Ergebnisse

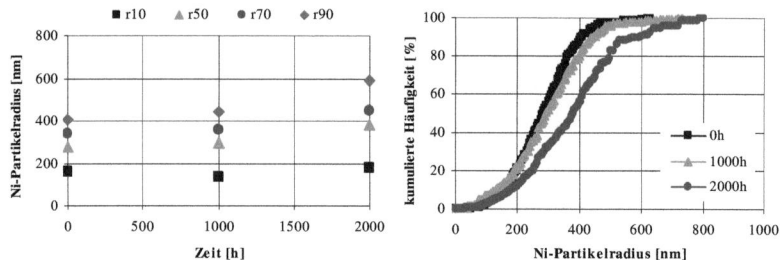

Abb. 4-86: Veränderung der Ni-Partikelradien über der Zeit, Ni/CG40-Anode 1 (O-220306-2), 950°C, 0 ml H$_2$O/h, Nernst-Spannung: 1.1 V

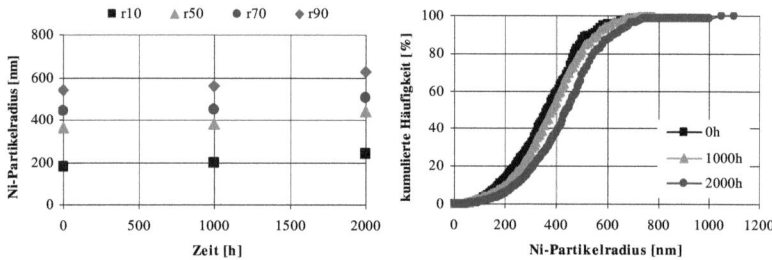

Abb. 4-87: Veränderung der Ni-Partikelradien über der Zeit, Ni/CG40-Anode 2 (O-220306-2), 950°C, 0 ml H$_2$O/h, Nernst-Spannung: 1.1 V

Auslagerung mit Wasserdampf: Die nachfolgenden Versuche wurde in wasserdampfhaltiger Atmosphäre durchgeführt. Abb. 4-88 zeigt die Mikrostrukturen von Ni/CG40-Anoden (O-220306-2), welche für 200 h in wasserdampfhaltiger Atmosphäre ausgelagert wurden. Die Nernst-Spannungen wurden jeweils auf 0.87 V bei 950°C eingestellt, was etwa einem Wasserdampfgehalt von etwa 60 Vol.% ($p_{(O2)}$=9.34·10^{-16} bar) entsprach. Der Unterschied zwischen den Auslagerungen lag in den Gesamtvolumenströmen (H$_2$ und H$_2$O) denen die Probe ausgesetzt wurde. Die Bilder auf der linken Seite zeigen die Anoden, die einem „hohen"

KAPITEL 4: Ergebnisse

Volumenstrom an H_2 bzw. H_2O ausgesetzt wurden (6 Nml/h H_2O, 1745 Nml/h H_2), die Bilder auf der rechten Seite die Anoden, die einem „niedrigen" H_2 bzw. H_2O-Volumenstrom ausgesetzt wurden (0.86 Nml/h H_2O, 250 Nml/h H_2). Es ist qualitativ zu erkennen, dass die Ni-Agglomerate im Fall von „hohen" H_2/H_2O-Volumenströmen deutlich größer waren als bei „niedrigen" H_2/H_2O-Volumenströmen. Neben der Agglomeration des Nickels ist auch eine Zunahme der mittleren CGO-Partikeldurchmesser erkennbar.

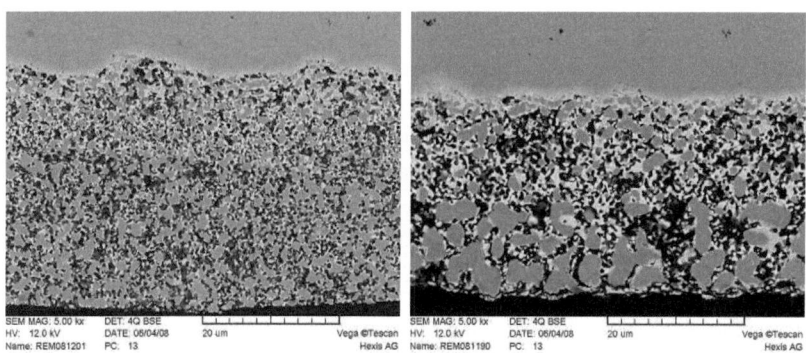

Abb. 4-88: REM-Bilder der Ni/CG40-Anoden (O-220306-2) nach der Auslagerung in Wasserdampf fur 200 h, 950°C, Nernst-Spannung: 0.87 V, links: 0.86 Nml/h H_2O-Volumenstrom, rechts: 6 Nml/h H_2O-Volumenstrom, dunkelgrau: Nickel, hellgrau: CGO, schwarz: Poren, Rückstreuelektronendetektor (BSE), Beschleunigungsspannung: 12 kV

Bei konstantem Volumenstrom (H_2: 1745 Nml/h, H_2O: 6 Nml/h) wurden baugleiche Ni/CG40-Anoden (O-220306-2) für 1'000 h bei 950 und 850°C in reduzierender Atmosphäre ausgelagert (siehe Abb. 4-89). Die Nernst-Spannung betrug bei 950°C durchschnittlich 0.87 V, bzw. bei 850°C durchschnittlich 0.905 V, was einem Wasserdampfgehalt von ca. 60 Vol.% entsprach. Die Mikrostrukturen der gealterten Proben sind in Abb. 4-89

KAPITEL 4: Ergebnisse

dargestellt. Sowohl bei 850 als auch bei 950°C fand eine deutliche Agglomeration des Nickels statt. Die signifikantesten Unterschiede zwischen den beiden Auslagerungstemperaturen zeigten sich vor allem beim Vergleich der elektrochemisch aktiven Anode 1. Bei 950°C schienen in Anode 1 sowohl der Durchmesser als auch die Anzahl an Nickelpartikeln vermindert zu sein, im Vergleich zur Auslagerung bei 850°C. Das CGO-Netzwerk schien die Nickelpartikel besser nach der Auslagerung bei 850°C zu benetzen als bei 950°C.

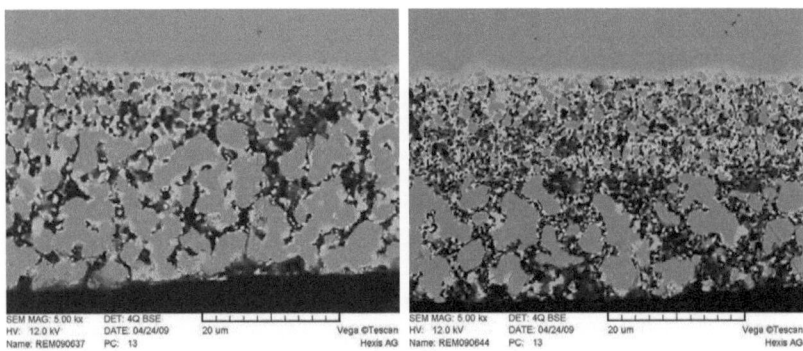

Abb. 4-89: REM-Bilder der Ni/CG40-Anoden (O-220306-2) nach der Auslagerung in Wasserdampf für 1'000 h, 6 Nml/h H_2O-Volumenstrom, links: 950°C, Nernst-Spannung: 0.87 mV, rechts: 850°C Nernst-Spannung 0.905 V, dunkelgrau: Nickel, hellgrau: CGO, schwarz: Poren, Rückstreuelektronendetektor (BSE), Beschleunigungsspannung: 12 kV

KAPITEL 4: Ergebnisse

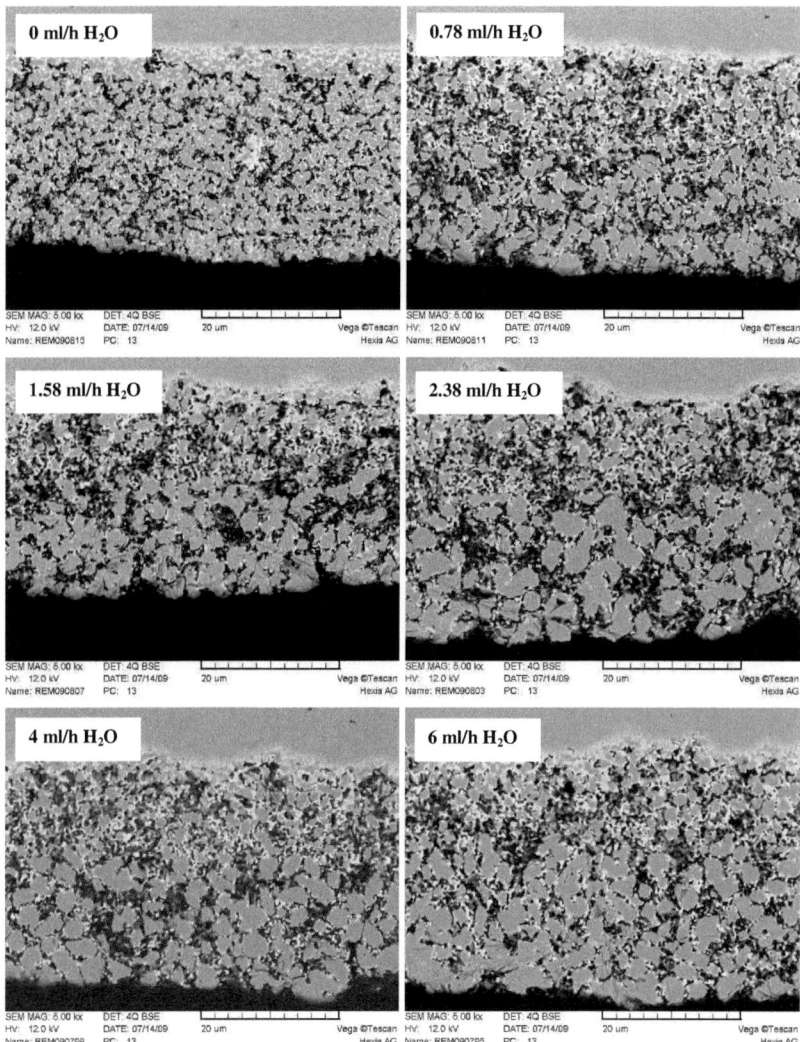

Abb. 4-90: REM-Bilder der Ni/CG40-Anoden (O-220306-2) nach der Auslagerung mit unterschiedlichen Wasserdampfgehalten über 1'000 h, 950°C, dunkelgrau: Nickel, hellgrau: CGO, schwarz: Poren, Rückstreuelektronendetektor (BSE), Beschleunigungsspannung: 12 kV

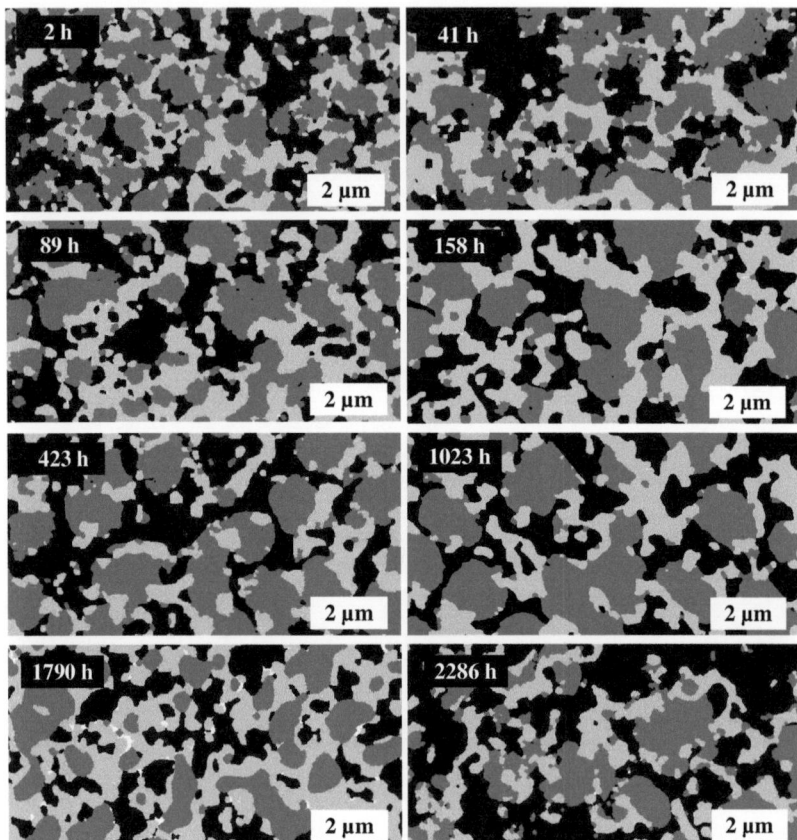

Abb. 4-91: Auf vier Grautöne reduzierte REM-Bilder der Ni/CG40-Anoden 1 (O-220306-2), nach verschiedenen Auslagerungszeiten, 950°C, 6 Nml/min H_2O, Nernst-Spannung: 0.87 V, dunkelgrau: Nickel, hellgrau: CGO, schwarz: Poren, weiß: undefiniert, Rückstreuelektronendetektor (BSE), Beschleunigungsspannung: 6 kV

Die Ni-Vergröberung in der Anodenmikrostruktur bei 950°C und in Abhängigkeit des Wasserdampfvolumenstroms bzw. der Wasserdampfkonzentration bei konstantem Wasserstoffvolumenstrom ist in

KAPITEL 4: Ergebnisse

Abb. 4-90 dargestellt. Im Bereich 0 – 2.38 Nml/h H_2O nahm mit zunehmendem H_2O-Volumenstrom die Ni-Vergröberung in der Anodenmikrostruktur zunächst qualitativ zu. Ab einem H_2O-Volumenstrom von 2.38 Nml/h, ist qualitativ kein offensichtlicher Zusammenhang zwischen der Ni-Vergröberung und dem Volumenstrom an H_2O erkennbar. Die Veränderungen in den Partikelverteilungen, in Ni/CG40-Anoden (O-220306-2), über der Zeit, wurden mittels Bildauswertung an der *EMPA* quantifiziert. Die Proben wurde hierzu nach verschiedenen Auslagerungszeiten bei 950°C und in wasserdampfhaltiger Atmosphäre aus der Probenkammer entnommen, Die REM-Bilder, an welchen die Veränderungen in der Mikrostruktur quantifiziert wurden, sind in Abb. 4-91 für verschiedene Auslagerungszeiten gezeigt. Das Nickel erscheint dunkelgrau, CGO hellgrau, Poren schwarz und ein undefinierbarer Rest weiß.

Die nachfolgende Abb. 4-92 zeigt die aus den REM-Bildern ermittelte Entwicklung der Ni-Partikelverteilung der Ni/CG40-Anode 1 (O-220306-2) bei 950°C über einen Zeitraum von 2286 h.

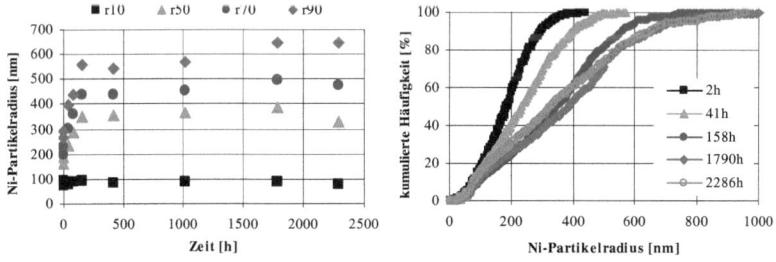

Abb. 4-92: Veränderung der Ni-Partikelradien über der Zeit, Ni/CG40-Anoden 1 (O-220306-2), 950°C, 6 Nml H_2O/h, Nernst-Spannung: 0.87 V

KAPITEL 4: Ergebnisse

Die Beschriftung „r10" bedeutet, dass 10 % aller Partikel (z.B. Nickelpartikel) auf dem REM-Bild kleiner oder gleich dem dazugehörigen Partikelradius sind. Es ist zu erkennen, dass das Ni-Partikelwachstum für den r50, r70 und r90 vor allem in den ersten 200 h stattfand. Danach wachsen die Ni-Partikel deutlich langsamer. Oberhalb von 1800 h nehmen die Ni-Partikelradien teilweise wieder ab.

In Abb. 4-93 ist die Veränderung der CGO-Partikelradien in den Anoden 1 (O-220306-2), über einen Zeitraum von 2286 h dargestellt. Die CGO-Partikel zeigten ein starkes Wachstum in den ersten 200 h. Danach nahm der CGO-Partikeldurchmesser wieder ab. Generell war der Anstieg des Partikelradius weniger ausgeprägt als bei den Nickelpartikeln.

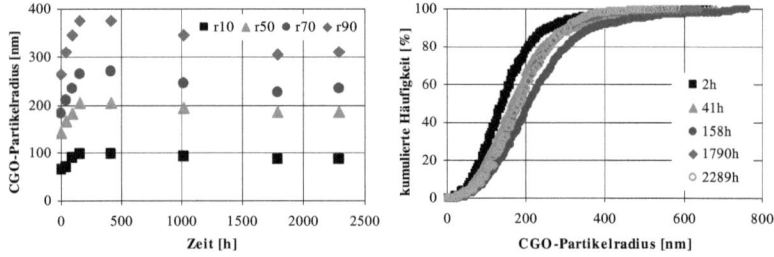

Abb. 4-93: Veränderung der CGO-Partikelradien über der Zeit, Ni/CG40-Anoden 1 (O-220306-2), 950°C, 6 Nml H_2O/h, Nernst-Spannung: 0.87 V

In Abb. 4-94 ist die Veränderung der Porenradien in den Anoden 1 (O-220306-2), über einen Zeitraum von 2286 h dargestellt. Im Vergleich zu den beiden festen Phasen, Ni und CGO, zeigten die Poren ein anderes Verhalten. Nach einer Auslagerungszeit von etwa 1'000 h nahmen die Porenradien deutlich zu.

KAPITEL 4: Ergebnisse

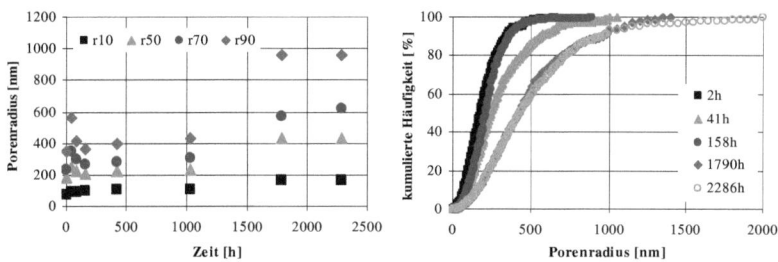

Abb. 4-94: Veränderung der Porenradien über der Zeit, Ni/CG40-Anoden 1 (O-220306-2), 950°C, 6 Nml H_2O/h, Nernst-Spannung: 0.87 V

Noch stärker fiel das Ni-Partikelwachstum für Anode 2 (O-220306-2) unter gleichen Versuchsbedingungen aus. Dies ist in der nachfolgenden Abb. 4-95 zu sehen. Das Ni-Partikelwachstum fand auch hier vor allem in den ersten 200 h statt. Nach etwa 1'000 h nahmen die Ni-Partikelradien wieder ab.

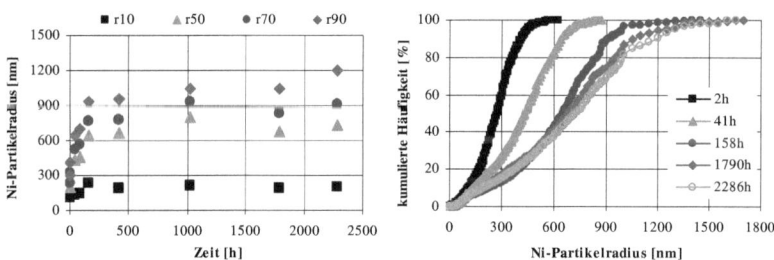

Abb. 4-95: Veränderung der Ni-Partikelradien über der Zeit, Ni/CG40-Anoden 2 (O-220306-2), 950°C, 6 Nml H_2O/h, Nernst-Spannung: 0.87 V

Die Veränderung des CGO-Partikelradius und des Porenradius mit der Zeit wurde analog aus den REM-Bildern extrahiert. Für die Ni/CG40-Anode 2 (O-220306-2) sind die Partikelveränderungen von CGO in Abb. 4-96

KAPITEL 4: Ergebnisse

dargestellt. Es zeigte sich ein ähnlicher Verlauf der Partikelradien über der Zeit wie schon beim Nickel. Dennoch änderten sich die CGO-Partikelradien weniger ausgeprägt als die des Nickels.

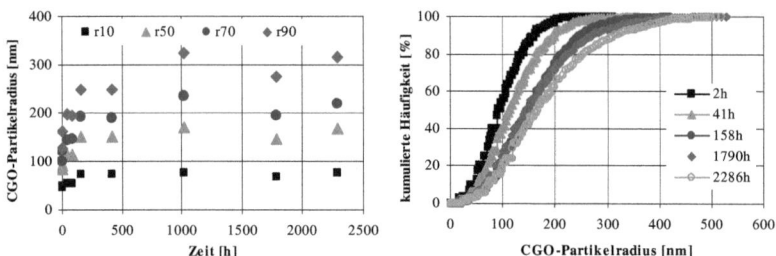

Abb. 4-96: Veränderung der CGO-Partikelradien über der Zeit, Ni/CG40-Anoden 2 (O-220306-2), 950°C, 6 Nml H_2O/h, Nernst-Spannung: 0.87 V

Abb. 4-97 zeigt die Veränderungen der Porenradien über einen Zeitraum von 2286 h. Wie bereits für die Ni/CGO-Anoden 1, kam es nach etwa 1'000 h zu einem starken Anstieg des Porenradius.

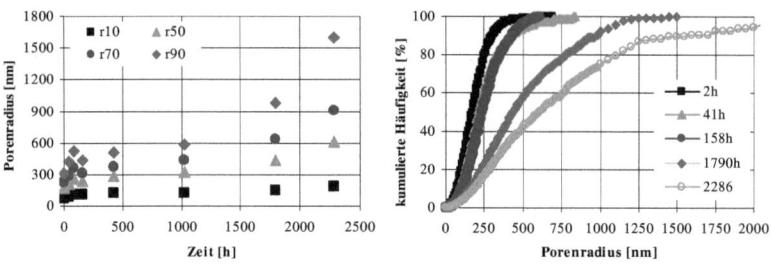

Abb. 4-97: Veränderung der Porenradien über der Zeit, Ni/CG40-Anoden 2 (O-220306-2), 950°C, 6 Nml H_2O/h, Nernst-Spannung: 0.87 V

Tab. 4-14: Phasenverteilungen in Vol. % in der Ni/CG40-Anode 1 und Anode 2 (O-220306-2)

KAPITEL 4: Ergebnisse

Zeit [h]	0	2	41	89	158	423	1023	1790	2286
Nickel A1 [%]	22.3	35.4	38.0	35.7	34.6	36.1	33.3	23.7	28.3
CGO A1 [%]	40.0	33.9	28.0	33.4	37.1	35.4	32.5	25.8	24.0
Poren A1 [%]	35.4	30.6	33.9	30.7	28.2	28.4	34.2	50.3	47.6
Nickel A2 [%]	31.5	53.5	56.5	52.4	55.1	50.4	55.2	48.5	49.9
CGO A2 [%]	23.6	16.0	13.8	11.2	16.7	16.6	17.6	13.2	13.0
Poren A2 [%]	43.0	30.4	29.9	36.3	28.0	33.0	27.0	38.0	37.0

Die absoluten Phasenanteile für Anode 1 und Anode 2 wurden an den verschiedenen Messpunkten ermittelt. Diese sind in der Tab. 4-14 zusammengefasst und in Abb. 4-98 grafisch dargestellt. Es ist zu erkennen, dass der Phasenanteil für die Poren nach 1'000 h sowohl für Anode 1 als auch für Anode 2 zunahm. Gleichzeitig nahm der Nickel und CGO Phasenanteil ab.

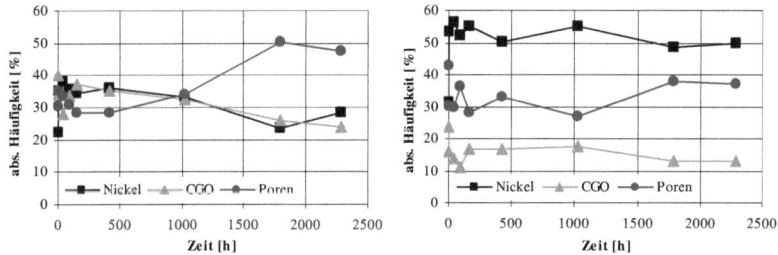

Abb. 4-98: absolute Häufigkeit der Phasen: Nickel, CGO und Poren für Anode 1 (links) und Anode 2 (rechts)

Die Reproduzierbarkeit der Bildauswertung zu verschiedenen Zeitpunkten wurde für verschiedene Radien anhand der Messungen für Anode 2 ermittelt und ist in Tab. 4-15 zusammengefasst.

Tab. 4-15: Reproduzierbarkeit der Bildanalyse in der Ni/CG40-Anode 2 (O-220306-2)

KAPITEL 4: Ergebnisse

	Nickel A2, r50			Nickel A2, r70		
Zeit [h]	2	1023	2286	2	1023	2286
Messung 1 [nm]	285	815	765	340	980	978
Messung 2 [nm]	268	765	660	322	905	953
Messung 3 [nm]	255	725	725	320	850	795
Standardabw. [nm]	*15.0*	*45.1*	*53.0*	*11.0*	*65.3*	*99.2*
Mittelwert [nm]	*269.3*	*768.3*	*716.7*	*327.3*	*911.7*	*908.7*

Die Standardabweichung der Partikelradien r50 und r70 von Anode 2 sind in der nachfolgenden Abb. 4-99 dargestellt. Mit zunehmender Auslagerungszeit und zunehmendem Partikelradius nahm die Standardabweichung zu.

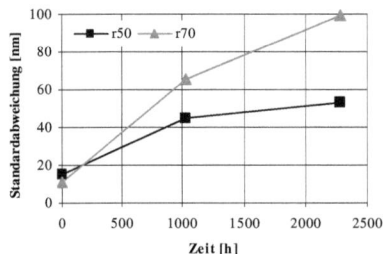

Abb. 4-99: Veränderung der Standardabweichung des Nickelpartikelradius über der Zeit, Ni/CG40-Anode 2 (O-220306-2), 950°C, 6 ml H_2O/h, OCV: 0.87 V, für die Radien r50 und r70

Verschiedene Wachstumsgesetze wurden an die Messdaten angefittet und miteinander verglichen. Dies ist in der nachfolgenden Abb. 4-100 dargestellt. Die Bezeichnungen und Gleichungen sind in der nachfolgenden Tab. 4-16 zusammengefasst. Die Messdaten entsprechen den blauen offenen Symbolen. Auf der linken Seite sind polynomische Wachstumsgesetze miteinander verglichen. Der Kurvenfit erfolgte mit der Software *Origin* (Version 8G). Sowohl die klassische Ostwald-Reifung (r^3)

KAPITEL 4: Ergebnisse

als auch das r^4-Wachstumsgesetz (Ostwald-Reifung durch Oberflächendiffusion auf Dünnschichten) passen innerhalb der ersten 200 h, gut zu den generierten Messdaten. Für längere Auslagerungszeiten ist zu erkennen, dass von den exponentiellen Wachstumsgesetzten der Fit für das r^4-Wachstumsgesetz am besten zu den Messdaten passte. Dieses Modell wurde von IMRE et al. [Im_00] vorgeschlagen und beschreibt den Materialtransport über die Diffusion von adsorbierten Atomen auf der Partikeloberfläche. Die Abbildung auf der rechten Seite zeigt das r^4-Wachstumsgesetz, ein kombiniertes Wachstumsgesetz und das Modell von FAES et al. [Faes_09/b] zur Ni-Vergröberung im Vergleich. Die Messdaten wurden mit *Origin* (Version 8G) angefittet.

Tab. 4-16: Zusammenfassung verschiedener Wachstumsgesetze für die Ni-Vergröberung

Bezeichnung	Gleichung	Bemerkung
r^2	$r_c^2 - r_0^2 = k_1 \cdot t$	Parabolisches Wachstumsgesetz
r^3	$r_c^3 - r_0^3 = k_1 \cdot t$	Ostwald-Reifung
r^4	$r_c^4 - r_0^4 = k_1 \cdot t$	IMRE et al. [Im_00]
Faes et al.	$r = (r_{max} - r_0) \cdot (1 - \exp(-k_1 \cdot t)) + r_0$	Ladung eines Kondensators, FAES et al. [Facs_09/b]
r^4-lin	$r_c = (r_0^4 + k_1 \cdot t)^{1/4} - (k_2 \cdot t)$	Wachstum nach r^4 + Abdampfung von Ni/Ni(OH)$_2$

Das Modell von FAES et al. [Faes_09/b] beschreibt die Vergröberung des Nickels mit einem Gesetz, welches von der Auflading eines Kondensators bekannt ist. Der Partikelradius läuft dabei gegen einen maximalen Wert (r_{max}). FAES et al. [Faes_09/b] gehen davon aus, dass das Partikelwachstum durch das starre keramische Netzwerk blockiert wird. Generell konnten die hier generierten Messdaten gut mit diesem Modell gefittet werden, wobei unklar ist, wie sich die Partikelverteilung bei Auslagerungszeiten > 2'000 h verändert. Das Modell „r^4-lin" beschreibt den Ni-Materialtransport durch

KAPITEL 4: Ergebnisse

zwei überlagerte Mechanismen. Zum einen findet ein Wachstum der Partikel nach dem r^4-Gesetz statt, zum anderen kommt es, beispielsweise durch die hohen Dampfdrücke des Nickels oder Nickel-Hydroxids, zu einem Abtransport des Nickels über die Gasphase, d.h. zu einem Materialverlust. Dieses führt bei langen Auslagerungszeiten dazu, dass der Ni-Partikeldurchmesser abnimmt.

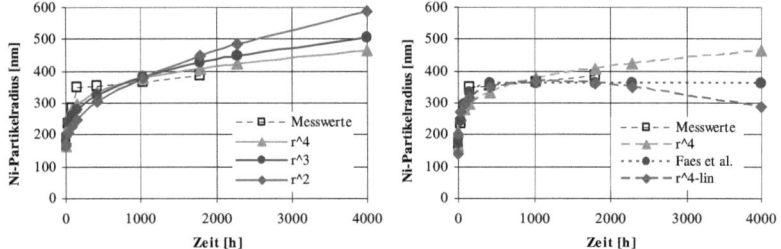

Abb. 4-100: Wachstumsgesetze für die Ni-Vergröberung, links: polynomische Wachstumsgesetze, rechts: kombinierte Wachstumsgesetze und ein Modelle aus der Literatur, Messdaten: O-220306-2, Anode 1, 950°C, 6 Nml/min H$_2$O, OCV: 0.87 V, r50

Die Fitparameter und die Fitgüten, errechnet mit *Origin* (Version 8G), sind in der nachfolgenden Tab. 4-17 zusammengefasst.

Tab. 4-17: Fitparameter und Fitgüte der Wachtumsgesetze

	r^4	r^3	r^2	Capacitor [Faes_09/b]	r^4-lin
k_1	5.50E-34	2.81E-27	1.25E-20	3.25E-06	1.80E-33
k_2					1.39E-14
r_0 [nm]	164	164	164	170	141
r_{max} [nm]				371	
R^2	0.904	0.842	0.587	0.974	0.908

KAPITEL 4: Ergebnisse

Wegen der Streuung der Messdaten im Bereich > 1'000 h ist es generell schwierig, eine Aussage zugunsten eines Wachstumsgesetztes zu machen. Die weiteren Berechnungen wurden mit dem r^4-Wachstumsgesetz durchgeführt, da zum einen die Konstante (k) mit physikalischen Parametern berechnet werden kann und zum anderen aufgrund der Ergebnisse davon ausgegangen wird, dass der Materialtransport über die Oberfläche eine entscheidende Rolle spielt.

Der Verlauf der Partikelradien aus den Abb. 4-92 und Abb. 4-95 wurde mit dem r^4-Wachstumsgesetz nach Gleichung 2-36 und Gleichung 2-37 berechnet.

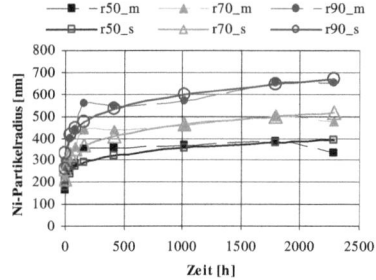

Abb. 4-101: Veränderung der Ni-Partikelradien über der Zeit, Ni/CG40-Anoden 1 (O-220306-2), 950°C, 6 Nml H_2O/h, Nernst-Spannung: 0.87 V, M: Messwert (volle Symbole), S: Simulation (offene Symbole)

Die Messwerte lassen sich für Anode 1 und Anode 2 und verschiedenen Partikelradien annähernd mit diesem Wachstumsgesetz für den untersuchten Zeitraum beschreiben. Dies ist in den nachfolgenden Abb. 4-101 und Abb. 4-102 dargestellt. Es wurde bereits erwähnt, dass für Auslagerungszeiten > 1'000 h die Streuung der Messwerte zunahm. Dies ist ein möglicher Grund für die Abweichungen zwischen den gefitteten und

KAPITEL 4: Ergebnisse

gemessenen Werten in diesem Bereich. Allgemein konnten die Messwerte von Anode 1 besser angefittet werden als die von Anode 2.

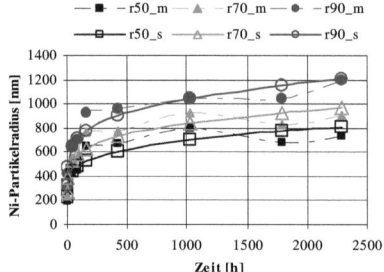

Abb. 4-102: Veränderung der Ni-Partikelradien über der Zeit, Ni/CG40-Anoden 2 (O-220306-2), 950°C, 6 Nml H_2O/h, Nernst-Spannung: 0.87 V, M: Messwert (volle Symbole), S: Simulation (offene Symbole)

Die Fitparameter und die Fitgüte aus den Berechnungen in *Origin* sind in der nachfolgenden Tab. 4-18 zusammengefasst.

Tab. 4-18: Fitparameter und Fitgüte für das r^4-Wachtumsgesetz mit verschiedenen Partikelradien

	Anode 1			Anode 2		
	r50	r70	R90	r50	r70	r90
r0 [nm]	178	211	263	228	266	324
k	2.56E-34	1.06E-33	3.35E-33	1.33E-32	2.98E-32	7.26E-32
R^2	0.768	0.886	0.925	0.847	0.894	0.937

Die Konstante (k) des r^4-Wachstumsgesetztes wurde aus dem Kurvenfit mit *Origin* bestimmt. Der Wert für k wurde in Gleichung 2-37 eingesetzt und (n_0), die Anzahl an Fehlstellen pro Fläche, mit $1.6 \cdot 10^{19}$ m^{-2} angenommen. *D's* war somit der verbleibende Fitparameter in Gleichung 2-37. *D's* ist das

KAPITEL 4: Ergebnisse

Produkt aus dem Diffusionskoeffizient und dem Anteil an adsorbierten Atomen auf der Oberfläche. Die eingesetzten Parameter sind in der nachfolgenden Tab. 4-19 für die verschiedenen Partikelradien sowie für Anode 1 und Anode 2 zusammengefasst. Es sei abschließend angemerkt, dass der Wert für (n_0) weder experimentell zugänglich war, noch Anhaltspunkte in der Literatur gefunden wurden.

Tab. 4-19: Parameter zur Berechnung der Konstanten (k) für das r^4-Wachstumsgesetz

	Anode 1			Anode 2		
Symbol	r50	r70	r90	r50	r70	r90
Ω [m^3]	1.09E-29	1.09E-29	1.09E-29	1.09E-29	1.09E-29	1.09E-29
γ [J/m^2]	2.23	2.23	2.23	2.23	2.23	2.23
k_B [J/K]	1.38E-23	1.38E-23	1.38E-23	1.38E-23	1.38E-23	1.38E-23
T [K]	1173	1173	1173	1173	1173	1173
$\varphi(\theta)$	1	1	1	1	1	1
L	2.5	2.5	2.5	2.5	2.5	2.5
n_0 [1/m^2]	1.60E+19	1.60E+19	1.60E+19	1.60E+19	1.60E+19	1.60E+19
k [m^4/s]	2.56E-34	1.06E-33	3.35E-33	1.33E-32	2.98E-32	7.26E-32
$D's$ [m^2/s]	1.10E-14	4.57E-14	1.44E-13	5.73E-13	1.28E-12	3.12E-12

GUBNER et al. [Gub_97] vermuten anhand von Experimenten und thermodynamischen Berechnungen, dass der Transport des Nickels über das Ni(OH)$_2$-Molekül stattfindet. Ni(OH)$_2$ hat im SOFC-Betriebsbereich einen um sechs bis acht Größenordnungen höheren Dampfdruck als reines Nickel. Die Dampfdrücke von Ni, NiO und Ni(OH)$_2$ wurden der Literatur entnommen [Hal_75][HCP_09] und sind in Abb. 4-103 zusammengefasst. Das rötlich hinterlegte Feld kennzeichnet den Bereich, in dem die keramische Hochtemperaturbrennstoffzelle normalerweise betrieben wird. Die rote gestrichelte Linie bei 10^{-3} Pa kennzeichnet den Dampfdruck, ab welchem nach LOU et al. [Lou_85] ein signifikanter Materialtransport

KAPITEL 4: Ergebnisse

erwartet wird. Die Gibbs-Thomson-Gleichung ist (Gleichung 2-22) ist hierbei noch nicht berücksichtigt.

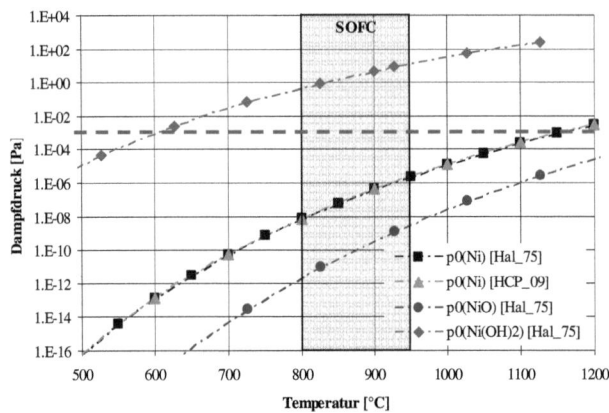

Abb. 4-103: Dampfdrücke in Abhängigkeit der Temperatur von Ni, NiO und Ni(OH)$_2$

Auslagerung in wasserdampfhaltiger Atmosphäre an einer Modellanode:
Die Abb. 4-104 zeigt ein Modellexperiment mit einer Ni/8YSZ-Anode. Bei dieser Anode wurden grobe Ni-Partikel im Verhältnis 82:18 Vol. % mit 8YSZ gemischt, auf einen 3YSZ-Elektrolyten gedruckt und bei 1300°C/4h gesintert. Die Probe wurde dann in wasserdampfhaltiger reduzierender Atmosphäre bei 950°C ausgelagert. Nach 30, 200 und 500 h wurde der Versuch unterbrochen und die mikrostrukturelle Veränderung an der Anodenoberfläche an einer Stelle verfolgt. Nach 30 h hat sich insbesondere die Struktur der Oberfläche verändert. Filigrane Strukturen, Korngrenzen und kantige Kristalle sind zugunsten abgerundeter Konturen verschwunden. Nach 200 h sind zahlreiche Partikel nicht mehr zu erkennen. Konvexe gekrümmte Oberflächen verschwinden zugunsten konkav gekrümmter Oberflächen. Korngrenzen sind kaum noch zu

KAPITEL 4: Ergebnisse

erkennen. Im unteren Bildabschnitt ist eine Kristallebene zu sehen. Nach 500 h war das Wachstum großer Partikel weiter fortgeschritten und die Verbindungen zwischen einzelnen Partikeln waren vollständig verschwunden. Auch das 8YSZ schien agglomeriert zu sein. Die kleinen Partikel blieben jedoch meist an ihrer Stelle.

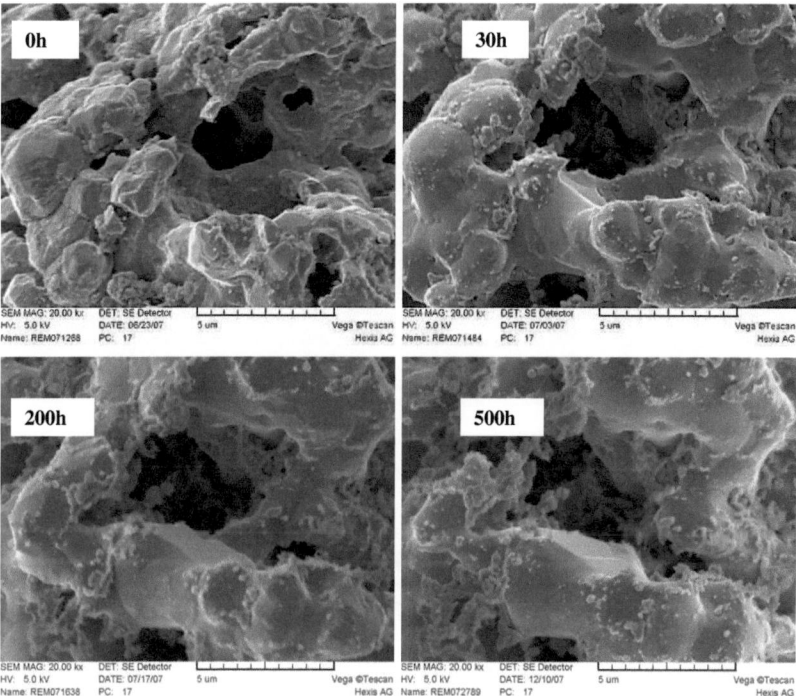

Abb. 4-104: Auslagerungsversuch an Ni/8YSZ (82:18 Vol. %) in reduzierender wasserdampfhaltiger Atmosphäre (Nernst-Spannung: 0.87 mV, 6 Nml/h H_2O) nach verschiedenen Auslagerungszeiten bei 950°C. Die REM-Bilder wurden an der gleichen Stelle an der Oberfläche der gleichen Probe aufgenommen, Sekundärelektronenbild, Beschleunigungsspannung: 5 kV

KAPITEL 4: Ergebnisse

4.2.1.2. Einfluss der Temperatur auf die Ni-Vergröberung

Baugleiche Ni/CG40-Anoden (O-220306-2) wurden bei verschiedenen Temperaturen reduziert. Die Veränderungen in der Anodenmikrostruktur mit zunehmender Reduktionstemperatur ist in Abb. 4-105 exemplarisch für die Anode 1 dargestellt.

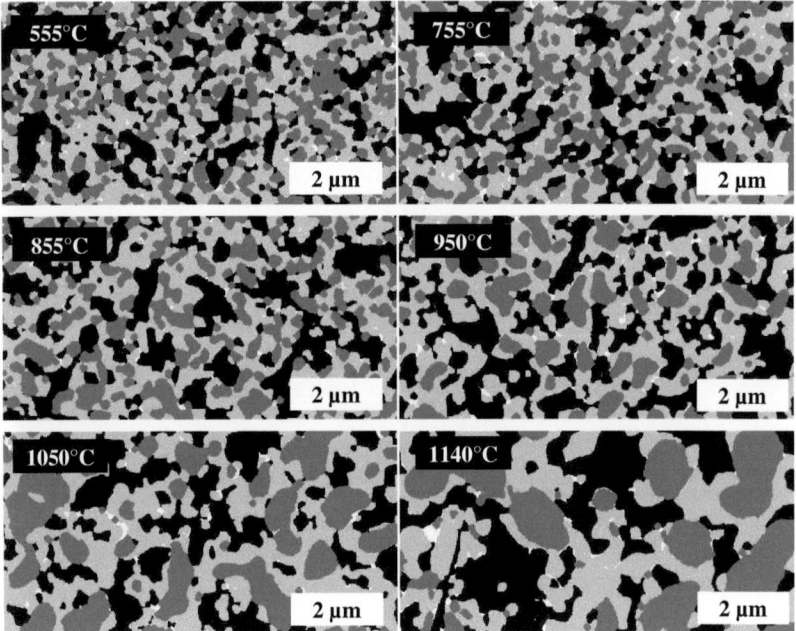

Abb. 4-105: Auf vier Grautöne reduzierte REM-Bilder der Ni/CG40-Anoden (O-220306-2) bei verschiedenen Reduktionstemperaturen, dunkelgrau: Nickel, hellgrau: CG40, schwarz: Poren, weiß: undefinierte Bereiche, Nernst-Spannung: 1.1 V, die Bilder wurden an der *EMPA* aufgenommen, Rückstreuelektronendetektor (BSE), Beschleunigungsspannung 6 kV

KAPITEL 4: Ergebnisse

Es wurde kein Wasserdampf zudosiert (Nernst-Spannung 1.1 V). Die Mikrostrukturen der Anoden wurden im Rasterelektronenmikroskop an der *EMPA* charakterisiert. Anode 2 zeigte ein ähnliches Verhalten. Das Nickel erscheint dunkelgrau, CGO hellgrau und die Poren schwarz. Ein kleiner Anteil der Mikrostruktur konnte durch die Bildauswertung nicht eindeutig einer bestimmten Phase zugeschrieben werden. Dieser Anteil erscheint weiß.

Qualitativ vergröberten sich die Mikrostrukturen stärker mit zunehmender Reduktionstemperatur. Dies galt insbesondere für das Nickel. Die Nickelvergröberung war vor allem bei Reduktionstemperaturen oberhalb von 855°C deutlich erkennbar. Bei Temperaturen ab 950°C zeigte sich neben der Nickelvergröberung auch eine Agglomeration des CG40. Die Bilder deuten außerdem darauf hin, dass das Nickel stets vom CGO benetzt wurde. Sowohl Nickel als auch CGO bilden lokal zusammenhängende Cluster. Demnach sind die Phasen in der realen Anodenmikrostruktur nicht zufällig verteilt. Dies wurde bereits im Unterkapitel 4.1.4 diskutiert. Die Partikel der einzelnen Phasen orientierten sich während dem Sintern und vor allem nach der Reduktion offenbar bevorzugt zueinander. Die Veränderungen der Mikrostruktur wurden an der *EMPA* quantifiziert [Hol_10]. Für die Ni/CG40-Anoden 1 (O-220306-2) sind die Ergebnisse der Partikelverteilung für Nickel, CG40 und Poren in den nachfolgenden Abb. 4-106, Abb. 4-107 und Abb. 4-108 zu sehen.

KAPITEL 4: Ergebnisse

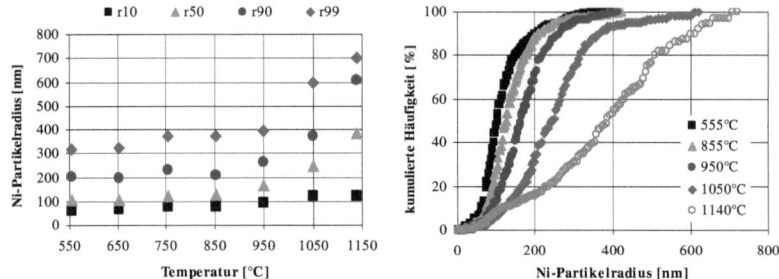

Abb. 4-106: Nickel-Partikelverteilung in Abhängigkeit der Reduktionstemperatur von Ni/CG40-Anoden 1 (O-220306-2), Nernst-Spannung: 1.1 V, kein zusätzlicher Wasserdampf

Die quantitativen Auswertungen bestätigten den qualitativen Eindruck, der aus dem Vergleich der REM-Bilder gewonnen wurde. Im Temperaturbereich zwischen 850°C und 950°C begann sich das Nickel merklich zu vergröbern. Oberhalb von 950°C wurden Änderungen der Porengrößenverteilung sichtbar und oberhalb 1050°C Änderungen in der CGO-Partikelverteilung.

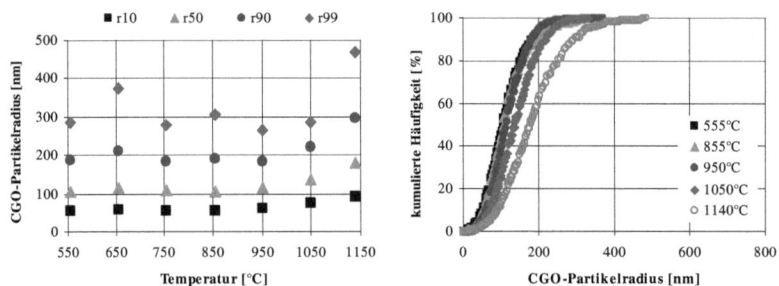

Abb. 4-107: CGO-Partikelverteilung in Abhängigkeit der Reduktionstemperatur von Ni/CG40-Anoden 1 (O-220306-2), Nernst-Spannung: 1.1 V, kein zusätzlicher Wasserdampf

KAPITEL 4: Ergebnisse

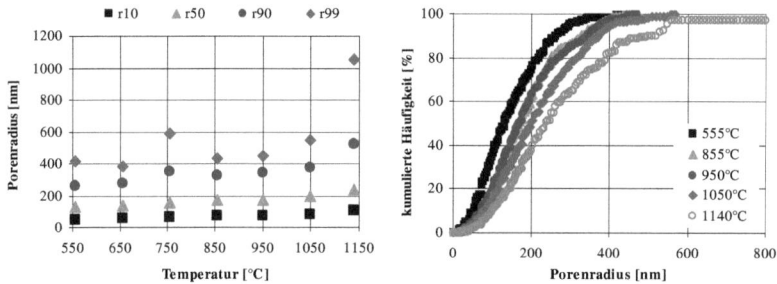

Abb. 4-108: Porengrößen in Abhängigkeit der Reduktionstemperatur von Ni/CG40-Anoden 1 (O-220306-2), Nernst-Spannung: 1.1 V, kein zusätzlicher Wasserdampf

Die Ni-Partikelverteilung des Stromsammlers (Anode 2) von O-220306-2 ist in Abb. 4-109 gezeigt. Der Trend war der gleiche wie schon bei Anode 1, nur dass die Vergröberung oberhalb von 855°C nun noch signifikanter sichtbar wurde. Das Nickel versinterte zu noch größeren Agglomeraten.

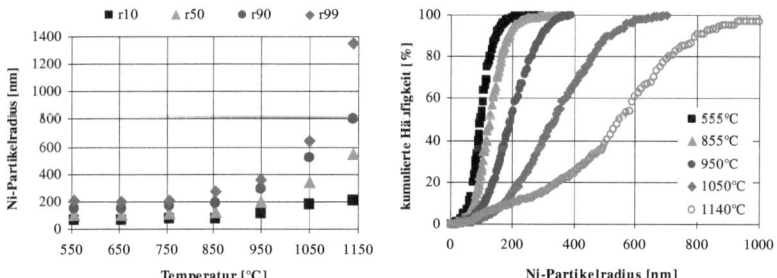

Abb. 4-109: Nickel Partikelverteilung in Abhängigkeit der Reduktionstemperatur einer Ni/CG40-Anode 2 (O-220306-2), Nernst-Spannung: 1.1 V, kein zusätzlicher Wasserdampf

Die absoluten Häufigkeiten der Phasen der Ni/CG40-Anode (O-220306-2) sind in Abb. 4-110 in Abhängigkeit der Temperatur zusammengefasst. Im Bereich oberhalb 850°C zeigten die Phasenverteilungen sowohl für Anode

KAPITEL 4: Ergebnisse

1 als auch für Anode 2 Unregelmäßigkeiten. Warum diese Unregelmäßigkeiten auftraten, wird nachfolgend diskutiert.

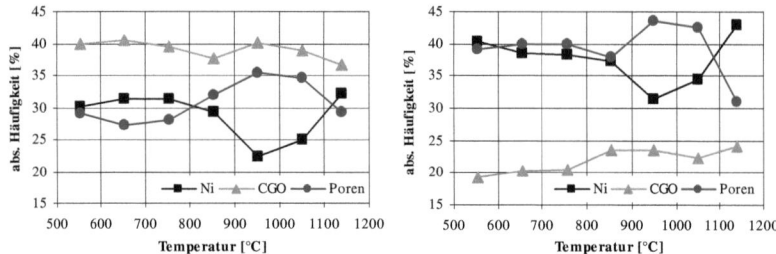

Abb. 4-110: absolute Häufigkeit von Nickel, CGO und Poren für Anode 1 (links) und Anode 2 (rechts), O-220306-2, Nernst-Spannung: 1.1 V, kein zusätzlicher Wasserdampf

Da der Ni-Materialtransport eine deutliche Abhängigkeit von der Temperatur gezeigt hat, wurde versucht den Einfluss der Temperatur auf die Ni-Vergröberung mit einer Arrhenius-Gleichung zu beschreiben (Gleichung 4-4). Ein ähnlicher Ansatz wurde von SEHESTED [Seh_03] für die Änderung der spezifischen Nickeloberfläche mit der Temperatur gewählt. Dabei ist r der Radius, A der präexponentielle Faktor, E_A die Aktivierungsenergie (J/mol), R die universelle Gaskonstante [J/mol·K] und T die Temperatur in Kelvin. Der Index „0" kennzeichnet den Radius bei einer niedrigen Reduktionstemperatur. Für die hier durchgeführten Berechnungen wurde für r_0 der Radius bei einer Reduktionstemperatur von 555°C für die jeweilige Anode eingesetzt.

Gleichung 4-4 $$r(T) = r_0 + A \cdot e^{\left(\frac{-E_A}{RT}\right)}$$

Die Resultate der Berechnungen sind für Anode 1 in Abb. 4-111 dargestellt, für Anode 2 in Abb. 4-112. Für die verschiedenen Partikelverteilungen wurden die Aktivierungsenergie und der

KAPITEL 4: Ergebnisse

präexponentielle Faktor mit *Origin* angefittet. Die Partikelradien wurden in „nm" eingegeben.

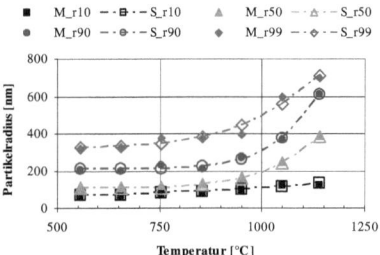

Abb. 4-111: gemessene (M, volle Symbole) und simulierte Ni-Partikelverteilung (S, leere Symbole und gestrichelte Linie) in Abhängigkeit der Reduktionstemperatur von Ni/CG40-Anoden 1 (O-220306-2)

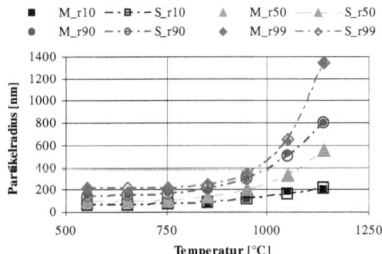

Abb. 4-112: gemessene (M, volle Symbole) und simulierte Ni-Partikelverteilung (S, leere Symbole und gestrichelte Linie) in Abhängigkeit der Reduktionstemperatur von Ni/CG40-Anoden 2 (O-220306-2)

Alle Fitparameter sind in Tab. 4-20 zusammengefasst. Tendenziell nahm der präexponentielle Faktor mit zunehmender Partikelgröße zu, während die Aktivierungsenergie abnahm.

KAPITEL 4: Ergebnisse

Tab. 4-20: Aktivierungsenergien, präexponentielle Faktoren, r_0 und R^2 in Abhängigkeit der Partikelgröße, welche in die Arrhenius-Gleichung eingesetzt wurden, Fit in *Origin*

		r10	r50	r90	r99
ANODE 1	r_0 [nm]	56.3	106.7	206.7	322.9
	A [nm]	2'745	7'473'980	194'967'000	817'265
	Ea / kJ/mol	43.4	119.8	153.8	89.8
	R^2	0.884	0.998	0.992	0.939
ANODE 2	r_0 [nm]	57.4	98.1	141.2	211.5
	A [nm]	76'691	7'290'170	5'748'420	1'086'360'000
	Ea / kJ/mol	72.8	113.8	106.5	161.8
	R^2	0.951	0.998	0.996	0.998

Aus dem Vergleich der präexponentiellen Faktoren und der Aktivierungsenergien in Tab. 4-20 ist ersichtlich, dass beide Fitparameter für Anode 1 und Anode 2 ähnlich sind, trotz unterschiedlicher Phasenzusammensetzung.
Mit der Arrhenius-Gleichung ließen sich Kurven an die Messwerte anfitten. Dies galt insbesondere für die mittleren Partikelradien r50. Für grobe Partikelradien war die Abweichung teilweise größer. Die Abweichungen zwischen gemessenen und simulierten Messpunkten liegen wahrscheinlich in der Größe der analysierten Bildausschnitte begründet bzw. im Rahmen der Messungenauigkeit.

Variation der Temperatur an einer Modellanode: Abb. 4-113 zeigt die Oberfläche einer Modellanode mit 82 Vol. % Ni und 18 Vol. % 8YSZ. Die dargestellten REM-Bilder wurden alle an der gleichen Stelle der gleichen Probe aufgenommen und zeigen einen Cluster von Ni-Partikeln in der Bildmitte. Analog dem Experiment mit den feinen Ni-Cermet-Anoden wurde die Modellanode bei verschiedenen Temperaturen reduziert. Bei einer Reduktionstemperatur von 620°C waren filigrane Strukturen auf der

KAPITEL 4: Ergebnisse

Oberfläche des Nickels zu sehen. Diese waren bei einer Reduktionstemperatur von 820°C bereits nicht mehr zu erkennen. Einzelne Partikel und Korngrenzen wurden hier sichtbar und kleine 8YSZ-Partikel, welche auf der Nickeloberfläche hafteten. Bei 920°C fand bereits ein massiver Materialtransport statt. Kantige Strukturen verschwanden und abgerundete Oberflächen bildeten sich aus. Bei 1010°C wurde dieser Prozess fortgesetzt.

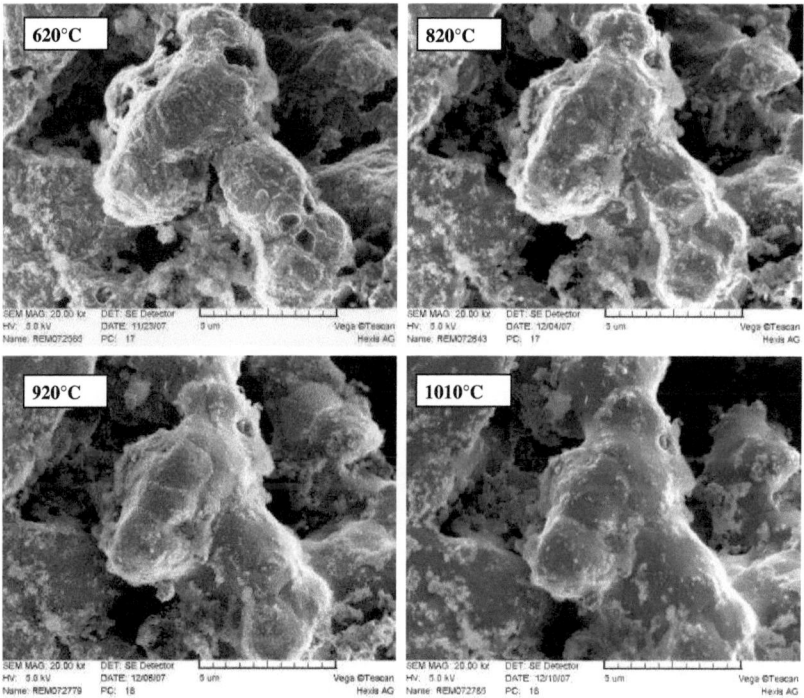

Abb. 4-113: Temperaturversuch an Ni/8YSZ (82:18 Vol. %) in reduzierender Atmosphäre. Die REM-Bilder wurden an der gleichen Stelle an der Oberfläche der gleichen Probe aufgenommen. Nernst-Spannung 1.1 V, kein zusätzlicher Wasserdampf, Sekundärelektronendetektor (SE), Beschleunigungsspannung: 5 kV

KAPITEL 4: Ergebnisse

4.2.1.3. Einfluss der Stromdichte auf die Degradation der Anodenmikrostruktur

Der Einfluss der Stromdichte wurde in elektrochemischen Experimenten über einen Zeitraum von 1'000 h untersucht. Jeweils eine Zelle mit einer Ni/8YSZ-Anode (PSL080006, 1350°C/4h) wurde bei 950°C, mit verschiedenen Stromdichten (0, 0.3 und 1 A/cm^2) belastet. Der Verlauf der *ASR* über der Zeit ist in Abb. 4-114 dargestellt. Es ist zu erkennen, dass der flächenspezifische Widerstand der Zellen trotz der unterschiedlichen elektrischen Belastung etwa gleich anstieg.

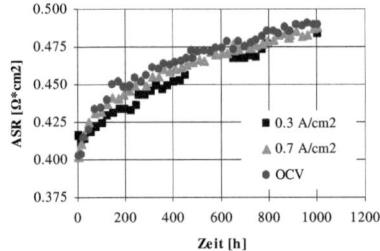

Abb. 4-114: Einfluss der Stromdichte auf die *ASR*-Veränderung einer Zelle mit der Ni/8YSZ-Anode (PSL080006) bei 950°C, 1'000 h, offenes Button-Cell-System

Während des fortlaufenden Experimentes wurden immer wieder die Impedanzen der Zellen gemessen um die Veränderung des ohmschen und des Polarisationswiderstandes zu beobachten. Die Zunahme der Widerstände in mΩ·cm^2 und in %/1'000 h sind in Tab. 4-21 zusammengefasst.

Tab. 4-21: Zunahme der Zellwiderstände mit Ni/8YSZ-Anode (PSL080006) in mΩ·cm^2/1'000 h und in %/1'000 h.

KAPITEL 4: Ergebnisse

Stromdichte	Zunahme in mΩ*cm^2 / 1'000 h			Zunahme in %/1'000 h		
	OCV	0.3 A/cm^2	0.7 A/cm^2	OCV	0.3 A/cm^2	0.7 A/cm^2
R$_\Omega$	50.4	46.6	52.7	15.0	13.7	15.1
R$_{pol}$	25.8	18.2	6.2	21.8	17.6	6.2
ASR	76.2	64.9	58.9	16.7	14.6	13.1

Der wesentliche Anteil der *ASR*-Zunahme kam durch eine Zunahme des ohmschen Widerstands zustande, die für alle drei Versuche etwa 50 mΩ·cm^2 betrug. Die Zunahme des Polarisationswiderstandes war geringfügig kleiner für hohe Stromdichten. Die maximalen Unterschiede in der Zunahme der Polarisationswiderstände lagen bei 19.6 mΩ·cm^2 und somit nahe der Standardabweichung des Polarisationswiderstandes von ±9 mΩ·cm^2 (siehe Unterkapitel 4.1.1).

Die Zunahme der ohmschen Widerstände aus den Versuchen wurde über der Zeit aufgetragen und mit der Abnahme der ionischen Leitfähigkeit von 3YSZ verglichen (siehe Abb. 4-115). Die Messdaten wurden von MÜLLER [Mü_04/D] entnommen, der die Leitfähigkeitsabnahme an 140 µm dicken 3YSZ-Elektrolyten von *Nippon Shokubai* bei 950°C und über einen Zeitraum von 3'500 h untersuchte. Es zeigt sich, dass der ohmsche Widerstand der Zellen bei Versuchsbeginn etwa 30 mΩ·cm^2 größer als der des Elektrolyten ist. Trotzdem weist die Zunahme des Elektrolytwiderstandes den gleichen Kurvenverlauf wie der ohmsche Widerstand der Zellen auf. Auch die absolute Zunahme von R$_\Omega$ war mit 53 mΩ·cm^2 nahezu identisch mit der Zunahme des ohmschen Widerstandes der Zellen.

KAPITEL 4: Ergebnisse

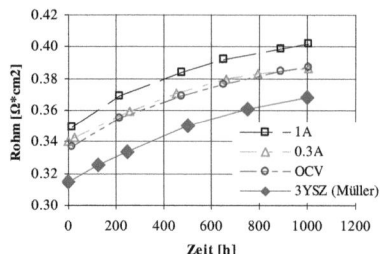

Abb. 4-115: Zunahme des ohmschen Widerstände von Zellen mit Ni/8YSZ-Anoden und einem 3YSZ-Elektrolyt bei 950°C

Die Analyse der REM-Bilder der Anodenmikrostrukturen, welche mit verschiedenen Stromdichten betrieben wurden, zeigten keine offensichtlichen mikrostrukturellen Unterschiede.

4.2.1.4. Diskussion der Ergebnisse

Die Messergebnisse zeigten einen großen Einfluss der Temperatur und des Wasserdampfgehaltes auf die Veränderungen der Mikrostruktur. Dies gilt vor allem für die Vergröberung des Nickels, welche vielfach in der SOFC-Literatur [Iwa_96][Ela_91][Sim_00][Vas_01][Nor_05][Hag_06], aber auch bei anderen Technologien [Tei_01][Seh_06/b] beobachtet wurde.

Im vorangegangenen Unterkapitel 4.1 wurde der Einfluss der Partikelgröße auf die Zellleistung bereits diskutiert. Je größer die Partikel, desto kleiner die Länge der Dreiphasengrenze. Die Kenntnis über den Vergröberungsmechanismus oder zumindest die mathematische Beschreibung der Ni-Vergröberung mit der Zeit ist deshalb wichtig, um die Lebensdauer einer Anode vorhersagen zu können. In diesem Zusammenhang haben WUILLEMIN et al. [Wul_08] für großflächige Brennstoffzellen in einer Repeat-Unit gezeigt, dass die Degradation von

KAPITEL 4: Ergebnisse

den lokalen Betriebsbedingungen auf der Zelle abhängt. Das bedeutet, dass beispielweise die Temperatur, die Stromdichte oder der Wasserdampfgehalt örtlich sehr unterschiedlich sein können und somit auch die örtliche Degradation der Zelle unterschiedlich ist. Um die lokale Degradation vorhersagen zu können, müssen deshalb die wesentlichen Einflussparameter auf die Ni-Vergröberung, wie beispielsweise Temperatur, Wasserdampfgehalt oder Stromdichte, in Modellexperimenten voneinander subtrahiert werden.

Mikrostrukturelle Veränderungen der Anode ohne Wasserdampf: Die Auslagerungen ohne Wasserdampf zeigten einen Anstieg der Ni-Partikelradien mit der Zeit. Prinzipiell änderten sich die Ni-Partikelradien sowohl für Anode 1 als auch für Anode 2 weniger drastisch als unter Wasserdampfatmosphäre (siehe Abb. 4-86 und Abb. 4-87). Im Gegensatz zu den Auslagerungen in wasserdampfhaltiger Atmosphäre änderten sich die Partikelradien in Anode 1 stärker als in Anode 2. Wegen der wenigen Messpunkte (drei) ist es jedoch nicht sinnvoll die Messkurve mathematisch zu beschreiben, bzw. einen Transportmechanismus vorherzusagen. Auf eine weitere Interpretation wird vorerst verzichtet.

Mikrostrukturelle Veränderungen der Anode mit Wasserdampf: Die REM-Bilder in den Abb. 4-88, Abb. 4-89 und Abb. 4-90 zeigen im Vergleich zur Auslagerung ohne Wasserdampf, dass die Ni-Vergröberung von der Wasserdampfmenge und der Temperatur abhängt, bei welcher die Probe ausgelagert wird. Dies deckt sich qualitativ mit den Ergebnissen und Interpretationen von GUBNER et al. [Gub_97] und THYDÉN [Thy_08/D]. GUBNER et al. [Gub_97] deuteten den Mechanismus als Gastransport über das volatile $Ni(OH)_2$. Aus Abb. 4-103 ist ersichtlich, dass der Dampfdruck von $Ni(OH)_2$ im SOFC-Betriebsbereich deutlich über dem von LOU et al. [Lou_85] vorgeschlagenen Wert von 10^{-3} Pa liegt, ab dem ein signifikanter Materialtransport messbar wird. Nach den thermodynamischen

KAPITEL 4: Ergebnisse

Berechnungen von GUBNER et al. [Gub_97] bzw. STÜBNER [Stü_02/D] erhöht sich der Molanteil von Ni(OH)$_2$ im chemischen Gleichgewicht mit steigendem H$_2$O-Gehalt und steigender Temperatur. Dies deckt sich insofern qualitativ mit den hier gezeigten Resultaten (Abb. 4-89 und Abb. 4-90), als dass die Vergröberung des Nickels ebenfalls mit steigender Wasserdampfmenge bzw. Gehalt und steigender Temperatur zunimmt. In diesem Zusammenhang weist THYDÉN [Thy_08/D] darauf hin, dass nach der Gibbs-Thomson-Gleichung (Gleichung 2-22) die Dampfdrücke kleiner Partikel nochmals höher sind.

Geht man davon aus, dass es keine Diffusionslimitierungen in die poröse Anodenmikrostruktur gibt, so hängt die Ni-Agglomeration nach Abb. 4-88 und Abb. 4-90 primär von der Menge an Wasserdampf und der spezifischen Ni-Oberfläche ab und nur indirekt von der Konzentration des Wasserdampfes. Trifft ein H$_2$O-Molekül auf die Oberfläche des Nickels, so kann es dort adsorbiert und später wieder desorbiert werden. Mit zunehmender Wasserdampfmenge nähert man sich einem thermodynamischen Gleichgewicht, bei welchem die Anzahl an adsorbierten H$_2$O-Molekülen gleich der Anzahl an desorbierten H$_2$O-Molekülen ist. Demnach gibt es auch einen direkten Zusammenhang zwischen der Ni-Oberfläche und der Menge an adsorbierten H$_2$O-Molekülen. Für die Verdampfung und Kondensation von Ni bzw. Ni(OH)$_2$ spielt vor allem die Halbkristalllage eine entscheidende Rolle, d.h. die Oberflächenatome, welche genau die Hälfte der möglichen Bindungen zu Nachbaratomen des Kristallgitters eingegangen sind. Ob sich die Halbkristalllage auflöst oder erweitert, hängt davon ab, ob das umgebende Medium in Bezug auf den Festkörper über- oder untersättigt ist. Es sei angemerkt, dass es in anwendungsnahen SOFC-Systemen ggf. zum Abtransport des Nickels aus der Anode kommt [Gub_97].

In den Bildern der Abb. 4-88 und Abb. 4-89 ist qualitativ zu erkennen, dass die kleinen Partikel verschwinden bzw. zu großen Partikel agglomerieren. Dies kann prinzipiell durch zwei Mechanismen erklärt werden:

KAPITEL 4: Ergebnisse

1) Migration ganzer Nickelcluster mit anschließender Koaleszenz
2) Ostwald-Reifung über Diffusion und/oder Verdampfung/Kondensation

Die Migration ganzer Ni-Cluster wurde von SEHESTED et al. [Seh_04] für die Agglomeration von Nickelpartikeln bei der Dampfreformierung vorgeschlagen und von THYDÉN [Thy_08/D] für die Ni/YSZ-Anode diskutiert. SEHESTED et al. [Seh_04] gehen davon aus, dass die Sinterung von Ni-Katalysatoren durch die Mobilität winziger Ni-Kristalle mit anschließender Koaleszenz stattfindet. Dabei werden Ni_2OH-Komplexe an der Oberfläche der Ni-Cluster gebildet. Der gerichtete Transport von Ni-Atomen oder Komplexen über die Oberfläche versetzt den Ni-Cluster in eine Translationsbewegung [Seh_06/b]. Dieser Mechanismus fand bei SEHESTED et al. [Seh_04] jedoch unterhalb von 600°C statt und für Cluster/Partikel mit wenigen Nanometern Durchmesser, welche fein verteilt waren auf einem keramischen Substrat. Bei höheren Temperaturen > 600°C beobachteten SEHESTED et al. [Seh_04] eine beschleunigte Sinterung der Ni-Partikel und interpretierten dies als Ostwald-Reifung. Aufgrund dieser Resultate wurde in dieser Arbeit wegen der hohen SOFC-Betriebstemperaturen (750 - 1000°C) und den im Vergleich zur Ni-Dampfreformierung großen Ni-Partikeln (> 200 nm) ein Diffusionsprozess oder Verdampfungs-/Kondensationsprozess auf atomarer bzw. molekularer Ebene erwartet.

Die quantitative Auswertung der Mikrostrukturen ist in den Abb. 4-92 bis Abb. 4-97 zu sehen. Für das Nickel zeigte sich sowohl in Anode 1 (Abb. 4-92) als auch in Anode 2 (Abb. 4-95) ein starker Anstieg der Partikelradien innerhalb der ersten 200 h. Danach ändern sich die Partikelradien weniger drastisch. Insbesondere in Anode 1 nahmen die Partikelradien bei Auslagerungszeiten von > 2'000 h für einige Partikelgrößen wieder ab. Die Auftragung der Phasenanteile über der Zeit zeigte jedoch eine starke Zunahme der Porosität in diesem Bereich

KAPITEL 4: Ergebnisse

(Abb. 4-98) sowie eine Zunahme der Streuung der Messwerte in der Bildauswertung mit zunehmender Versuchsdauer (Abb. 4-99). Der starke Anstieg der Porosität ist ein bisher ungeklärtes Phänomen. Mehrere Möglichkeiten werden in Betracht gezogen:

a) Abdampfung des Nickels: Dies könnte auch die Abnahme des Partikeldurchmessers bei Auslagerungszeiten > 2'000 h erklären. Die Abdampfung des Nickels über das volatile $Ni(OH)_2$ wurde in der Literatur berichtet [Gub_97][Barf_03][Hag_06]. Trotzdem bleibt anzumerken, dass die hier beobachteten Phasenveränderungen groß waren.

b) Irreversible Ausdehnung der Anode: Dies wurde bereits für den Redox-Zyklus nachgewiesen, ist jedoch nicht für den kontinuierlichen Betrieb bekannt. Anhand der hier durchgeführten REM-Untersuchungen kann eine Ausdehnung der Anode weder bestätigt noch ausgeschlossen werden, da die Schichtdicke dieses Anodentyps nach der Herstellung signifikant variiert.

c) Veränderung der Mikroporosität im Nickel: die Mikroporosität kann im BSE-Bild in der Regel nicht aufgelöst werden und zeigt möglicherweise eine Veränderung mit der Zeit. Für die Ni/8YSZ-Anode wurde das Entstehen von Poren durch die Redox-Zyklierung beobachtet (siehe Unterkapitel 4.1.4). Ähnliche Beobachtungen sind auch aus der Literatur bekannt [Faes_09/c][Sar_08]

d) Probleme in der Bildauswertung: Dies betrifft vor allem den Kontrast zwischen Ni und CGO. Möglicherweise können die Bereiche, in denen die Festphasen Ni und CGO in Kontakt stehen, nicht eindeutig zugeordnet werden. Mit zunehmender Versuchsdauer nimmt die Anzahl an Kontakten ab.

e) Ausbrechen von losen Partikeln, insbesondere der harten Keramikpartikel während der Probenherstellung. Die Proben wurden in Epoxy-Hartz eingebettet, mit SiC-Papier geschliffen und mit

Tonerde poliert. Erste noch unveröffentlichte Mikrostrukturanalysen an Proben, welche am FIB präpariert wurden (Probe 15 µm^3), zeigen in der Tat eine geringere Porosität.

Neben der Vergröberung des Nickels zeigte auch der CGO-Partikelradius ein Wachstum über 2'286 h. Der Kurvenverlauf der anfänglichen Wachstumsphase war qualitativ ähnlich wie bei der Nickelagglomeration. Danach flacht das CGO-Wachstum ab bzw. für Anode 1 nahm der Partikelradius wieder ab. Es wurden bisher keine Hinweise in der Literatur bezüglich der Agglomeration des CGO gefunden. Die weiteren Versuche in Unterkapitel 4.2.2 werden zeigen, dass der Wasserdampf zumindest einen Einfluss auf die Agglomeration des CeO$_2$ haben könnte.

Eine Änderung des Porendurchmessers war insbesondere nach Auslagerungszeiten > 1'000 h sichtbar. Es wird davon ausgegangen, dass es einen Zusammenhang zwischen dem Anstieg des Porenanteils und dem Porendurchmesser gibt.

Verschiedene Wachstumsgesetze wurden an die Messdaten angefittet (siehe Abb. 4-100 und Tab. 4-16). Von den exponentiellen Wachstumsgesetzten konnte das r^4-Wachstumsgesetz am besten an die Messdaten angefittet werden. Dieses beschreibt nach IMRE et al. [Im_00] den Transport von adsorbierten Atomen über die Oberfläche des Festkörpers. Die Messdaten ließen sich ebenfalls gut mit dem Modell von FAES et al. [Faes_00] und mit der Kombination aus r^4-Wachstum und linearer Abdampfung des Nickels anfitten. Das Modell von FAES et al. [Faes_00] wurde von der Auflâdung eines Kondensators abgeleitet. Übertragen auf die Ni-Agglomeration bedeutet dies, dass sich der Partikelradius einem Maximum annähert. Die Autoren gehen davon aus, dass das Ni-Wachstum durch das starre keramische Gerüst blockiert wird. Das Modell wurde für eine Auslagerungszeit von 1'000 h an einer Ni/8YSZ-Anode in reduzierenden Atmosphären mit moderaten Wasserdampfgehalten validiert und liefert derzeit keine Aussage über die

KAPITEL 4: Ergebnisse

Berechnung der Konstanten (k_{cap}). Ob das Modell für längere Auslagerungszeiten angewandt werden kann, bleibt unklar, da die hier gezeigten Ergebnisse ein starke Veränderung der Mikrostruktur ab einer Auslagerungszeit von > 1'000 h zeigten. Es sei jedoch nochmals darauf hingewiesen, dass sowohl der Anodentyp als auch der Wasserdampfgehalt nicht mit den hier durchgeführten Versuchen übereinstimmen.

Die Berechnungen mit den kombinierten Wachstumsgesetzen (Abb. 4-100, rechts) zeigen ebenfalls eine gute Übereinstimmung mit den Messdaten. Ein mögliches Szenario ist hierbei die Ni-Vergröberung nach einem exponentiellen Wachstumsgesetz bei gleichzeitiger Abdampfung des Nickels. Die Abdampfung von Nickel über das volatile $Ni(OH)_2$ wurde bereits von GUBNER et al. [Gub_97] angedeutet. Weitere Hinweise über den Verlust an Nickel finden sich bei BARFOD et al. [Barf_03] und HAGEN et al. [Hag_06]. Wie auch in den hier durchgeführten Analysen wurde der Ni-Verlust lediglich anhand der Phasenveränderungen in den REM-Bildern interpretiert. In der Literatur wurden jedoch bisher keine gravimetrischen Messungen gefunden, die einen Massenverlust an Nickel eindeutig belegen. Aus den Berechnungen ergibt sich eine Abnahme des Ni-Partikeldurchmessers für lange Auslagerungszeiten. Dies deckt sich zumindest teilweise mit den hier generierten Daten, wobei nochmals darauf hinzuweisen ist, dass die Standardabweichung der analysierten Ni-Partikeldurchmesser mit zunehmender Versuchsdauer zunahm (siehe Abb. 4-99).

Zusammenfassend kann beim Vergleich der verschiedenen Wachstumsgesetze gesagt werden, dass das Wachstum der Nickelpartikel annähernd gut durch verschiedene Modelle vorhergesagt werden kann, auch wenn nicht genau bekannt ist, nach welchem/n Materialtransportmechanismus/men das Wachstum tatsächlich abläuft. Das Nadelöhr ist derzeit die Gewinnung zuverlässiger Messdaten über lange Zeiträume (> 40'000 h).

KAPITEL 4: Ergebnisse

Die weiteren Berechnungen der Partikelverteilung (Abb. 4-101 und Abb. 4-102) wurden mit einem r^4-Wachstumsgesetz durchgeführt. Dies hatte folgende Gründe:

a) Die Konstante (k) kann für die Ostwald-Reifung mit der Oberflächendiffusion als Transportmechanismus berechnet werden.
b) Der Mechanismus der Oberflächendiffusion von adsorbierten Atomen nach IMRE et al. [Im_00][Pop_09] passt gut zu den experimentellen Beobachtungen (Abb. 4-104)

Die Experimente haben gezeigt, dass wahrscheinlich die Menge an Wasserdampf eine entscheidende Rolle beim Ni-Vergröberungsmechanismus spielt. Es wird davon ausgegangen, dass sich auf der Oberfläche des Nickels das leicht flüchtige $Ni(OH)_2$ bildet. Zwei Szenarien werden derzeit für denkbar gehalten:

1) Der Materialtransport erfolgt über einen Diffusionsprozess des zuvor gebildeten $Ni(OH)_2$ über die Oberflächen der Festkörper.
2) Das Nickel-Hydroxid verdampft und kondensiert an der Oberfläche der Ni-Partikel. Trifft ein $Ni(OH)_2$-Molekül auf die Oberfläche eines Partikels, so kann es dort adsorbiert werden. Nach der Theorie kann das $Ni(OH)_2$-Molekül ein Teil der Energie des Aufpralls zur Fortbewegung auf der Partikeloberfläche nutzen [Wag_02/D]. Es wird nun davon ausgegangen, dass die Oberflächendiffusion des $Ni(OH)_2$ zu einer Stelle mit niedrigem Dampfdruck (z.B. Sinterhals) stattfindet. Lokale Unterschiede im Dampfdruck ergeben sich durch die Partikelgrößen und die Krümmungen der Partikeloberflächen. Die Verdampfung/Kondensation wird nicht als geschwindigkeitsbestimmend angesehen, sondern die Oberflächendiffusion. Ein Teil des Nickels kann aus der Anode ausgetragen werden.

Kapitel 4: Ergebnisse

Die Ni-Partikel in Anode 2 agglomerieren stärker als in Anode 1. Dies hängt wahrscheinlich damit zusammenhängen, dass der keramische Anteil in Anode 1 höher und deshalb die Diffusion des Ni(OH)$_2$ behindert ist. Die Keramik beeinflusst ggf. die Ostwald-Reifungs-Konstante. Da der untersuchte Zeitraum mit 2'286 h, im Vergleich zur erforderlichen Lebensdauer (40'000 h) sehr kurz ist, bleibt offen, ob das r^4-Wachstumsgesetz auch für längere Auslagerungszeiten in wasserdampfhaltiger Atmosphäre angewandt werden kann. Insbesondere für Anode 1 wurde beobachtet, dass die berechneten Werte nach 2'286 h über den tatsächlich gemessenen Werten liegen. Zum gegenwärtigen Zeitpunkt kann nicht gesagt werden, ob es sich um eine natürliche Streuung der Messwerte oder ein reales physikalischen Phänomen handelt. Da sich die Mikrostrukturen in wasserdampfhaltiger Atmosphäre sehr stark ändern, bleibt ebenfalls offen, inwiefern die Mikrostrukturen noch als isotrop angesehen werden können. Diesbezüglich deuten die REM-Bilder qualitativ darauf hin, dass es zu einer Entmischung der Phasen während der Auslagerung kommt. Die Nickelpartikel sind nach 2'286 h nicht mehr gut mit den CGO-Partikeln benetzt. Das CGO-Netzwerk scheint nicht mehr gut verbunden zu sein und weist eine „sandige" Struktur auf.

Die aus den REM-Bildern generierten Partikelverteilungen zeigen Unregelmäßigkeiten für die extrem kleinen und großen Partikel (< r10 und > r95). Es wird vermutet, dass diese nicht durch physikalische Vorgänge begründet sind, sondern aufgrund der Limitierung des Bildauswertungsprogramms in diesen Bereichen zustande kommen. Die Bildanalyse wird innerhalb der Radien r10 und r95 als stabil angesehen. Weitere kritische Punkte der Bildanalyse sind die bereits angesprochene Verschiebung der Phasenanteile und die Inhomogenität der Mikrostruktur.

Die REM-Bilder der Modellanodenoberfläche aus dem Auslagerungsversuch in Abb. 4-104 zeigen qualitativ die mikrostrukturellen Veränderungen über einen Zeitraum von 500 h an der gleichen Stelle. In den ersten 30 h verändert sich zunächst die

KAPITEL 4: Ergebnisse

Oberflächenmorphologie des Nickels. Im weiteren Versuchsverlauf war zu erkennen, dass kleine Partikel verschwanden und an anderer Stelle größere Partikel entstanden. Wie bereits erwähnt wird diese phänomenologische Beobachtung als Ostwald-Reifung bezeichnet und wurde in zahlreichen Veröffentlichungen für Nickel basierte Werkstoffe diskutiert [Ela_91][Sim_00][Seh_06/b][Thy_08/D][Faes_09/b]. Zumindest in diesem Bildausschnitt entsteht das Wachstum größerer Partikel nicht unmittelbar durch die Versinterung benachbarter Partikel. Allem Anschein nach bewegen sich die Atome über eine längere Distanz. Dies ist auch daran zu erkennen, dass sich eine Kristallfläche ausbildet, ohne dass ein direkt benachbartes Ni-Partikel vorhanden ist. Dies bestätigt nochmals die Annnahme, dass die Ni-Atome bzw. die $Ni(OH)_2$-Moleküle entweder über einen Oberflächendiffusionsprozess transportiert werden und/oder einen Verdampfungs-/Kondensationsmechanismus. Die Oberflächendiffusion von reinem Nickel wurde von VASSEN et al. [Vas_01] berechnet. Das berechnete Wachstum des Ni-Partikelradius von knapp über 100 nm in 1'000 h liegt etwas höher als die hier gezeigte Ni-Agglomeration ohne Wasserdampf. Das Modell von VASSEN et al. [Vas_01] reicht demnach nicht aus, um die gezeigten Veränderungen in der Mikrostruktur in wasserdampfhaltigen Atmosphären zu erklären. THYDÉN [Thy_08/D] schlägt vor, dass der von VASSEN et al. [Vas_01] vorgeschlagene Mechanismus lediglich für reduzierende Atmosphären mit niedrigen Wasserdampfpartialdrücken gilt, wohingegen unter realen SOFC-Betriebsbedingungen der Transport über das Nickel-Hydroxid der entscheidende Mechanismus ist. Dies deckt sich im wesentlichen mit den hier dargestellten Beobachtungen. Es sei jedoch nochmals angemerkt, dass auch die Versuchsanordnung und –durchführung einen entscheidenden Einfluss auf die Ni-Agglomeration haben können. Die hier gezeigten Ergebnisse deuten darauf hin, dass insbesondere die Wasserdampfmenge die Ni-Agglomeration beeinflusst.

KAPITEL 4: Ergebnisse

Temperatur: Der Einfluss der Reduktionstemperatur auf die Veränderung der Mikrostruktur wurde in Abb. 4-105 gezeigt. Während die Phasen bei niedriger Temperatur noch relativ homogen ineinander verteilt waren, hat bei SOFC-Betriebstemperaturen (750 – 1000°C) ein merkliches Wachstum der Nickelpartikel bzw. eine Entmischung der Phasen stattgefunden. Der qualitative Eindruck aus der REM-Bildserie in Abb. 4-105 und die quantitative Auswertung der REM-Bilder, dargestellt in den Abb. 4-106 bis Abb. 4-109, zeigten, dass die Ni-Agglomeration bei einer Temperatur > 850°C stark zunahm. Da dies für verschiedene Ni/CG40-Anoden gemessen wurde, ist davon auszugehen, dass die Betriebstemperatur zumindest für ähnliche Ni/CG40-Anodenmikrostrukturen nicht höher als 850°C sein sollte, um die Ni-Agglomeration gering zu halten. Die Verteilung der Poren- und der Keramikradien änderte sich erst bei hohen Temperaturen > 950°C (Abb. 4-110). Mit einer Arrhenius-Gleichung wurden die Messdaten der Ni-Partikeldurchmesser in Abhängigkeit der Temperatur angefittet. Die Messdaten konnten meist gut angefittet werden. Die Abweichungen zwischen den Messwerten und den Berechnungen könnten z.B. in der statistischen Streuung der Partikelgrößen und Phasenanteile im jeweiligen Bildausschnitt begründet sein. Diesbezüglich wurde gezeigt, dass sich die Phasenanteile bei Temperaturen > 850°C stark verändern. Die Arrhenius-Abhängigkeit der Ni-Agglomeration von der Temperatur wurde erwartet, da sowohl die Verdampfung exponentiell mit der Temperatur zunimmt als auch die Diffusion (Gleichung 2-28). SEHESTED [Seh_03] zeigte, dass die Verminderung der freien Nickeloberfläche durch eine Arrhenius-Gleichung beschrieben werden kann. Es sei nochmals darauf hingewiesen, dass die Versuche ohne externen Verdampfer durchgeführt wurden. Die Nernst-Spannung betrug bei 950°C etwa 1.1 Volt, was einem Wasserdampfgehalt von etwa 2 % entsprach. Es ist daher anzunehmen, dass der Materialtransport über das $Ni(OH)_2$ eine untergeordnete Rolle spielt [Gub_97][Hal_75].

KAPITEL 4: Ergebnisse

Die Beobachtungen der mikrostrukturellen Veränderungen an einer Stelle der Oberfläche in Abb. 4-113 zeigten vor allem Veränderungen in der Oberflächenmorphologie. Da die Ni-Partikel der Modellanoden wesentlich größer als die in den zuvor gezeigten anwendungsnahen Ni-Cermet Mikrostrukturen waren und so die Triebkraft für die Sinterung reduziert war, wirkte sich der Temperatureffekt möglicherweise weniger stark aus. Da es den Bildern nach nicht zu einer signifikanten Zentrumsannäherung einzelner Partikel bzw. zu Partikelwachstum kam, ist der Materialtransport über die Oberflächendiffusion oder die Verdampfung von metallischem Nickel bei höheren Temperaturen am wahrscheinlichsten. Ob die Korngrenzendiffusion einen merklichen Einfluss auf den Sintermechanismus hat, konnte anhand der REM-Bilder nicht eindeutig geklärt werden. Die Oberflächendiffusion entspräche, wie bereits erwähnt, dem von VASSEN et al. [Vas_01] vorgeschlagenen Mechanismus bei niedrigem Wasserdampfgehalt.

Stromdichte: Innerhalb der untersuchten 1'000 h konnte keine eindeutige Korrelation zwischen der ASR-Zunahme der Zelle und der Stromdichte hergestellt werden (siehe Abb. 4-114). Der Anstieg des *ASR* konnte hauptsächlich auf eine Zunahme des ohmschen Widerstandes zurückgeführt werden (siehe Tab. 4-21 und Abb. 4-115), die für alle untersuchten Zellen etwa gleich war. Der Vergleich der Zunahme des ohmschen Widerstandes der Zellen und des Elektrolytwiderstandes (Abb. 4-115) zeigte, trotz geringer Unterschiede im Startwert, einen sehr ähnlichen Kurvenverlauf und eine nahezu identische absolute Zunahme von R_Ω von etwa 50 mΩ·cm^2. Dies deutet darauf hin, dass der Anstieg des ohmschen Widerstandes vor allem durch die Degradation des 3YSZ-Elektrolyten, bzw. der Abnahme seiner ionischen Leitfähigkeit, dominiert wird. Die Unterschiede in den Startwerten der Widerstände werden auf den ohmschen Widerstand der Anoden- und Kathodenmikrostrukturen sowie auf Kontaktierungswiderstände zurückgeführt.

KAPITEL 4: Ergebnisse

Anhand der Messdaten von MÜLLER [Mü_04/D] sinkt die Elektrolytleitfähigkeit zu Versuchsbeginn stärker ab und nähert sich dann einem Minimalwert. Die Zeitkonstanten und der Kurvenverlauf deuten auf einen diffusionskontrollierten Degradationsprozess im Festkörper hin. Diesbezüglich weist MÜLLER [Mü_04/D] für verschiedene YSZ-Elektrolyte eine Diffusion bzw. eine Segregation von Y_2O_3 an den Korngrenzen nach. Für 3YSZ detektiert der Autor ebenfalls eine geringe Veränderung der Phasenanteile von der kubischen zur tetragonalen Phase. Bezüglich der elektrischen Belastung sieht MÜLLER [Mü_04/D] keinen nennenswerten Einfluss auf die 3YSZ-Elektrolytdegradation.

Die elektrische Leitfähigkeit von Ni/8YSZ-Anoden unter elektrischer Belastung wurde von THYDEN [Thy_08/D] gemessen. THYDEN sieht keinen Einfluss der Stromdichte auf die Abnahme der Anodenleitfähigkeit. BARFOD et al. [Barf_03] sahen eine erhöhte Zunahme des *ASR* bei hohen Stromdichten und Wasserdampfpartialdrücken, konnten diese jedoch nicht eindeutig zuordnen. HAGEN et al. [Hag_06] untersuchen die Degradation einer Anoden gestützten Zelle (Ni/YSZ-Anode) in Abhängigkeit der Stromdichte und der Betriebstemperatur mit Hilfe der Impedanzspektroskopie. Hohe Stromdichten in Kombination mit tiefen Temperaturen wirken sich demnach vor allem negativ auf die Kathode aus. Der Polarisationswiderstand nahm in den hier durchgeführten Experimenten mit lediglich 6 - 26 $m\Omega \cdot cm^2$ deutlich geringer zu als der ohmsche Widerstand. Tendenziell nahm der Anstieg von R_{pol} mit steigender Stromdichte geringfügig ab. Die maximalen Unterschiede im Anstieg des Polarisationswiderstandes lagen jedoch mit 19.6 $m\Omega \cdot cm^2$ nahe der ermittelten Standardabweichung für den Polarisationswiderstand von ±9 $m\Omega \cdot cm^2$. Aus diesem Grund kann der ermittelte Anstieg von R_{pol} nicht eindeutig auf die Stromdichte zurückgeführt werden. Es ist außerdem unklar, ob bzw. wie sich die Degradation unter variierender Strombelastung auf die Anoden- und/oder Kathodenprozesse auswirkt.

KAPITEL 4: Ergebnisse

Abschließend sei angemerkt, dass der ohmsche Widerstand des Elektrolyten den Gesamtwiderstand dominiert und deshalb andere Degradationseffekte überlagert.

Die hier gezeigten Resultate und die Ergebnisse aus der Literatur deuten darauf hin, dass es zumindest in den ersten 1'000 h keinen signifikanten Effekt der Stromdichte auf die Anodendegradation gibt. Es ist demnach wahrscheinlich, dass der Strom zumindest keinen direkten Einfluss auf die Degradation der Anode hat, sondern nur indirekt die Anodendegradation fördert. Mit zunehmender Stromdichte kommt es lokal zur Temperaturerhöhung und zur Erhöhung des Wasserdampfgehaltes bzw. zum Anstieg des Sauerstoffpartialdrucks. Dieser Einfluss kann vor allem bei Brennstoffzellenstacks zur Geltung kommen, bei denen die Kontaktierung nicht ideal ist und deshalb Stromdichteverteilungen auftreten [Reum_06]. Stromdichteverteilungen bzw. unterschiedliche lokale Zellpotentiale könnten auch zu einer lokalen Oxidation des Nickels führen.

Es sei nochmals angemerkt, dass die Zeiträume, über welche die Messungen durchgeführt wurden, sowohl in den hier präsentierten Experimenten als auch in der Literatur kurz waren in Relation zu den angestrebten Betriebsdauern von > 40'000 h für stationäre SOFC-Systeme. Der direkte oder indirekte Einfluss der Stromdichte macht sich möglicherweise erst über längere Zeiträume bemerkbar.

KAPITEL 4: Ergebnisse

4.2.2. Einfluss der Keramik auf die Stabilität des Nickels

In diesem Unterkapitel wurde der Einfluss feiner Keramikpartikel auf die Ni-Vergröberung untersucht. Hierzu wurden Proben mit und ohne Keramik unter verschiedenen Betriebsbedingungen ausgelagert und danach im Rasterelektronenmikroskop untersucht.

Herstellung: Reines Nickeloxid von *J.T Baker* wurde mit einer Terpineollösung zu einer Paste verarbeitet, auf einen 140 µm 3YSZ-Elektrolyten (*Nippon Shokubai*) gedruckt und bei 1200°C/4h gesintert. Nach dem gleichem Verfahren wurde Zellen hergestellt, bei denen 1 Mol % Ce in Form von $Ce(NO_3)_3 \cdot 6H_2O$ (*Alfa Aesar*) zum Nickel zudotiert wurden, bezogen auf metallisches Nickel.

4.2.2.1. Vergleich der Mikrostrukturen

Die Modellanoden wurden in einem Auslagerungsofen verschiedenen Betriebsbedingungen ausgesetzt. Die Oberflächen der Modellanoden wurden nach der Auslagerung im Rasterelektronenmikroskop analysiert. Die REM-Bilder wurden in folgendem Zustand der Zelle aufgenommen:

1) oxidierter Zustand der Modellanode nach der Sinterung bei 1200°C/4h (links oben)
2) reduzierter Zustand der Modellanode unmittelbar nach der Reduktion bei 950°C in reiner H_2-Atmosphäre, Nernst-Spannung: 1.1 V (rechts oben)
3) oxidierter Zustand der Modellanode nach der Oxidation bei 800°C in unbefeuchteter Luft (links unten)
4) reduzierter Zustand der Modellanode nach einer 200 h Auslagerung in wasserdampfhaltiger Atmosphäre, Nernst-Spannung: 0.87 V und 6 Nml/h H_2O, 950°C

KAPITEL 4: Ergebnisse

Die Versuche wurden nacheinander an der gleichen Probe durchgeführt. Die Ergebnisse sind in den nachfolgenden Abb. 4-116 und Abb. 4-117 dargestellt. Abb. 4-116 zeigt eine Serie von REM-Bildern der Zelle mit reinem NiO bzw. Ni.

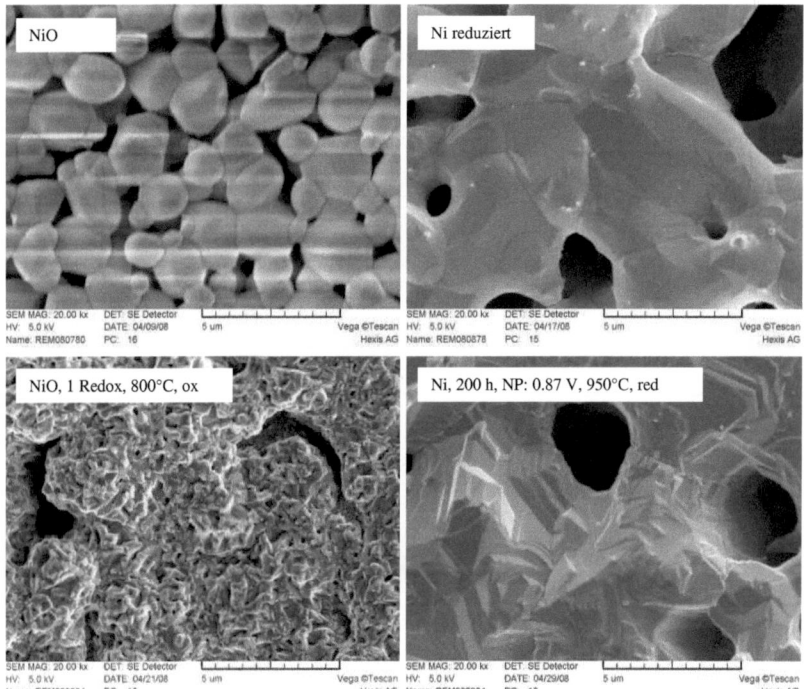

Abb. 4-116: REM-Bilder der Oberfläche, oben links: reine Nickeloxidschicht nach Sinterung bei 1200°C/4h, oben rechts: Ni-Schicht reduziert bei 950°C, unten links: NiO-Schicht nach Redox-Zyklus bei 800°C, unten rechts: Ni-Schicht nach 200 h Auslagerung bei 950°C und 60 % H_2O in H_2, 6 Nml/min H_2O, Nernst-Spannung: 0.87 V, Sekundärelektronendetektor (SE), Beschleunigungsspannung: 5 kV

KAPITEL 4: Ergebnisse

Alle Bilder zeigen die Oberfläche der Schicht. Links oben sieht man die NiO-Schicht nach der Sinterung und rechts oben die gleiche Schicht nach der ersten Reduktion bei 950°C. Es ist deutlich zu erkennen, dass die Reduktion eine Sinterung des Nickels bei dieser Temperatur bewirkte. Links unten sieht man die NiO-Schicht nach dem ersten Redox-Zyklus bei 800°C. Die Oberfläche weist eine mit kleinen Kristallen überdeckte Struktur auf. Danach wurde die Schicht für 200 h in wasserdampfhaltiger Atmosphäre ausgelagert. Das REM-Bild rechts unten zeigt die Oberfläche der Ni-Schicht nach der Auslagerung. Es ist eine facettenreiche Oberfläche zu erkennen. Die Sinterung der Schicht war weiter vorangeschritten und der Porenanteil hatte sich reduziert.

Analog zu Abb. 4-116 sind in Abb. 4-117 eine Serie von Bildern zusammengefasst bei denen die Ni-Anode mit 1 Mol % Ce dotiert wurde. Die Ausgangsschicht links oben zeigt eine deutlich feinere Mikrostruktur im Vergleich zur reinen Nickel-Schicht. Nach der Reduzierung agglomerierte das Nickel weniger stark. Die Ceroxid-Partikel waren auf der Oberfläche des Nickels zu erkennen (kleine helle Partikel). Es fand offensichtlich keine signifikante Lösung des Cers im Nickelkristallgitter statt. Eine ähnliche Aussage findet sich in der Literatur [Dat_08]. Nach dem ersten Redox-Zyklus (links unten) blieb die Mikrostruktur erhalten. Durch die Auslagerung in wasserdampfhaltiger Atmosphäre vergröberte sich nicht nur das Nickel sondern auch das Ceroxid.

KAPITEL 4: Ergebnisse

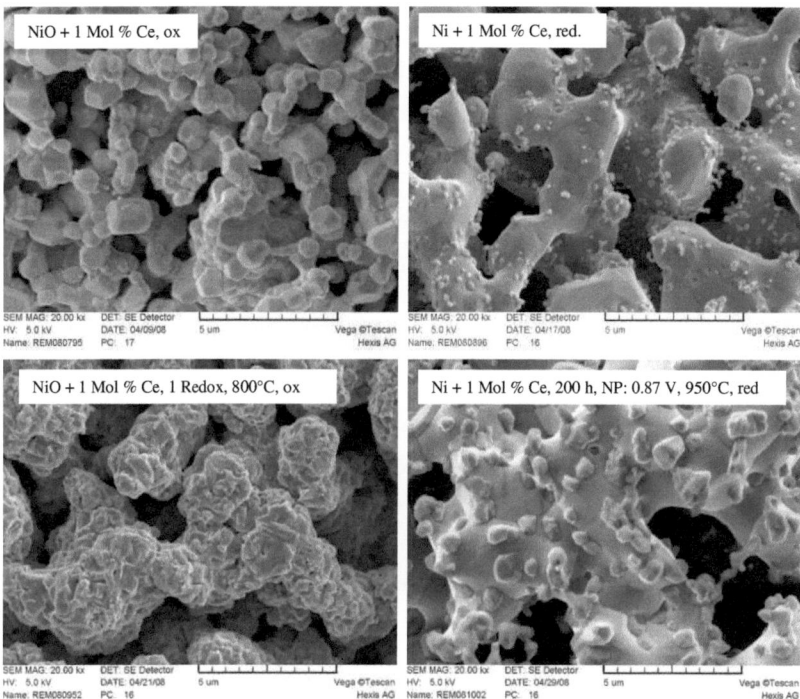

Abb. 4-117: REM-Bilder der Oberfläche, oben links: Nickeloxidschicht mit 1 Mol % Ce nach Sinterung bei 1200°C/4h, oben rechts: Ni-Schicht mit 1 Mol % Ce reduziert bei 950°C, unten links: NiO-Schicht mit 1 Mol % Ce nach Redox-Zyklus bei 800°C, unten rechts: Ni-Schicht mit 1 Mol % Ce nach 200 h Auslagerung bei 950°C und 60 % H_2O in H_2, 6 Nml/min H_2O Nernst-Spannung: 0.87 V, Sekundärelektronendetektor (SE), Beschleunigungsspannung: 5 kV

4.2.2.2. Diskussion der Ergebnisse

In der Literatur wird beschrieben, dass das starre keramische Gerüst der Ni-Cermet-Anode die Agglomeration des Nickels vermindert

KAPITEL 4: Ergebnisse

[Ito_97][Sun_07]. Die optimale Phasenzusammensetzung bezüglich der Zellleistung und der Stabilität liegt für die Ni/8YSZ-Anode ungefähr zwischen 40 – 50 Vol. % Nickel [CHL_97].
Immer wieder wird auf die besondere Rolle feiner Partikel auf die Zellleistung [Kaw_07][Gr_97] aber auch auf die Stabilität des Cermets aufmerksam gemacht [Fu_03]. Es wird erwartet, dass feine und homogen verteilte Partikel die Dreiphasengrenze in die Anode ausdehnen [Mari_00][Gr_97].
Die Auslagerungsversuche in den Abb. 4-116 und Abb. 4-117 haben gezeigt, dass die Agglomeration des Nickels durch die Zudotierung von 1 Mol % Cer drastisch reduziert wurde. Das Cer, welches in Form eines Nitrats zudotiert wurde, oxidierte während der Sinterung bei 1200°C zu CeO_2. Die Bilder zeigen, dass das Ceroxid nach der ersten Reduktion als feine Partikel (~100 nm) auf der Oberfläche des Nickels verteilt war. Dies bedeutet, dass es wahrscheinlich keine wesentliche Löslichkeit von Ceroxid in Nickel gab. Umgekehrt wurde dies bereits für die Löslichkeit von Nickel in Ceroxid gezeigt [Dat_08]. Aus den Bildern in Abb. 4-117 ist zu erkennen, dass es bei einem Dotierungsanteil von 1 Mol % Cer keine durchgängige Verbindung zwischen den Ceroxid-Partikeln gibt, d.h. es ist kein starres zusammenhängendes Ceroxid-Netzwerk vorhanden. Die Verlangsamung der Ni-Agglomeration ist demnach nicht nur auf ein starres keramisches Netzwerk zurückzuführen, sondern auf kleine Partikel welche fein verteilt sind auf der Oberfläche der Nickelpartikel. Es wird davon ausgegangen, dass die feinen Keramikpartikel als „Abstandshalter" zwischen den Nickelpartikeln fungieren und so den direkten Kontakt zwischen Ni-Partikeln reduzieren. Diese behindern vor allem die Diffusionsprozesse wie beispielsweise die Oberflächendiffusion und/oder die Verdampfungs- und Kondensationsprozesse, welche zur Nickel-Agglomeration beitragen. Fehlen die „Abstandshalter" so gibt es umgekehrt mehr Berührungspunkte zwischen benachbarten Ni-Partikeln

KAPITEL 4: Ergebnisse

und die Diffusionsprozesse können ungehindert ablaufen. Dies ist schematisch in Abb. 4-118 an einem Zwei-Kugel-Modell dargestellt.

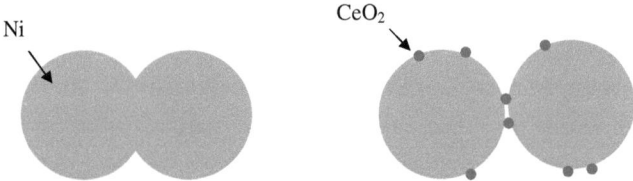

Abb. 4-118: Schematische Darstellung der Wirkung von fein verteilten CeO_2-Partikeln auf der Oberfläche des Nickels, links: Nickel ohne CeO_2, rechts: Nickel mit CeO_2, hellgrau: Nickel, dunkelgrau CeO_2

Ähnliche Beobachtungen wurden von YU et al. [Yu_07] und MOON et al. [Mo_99] gemacht. MOON et al. [Mo_99] stellen die Bedeutung von feinen keramischen Partikeln heraus, welche homogen an der Oberfläche des Nickels verteilt waren. Im Vergleich zum mechanischen Mischen der gleichen Phasenanteile ineinander konnte eine deutliche Verminderung der Ni-Agglomeration gezeigt werden. Der Phasenanteil an ZrO_2 betrug 15 Vol. %. Es war deshalb davon auszugehen, dass sich kein kontinuierliches keramisches Netzwerk ausgebildet hat.

Dies bestätigen auch die Ergebnisse aus dem Unterkapitel 4.1.4. Feine Keramikpartikel behindern die Versinterung der NiO-Partikel während der Herstellung zu großen Agglomeraten. Durch die Verwendung von feinen Keramikpartikeln können feine Mikrostrukturen hergestellt werden, in denen die drei Phasen Nickel, Keramik und Poren sich durchdringende Netzwerke ausbilden. Nach der ersten Reduktion der Anode und im fortlaufenden Brennstoffzellenbetrieb kommt es zur Reorganisation der Mikrostruktur bzw. zur Ni-Agglomeration. Die feinen Keramikpartikel

KAPITEL 4: Ergebnisse

können die Ni-Agglomeration zwar verlangsamen, nicht aber verhindern. Rein statistisch gibt es in feinen Mikrostrukturen mehr Kontakte zwischen Ni-Partikeln als in groben Mikrostrukturen. Gleichzeitig ist die Triebkraft für die Sinterung in fein strukturierten Anoden höher. Dies bedeutet, dass sich der Kontaktverlust zwischen benachbarten Ni-Ni-Partikeln in fein strukturierten Anoden wegen der erhöhten Anzahl an Kontaktpunkten schneller auswirkt. Die Nickelpartikel werden mit zunehmender Versuchsdauer isoliert. Da die isolierten Nickelpartikel mit feinen Keramikpartikeln umgeben sind, kann wenig Interaktion mit anderen benachbarten Nickelpartikeln stattfinden. Dies wirkt sich vor allem auf die elektrische Leitfähigkeit der Anode und den Polarisationswiderstand aus. Dennoch ist es bezüglich der Zellleistung und Degradation besser eine Anode mit „feiner" Mikrostruktur herzustellen. Der „grobe" Ni/8YSZ-Stromsammler hingegen zeigte in Unterkapitel 4.1.4 eine erhöhte Stabilität der elektrischen Leitfähigkeit.

In wasserdampfhaltiger Atmosphäre wurde eine Agglomeration des CeO_2 beobachtet (Abb. 4-117). Die Vergröberung von CGO-Partikeln unter konstanten Auslagerungsbedingungen wurde bereits im vorangegangenen Unterkapitel 4.2.1 in den quantitativen Mikrostrukturanalysen beobachtet. Zur Agglomeration von CGO wurden keine Literaturhinweise gefunden. Anhand der hier durchgeführten Versuche erscheint eine Interpretation des Materialtransportmechanismus zum gegenwärtigen Zeitpunkt nicht sinnvoll.

Zusammenfassend ist festzuhalten, dass die Ni-Agglomeration nicht nur durch das starre keramische Gerüst beeinflusst wird, sondern auch durch fein verteilte Keramikpartikel auf der Oberfläche der Nickelpartikel.

KAPITEL 4: Ergebnisse

4.2.3. Redox-Stabilität: Modellexperimente, Elektrochemie und Leitfähigkeit

In diesem Unterkapitel wurden mikrostrukturelle Veränderungen der Anode unter Redox-Zyklierung untersucht und mit den elektrischen und elektrochemischen Daten korreliert. Hierzu wurden die elektrische Leitfähigkeit und die Zellwiderstände im kontinuierlichen Betrieb und unter Redox-Zyklierung bestimmt. Der Einfluss der Redox-Temperatur auf die elektrische Leitfähigkeit, den Zellwiderstand und die mikrostrukturellen Veränderungen wurden untersucht. Mikrostrukturen wurden im Rasterelektronenmikroskop analysiert. Das Unterkapitel ergänzt die Ergebnisse aus Unterkapitel 4.1.2.

Herstellung: Für ein Auslagerungsexperiment wurde eine Anodenpaste (PSL070023) aus einem Gewichtsanteil von 82 Vol. % grobem Nickel (*Cerac*) und 18 Vol. % feinem 8YSZ (*Tosoh*) hergestellt, auf einen 140 µm dicken 3YSZ-Elektrolyten (*Nippon Shokubai*) siebgedruckt und bei 1300°C/4h gesintert. Reversible und irreversible Veränderungen wurden an Zellen O-220306-2 mit Ni/CG40-Anoden untersucht. Die Zunahme des *ASR* der Zelle unter Redox-Beanspruchung wurde mit der Zunahme des *ASR* unter konstanten Betriebsbedingungen verglichen. Hierzu wurde die Zelle P-120207-1 verwendet. Die Zellen P-120207-1 und O-220306-2 stammen aus einer Produktionscharge der Firma *Hexis AG*. Die verschiedenen untersuchten Zellen sind in der nachfolgenden Tab. 4-22 aufgelistet.

Tab. 4-22: verschiedene Anoden, welche für die Redox-Zyklierung verwendet wurden

Zellen-ID	Anodenmaterial	Eigenschaften
PSL070023	Ni/8YSZ	Modellanode, Ni:YSZ 82:18 Vol. %
P-120207-1	Ni/CG40	Doppelschichtanode auf *Hexis* Produktionszelle, Typ 1
O-220306-2	Ni/CG40	Doppelschichtanode auf *Hexis* Produktionszelle, Typ 2

4.2.3.1. Redox-Zyklierung an Modellanoden

Redox-Versuche wurden an Modellanoden (PSL070023) in einem Auslagerungsofen durchgeführt. Eine Serie von REM-Bildern ist in Abb. 4-119 dargestellt und zeigt die Veränderung der Mikrostruktur im Verlauf des Experiments an der gleichen Stelle. Die Versuche wurden ohne zusätzlichen Verdampfer in einer Atmosphäre von H_2/N_2 (5:95 Vol. %) und 200 Nml/min Gesamtgasfluss durchgeführt. Die Nernst-Spannung wurde mit einer Pt|8YSZ|Pt-Sonde gemessen und betrug etwa 1.1 V ($p(O_2) \approx 1.55^{-19}$ mbar). Vor und nach der Oxidation wurde der Auslagerungsofen für ca. 1 h mit N_2 gespült. Die Oxidation erfolgte durch einen unbefeuchteten Luftmassenstrom von 100 Nml/min.

Abb. 4-119 links oben (A) zeigt die Oberfläche der Schicht nach der Herstellung im oxidierten Zustand. Die Kristallflächen der Nickeloxidpartikel und die facettierten Oberflächen einzelner Kristalle sind gut zu erkennen. Nach der ersten Reduktion (Bild B) bei 700°C verschwanden die facetierten Kristalloberflächen zu Gunsten strukturierter Ni-Oberflächen. Eine Zunahme der Porosität und das Aufweiten von Rissen sind zu erkennen. Danach wurde die Temperatur auf 950°C erhöht. Nach der ersten Oxidation bei 950°C (Bild C) scheinen sich die Risse aufzuweiten. Dies weist auch auf die Irreversibilität des Redox-Zyklus hin.

KAPITEL 4: Ergebnisse

Die Oberflächen der Nickeloxidpartikel waren mit kleinen NiO-Kristallen bedeckt. Nach abermaliger Reduktion bei 950°C verschwanden die kleinen Kristalle zugunsten abgerundeter Konturen. Einzelne Partikel waren nur noch schwer erkennbar.

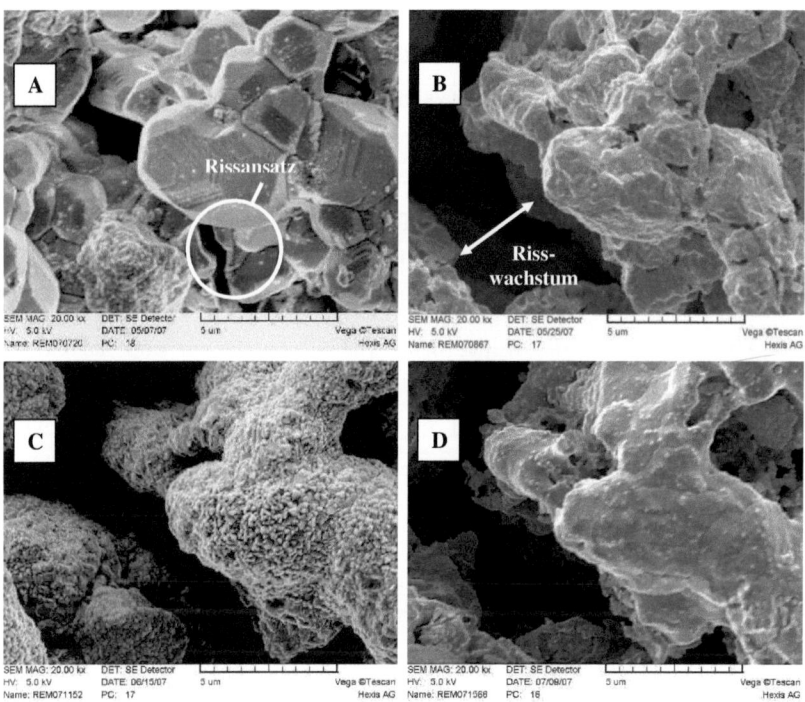

Abb. 4-119: Mikrostrukturelle Veränderungen einer Ni/8YSZ-Modellanode (PSL070023) unter Redox-Beanspruchung. Die REM-Bilder wurden an derselben Stelle auf der Oberfläche der Probe aufgenommen. A: nach Herstellung, B: nach Reduktion bei 700°C, C: nach erster Re-Oxidation bei 950°C, D: nach 2ten Reduktion bei 950°C, Nernst-Spannung: 1.1 V, Sekundärelektronendetektor (SE), Beschleunigungsspannung: 5 kV

KAPITEL 4: Ergebnisse

4.2.3.2. Irreversible Volumenausdehnung an realen Anoden

Die REM-Bilder von OUWELTJES et al. [Ou_08] deuten darauf hin, dass die irreversible Volumenausdehnung auch bei anwendungsnahen Ni-Cermet-Anoden der Elektrolyt gestützten Zelle auftritt. Um dies zu bestätigen, wurde die Zelle mit der Ni/CG40-Anode O-220306-2 in einem Auslagerungsofen acht Redox-Zyklen bei 950°C ausgesetzt. Die Redox-Zyklen wurden im gleichen Auslagerungsofen und mit der gleichen Prozedur wie die zuvor beschriebenen Versuche an der Modellanode durchgeführt. Vor und nach dem Experiment wurde die Bruchfläche einer markierten Probe im Rasterelektronenmikroskop analysiert.

In Abb. 4-120 sind die Bilder der Ni/CG40-Anode vor und nach dem Experiment gegenübergestellt. Am oberen Bildrand sind jeweils der Übergang zum Elektrolyten und die Interdiffusionsschicht erkennbar. Die Interdiffusionsschicht wurde als Referenzpunkt gewählt, da hier keine signifikanten Veränderungen durch die Redox-Zyklierung erwartet wurden. Das Bild auf der linken Seite zeigt die Anode nach der Herstellung, rechts ist die Anode nach acht Redox-Zyklen bei 950°C abgebildet. Man erkennt eine deutliche Veränderung der Mikrostruktur insbesondere das Auftreten von Rissen sowohl in horizontaler als auch in vertikaler Richtung und eine Veränderung der Porenverteilung. Diese Anode war während der Redox-Zyklierung um ca. 2.5 – 3.5 µm in der Schichtdicke gewachsen. Da kein wesentlicher Materialverlust erwartet wird, muss die Porosität zugenommen haben.

KAPITEL 4: Ergebnisse

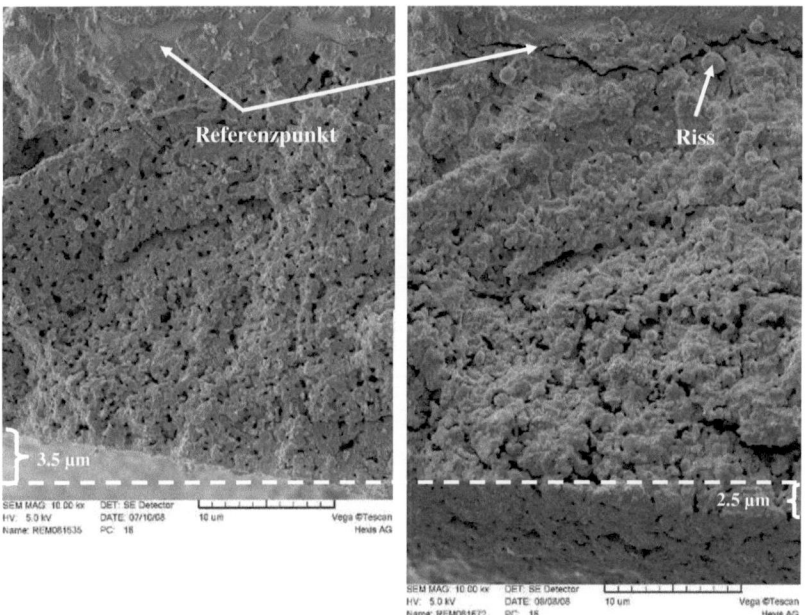

Abb. 4-120: REM-Bilder der irreversiblen Volumenausdehnung nach acht Redox-Zyklen bei 950°C, in einer Ni/CG40-Anode (O-220306-2). Links: vor der Redox-Zyklierung, rechts: nach der Redox-Zyklierung, Sekundärelektronendetektor (SE), Beschleunigungsspannung: 5 kV

4.2.3.3. Charakterisierung von Zellen unter Redox-Beanspruchung:

Elektrochemische Messungen an Vollzellen: Zwei Zellen mit Ni/CG40-Anoden (P-120207-1) wurden unter konstanten Betriebsbedingungen und unter Redox-Beanspruchung elektrochemisch charakterisiert. Die Inbetriebnahmeprozedur, die Betriebstemperatur, die Gaszusammensetzung und die Dauer des Versuchs waren in beiden Fällen identisch. Der Verlauf der Zellspannung und des *ASR* beider Zellen ist in Abb. 4-121 dargestellt. Die Startwerte der Spannung bzw. des *ASR* wichen geringfügig voneinander ab. Unter konstanten Betriebsbedingungen zeigte die Zelle

KAPITEL 4: Ergebnisse

praktisch keine Abnahme der Zellspannung, wohingegen die Spannung durch die Redox-Zyklierung, nach dem vierten Redox-Zyklus, stark abnahm. Die Auswertung der Impedanzspektren (hier nicht dargestellt) zeigte, dass vor allem der ohmsche Widerstand der Zelle stark degradierte. Dies wurde bereits im Unterkapitel 4.1.2 beschrieben.

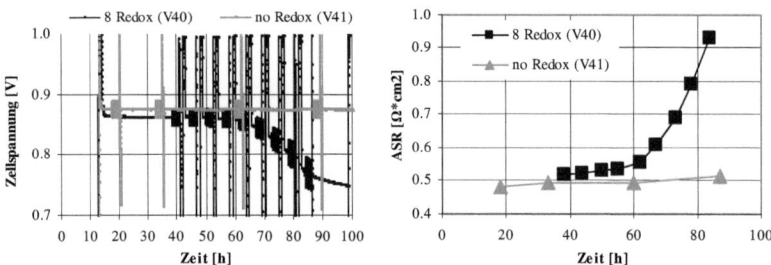

Abb. 4-121: Vergleich der Zellspannungen und des *ASR* von zwei Zellen mit Ni/CG40-Anoden (P-120207-1) mit und ohne Redox-Zyklen bei 950°C, 240 mA/cm^2, links: Spannungs-Zeit-Diagramm, rechts: *ASR*-Zeit-Diagramm, geschlossenes Button-Cell-System

Mikrostrukturen: Der Vergleich der beiden Anodenmikrostrukturen nach dem Betrieb ist in Abb. 4-122 dargestellt. Die Anode, welche mit Redox-Zyklen beansprucht wurde, zeigt eine stärkere Ni-Vergröberung. Aus den Bildern gewinnt man außerdem den Eindruck, dass das keramische Gerüst der Redox-zyklierten Anode stärker geschädigt ist. Die Anode, welche konstanten Betriebsbedingungen ausgesetzt war, zeigte ein scheinbar noch intaktes keramisches und metallisches Netzwerk.

KAPITEL 4: Ergebnisse

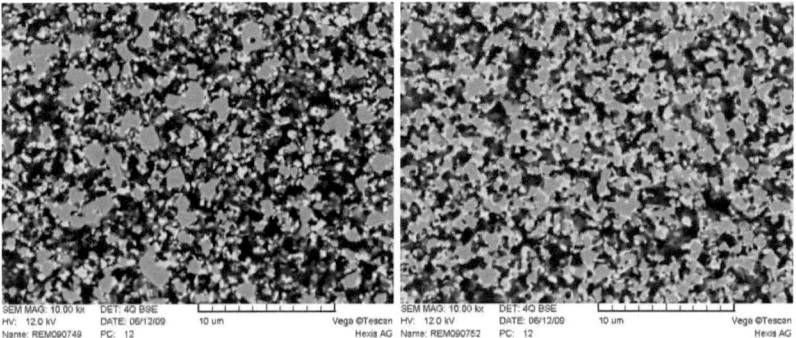

Abb. 4-122: REM-Bilder: Vergleich der Mikrostrukturen der Ni/CG40-Anode (P-120207-1, Anode 1) nach dem Betrieb mit (links) und ohne Redox-Zyklen (rechts) bei 950°C, Rückstreuelektronendetektor (BSE), Beschleunigungsspannung: 12 kV

Neben den mikroskopischen Veränderungen zeigte die Anode, welche mit Redox-Zyklen beansprucht wurde, lokale Abplatzungen der Stromsammlerschicht (Anode 2), während die Anode welche unter konstanten Betriebsbedingungen beansprucht wurde, keine makroskopischen Defekte aufwies. Dies ist in Abb. 4-123 dargestellt.

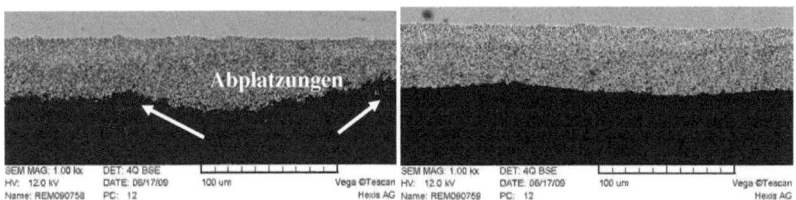

Abb. 4-123: REM-Bilder: Vergleich der Ni/CG40-Anode (P-120207-1) nach dem Betrieb mit (links) und ohne Redox-Zyklen (rechts) bei 950°C, Rückstreuelektronendetektor (BSE), Beschleunigungsspannung: 12 kV

KAPITEL 4: Ergebnisse

Temperatureinfluss: Die elektrische Leitfähigkeit von baugleichen Ni/CG40-Anoden (P-120207-1) wurde unter Redox-Beanspruchung bei verschiedenen Temperaturen gemessen. Die Ergebnisse sind in der nachfolgenden Abb. 4-124 zusammengefasst. Es ist ein starker Einfluss der Temperatur auf die Veränderung der elektrischen Leitfähigkeit unter Redox-Beanspruchung zu erkennen. Bei einer Temperatur von 950°C nahm die elektrische Leitfähigkeit der Ni/CG40-Anode drastisch nach dem zweiten Redox-Zyklus ab und erreichte schließlich einen Wert nahe der Elektrolytleitfähigkeit. Bei 850°C war nach vier Redox-Zyklen keine signifikante Abnahme der elektrischen Leitfähigkeit zu erkennen. Die Anode, welche bei 500°C Redox-zykliert wurde, zeigte eine höhere elektrische Startleitfähigkeit und einen starken Anstieg der elektrischen Leitfähigkeit nach dem ersten Redox-Zyklus und eine weitere Zunahme der elektrischen Leitfähigkeit mit jedem weiteren Redox-Zyklus.

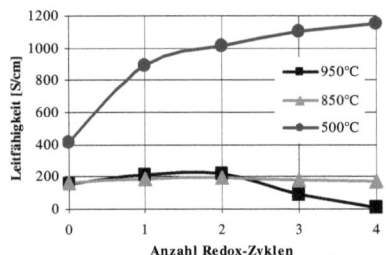

Abb. 4-124: Elektrische Leitfähigkeit von Ni/CG40-Anoden (P-120207-1) unter Redox-Zyklierung bei verschiedenen Temperaturen.

Nach dem Leitfähigkeitsexperiment wurden die Mikrostrukturen der Redox-zyklierten Anoden im Rasterelektronenmikroskop analysiert (siehe Abb. 4-125). Während die Anode, welche bei 500°C Redox-zykliert wurde (Bild A), eine scheinbar intakte und fein strukturierte Anodenmikrostruktur zeigte, nahm die Schädigung der Mikrostruktur, insbesondere die Vergröberung des Nickels und die Zerstörung des keramischen Gerüstes,

KAPITEL 4: Ergebnisse

mit steigender Temperatur zu. Mit zunehmender Redox-Temperatur wurden auch die Unterscheide in der Ni-Agglomeration in Anode 1 und Anode 2 größer. Zu höheren Temperaturen waren die Ni-Agglomerate in Anode 1 kleiner als in Anode 2 wohingegen bei 500°C die mikrostrukturellen Unterschiede in Anode 1 und Anode 2 kaum erkennbar waren.

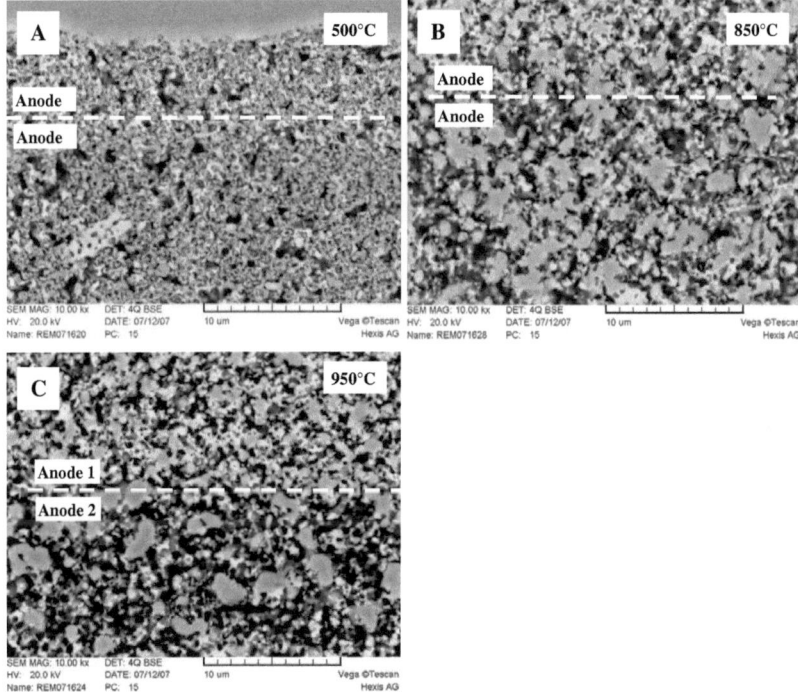

Abb. 4-125: REM-Bilder der Ni/CG40-Anoden (P-120207-1) aus dem Leitfähigkeitsexperiment A: 500°C, B: 850°C, C: 950°C, dunkelgrau: Nickel, hellgrau: CG40, schwarz: Poren, Rückstreuelektronendetektor (BSE), Beschleunigungsspannung: 20 kV

KAPITEL 4: Ergebnisse

Das elektrochemische Experiment aus Abb. 4-121 wurde bei 850°C wiederholt. Der Vergleich der Ergebnisse bei 950 und 850°C ist in Abb. 4-126 dargestellt. Da sowohl der ohmsche als auch der Polarisationswiderstand thermisch aktiviert sind, lag der Gesamtwiderstand der Zelle bei 850°C deutlich höher als bei 950°C. Bei 850°C erhöhte sich der *ASR* der Zelle nur wenig. Nach acht Redox-Zyklen war der *ASR* beider Zellen etwa gleich groß.

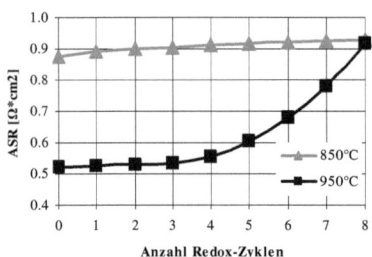

Abb. 4-126: Vergleich der *ASR*-Veränderung von Zellen mit Ni/CG40-Anoden (P-120207-1) unter Redox-Zyklierung bei 850 und 950°C

4.2.3.4. Diskussion der Ergebnisse

Die irreversiblen Volumenveränderungen die durch einen Redox-Zyklus hervorgerufen werden, wurden in der Abb. 4-119 an einer Ni/8YSZ-Modellelektrode und in Abb. 4-120 an einer anwendungsnahen Ni/CG40-Anode gezeigt. Ähnliche Mikrostrukturbeobachtungen finden sich in der Literatur [Kle_06][Wald_05][Ha_08]. Die Ursache für diese Irreversibilität liegt wahrscheinlich in der Mobilität des metallischen Nickels bei SOFC-Betriebsbedingungen begründet. Nach der Reduktion des NiO zu Ni kommt es zu einer Reorganisation der Mikrostruktur. Das keramische Gerüst verändert sich hingegen zunächst nicht. Durch die Reduktion des Nickels wird ein wesentlicher Anteil an Porosität erzeugt. Benachbarte Ni-

KAPITEL 4: Ergebnisse

Partikel können so ungehindert zu größeren Agglomeraten zusammensintern. Bei einer erneuten Oxidation des Ni zu NiO werden durch die Volumenausdehnung von ca. 69.9% [Sar_07/b] lokale mechanische Spannungen erzeugt, die das keramische Gerüst zerstören können [Kle_05]. Der Spannungsabbau resultiert in Risswachstum bzw. einer erhöhten Porosität. Folgerichtig verändern sich auch die mechanischen Eigenschaften des Anodenmaterials, wie es von PUSZ et al. [Pusz_07] nachgewiesen wurde. Die irreversible Ausdehnung durch Redox-Zyklen wurde an Ni/YSZ-Probekörpern mit Hilfe eines Dilatometers mehrfach nachgewiesen [Cas_96][Fou_03][Rob_04][Pih_07]. Ein Modell für die Degradation von Anoden gestützten Zellen (ASE) durch die Redox-Zyklierung wurde von KLEMENSØ et al. [Kle_05] vorgeschlagen. Es sei jedoch angemerkt, dass die Degradation von ASE-Zellen unter Redox-Beanspruchung sehr unterschiedlich im Vergleich zu den Elektrolyt gestützten Zellen (ESC) ist. Die Degradation der ASE-Zellen wird vor allem durch Risse durch den dünnen Elektrolyten verursacht, welche letztendlich einen Gaskurzschluss zur Folge haben, was sich in einer sinkenden Leerlaufspannung ausdrückt [Rob_02][Rob_04][Wald_05] [Wald_07]. Im Gegensatz dazu nimmt der *ASR* von ESC-Zellen in der Regel nicht aufgrund von Leckagen durch den Elektrolyten ab, sondern Aufgrund der mikrostrukturellen Degradation, welche sich beispielsweise auf die elektrische Leitfähigkeit oder den Polarisationswiderstand auswirkt [Mü_04/D][Sf_08][Ou_08]. Neben der irreversiblen Volumenausdehnung durch Risswachstum kann es bedingt durch den Redox-Zyklus zur Bildung von Poren innerhalb der Ni-Partikel kommen, welche ebenfalls zur Volumenausdehnung beitragen [Hale_72][Sar_08][Faes_09]. Im Unterkapitel 4.1.5 wurde bereits der Einfluss der Porosität auf die Elektrochemie diskutiert.

Wie bereits in Unterkapitel 4.1.2 diskutiert, beschleunigen Redox-Zyklen die Vergröberung des Nickels im Vergleich zum kontinuierlichen Betrieb. Dies wurde auch von BATAWI et al. [Bat_04] gezeigt und ist ebenfalls aus

KAPITEL 4: Ergebnisse

der Abb. 4-122 ersichtlich. Welcher der dominierende Materialtransportmechanismus für die Vergröberung des Nickels durch Redox-Zyklen ist, bleibt unklar. Die hier gezeigten Modellversuche in Abb. 4-119 wurden bewusst ohne Wasserdampf durchgeführt. Der Transport von Nickel über das $Ni(OH)_2$ könnte demnach nur während der Reduktion stattgefunden haben. Es wurde bereits in Unterkapitel 4.1 angesprochen, dass sich der Schmelzpunkt von NiO zu Ni um ca. 500°C auf 1453°C vermindert. Es erscheint deshalb zumindest plausibel, dass der Materialtransport über Diffusionsvorgänge stattfinden kann.

Bild C in Abb. 4-119 zeigt die Oberfläche des NiO-Partikels, welche mit kleinen Kristallen bedeckt war. Diese sind offensichtlich durch die Oxidation entstanden. Durch die abermalige Reduktion verschwanden die kleinen Kristalle auf der Oberfläche. Dabei fand offensichtlich ein merklicher Materialtransport statt. Es entstanden Oberflächen mit abgerundeten Konturen. Die beschleunigte Agglomeration des Nickels durch die Redox-Zyklierung könnte demnach auch mit dem wechselseitigen Entstehen und Verschwinden filigraner Oberflächenstrukturen zu tun haben. Das Entstehen von „schwammartigen" Nickeloxidpartikeln nach der Oxidation wurde z.B. von WALDBILLIG et al. [Wald_05] und HATAE et al. [Ha_08] beobachtet. Die Oxidationen wurden jedoch bei 750 bzw. 800°C durchgeführt. Neuere Mikrostrukturuntersuchungen an Ni/8YSZ-Substraten bestätigen die Bildung feiner NiO-Polykristalle [Faes_09].

TIKEKAR et al. [Tik_06] und KARMHAG et al. [Kar_00] diskutierten den Einfluss der Diffusion von Luftsauerstoff durch eine poröse Matrix, in welche das Metall in einem keramischen Trägermaterial eingebettet war. Die Ergebnisse deuteten darauf hin, dass die zu Verfügung stehende Menge an Sauerstoff die Oxidation beeinflusst. Es wird deshalb vermutet, dass die filigranen Strukturen durch die Temperatur und die Sauerstoffmenge beeinflusst werden. Letzteres lässt sich durch die Oxidationsprozedur beeinflussen. Dies ist auch andeutungsweise bei den Ergebnissen von

KAPITEL 4: Ergebnisse

STATHIS et al. [Sta_02] zu sehen, welche auf die unterschiedlichen Oxidationsgeschwindigkeiten in Abhängigkeit des vorhandenen Wasserdampfes hingewiesen haben.

Normalerweise findet die Oxidation des Nickels an der Oberfläche des Substrats oder Partikels statt. Dies bedeutet, dass Ni-Kationen in der Regel von der Grenzfläche Ni|NiO durch die neue gebildete NiO-Schicht an die Oberfläche diffundieren und dort mit dem Sauerstoff reagieren.

Eine weitere mögliche Ursache für das Entstehen der filigranen Kristalle auf der Oberfläche des NiO-Partikels könnten Verdampfungs- und Kondensationsvorgänge sein, welche in den unterschiedlichen Dampfdrücken von Nickel und NiO begründet sind. Bei einer SOFC-Betriebstemperatur von 900°C beträgt der Dampfdruck von Nickel im thermodynamischen Gleichgewicht ca. 10^{-6} Pa, wohingegen der Dampfdruck von NiO um drei Größenordnungen tiefer liegt. Der Dampfdruck des $Ni(OH)_2$, welches möglicherweise bei der Reduktion entsteht, liegt bei 900°C über 1 Pa (siehe Abb. 4-103). Für kleine Partikel sind über die Gibbs-Thomson-Gleichung (Gleichung 2-22) noch höhere Dampfdrücke zu erwarten.

Durch die Redox-Zyklierung beschleunigte sich die *ASR*-Zunahme der Zelle. Dies wurde im Vergleich zum Konstantbetrieb in Abb. 4-121 gezeigt. Es ist wahrscheinlich, dass die Abnahme der Zellleistung nach der Redox-Beanspruchung mit den starken Veränderungen in der Mikrostruktur (siehe Abb. 4-122) korreliert. Dies betrifft sowohl (1) die Vergröberung des Nickels als auch (2) die Zunahme der Porosität und (3) die Zerstörung des keramischen Netzwerkes. Da die Zellleistung vor allem durch den Anstieg des ohmschen Widerstand abgenommen hat, kommen als mögliche Ursachen prinzipiell die Abnahme der elektrischen und/oder ionischen Leitfähigkeit des Cermets in Frage, ein Kontaktverlust beispielsweise durch das Abplatzen der Schicht oder der Verlust an ionischer Leitfähigkeit des Elektrolyten. Die Elektrolytleitfähigkeit nimmt nach MÜLLER [Mü_04/D] jedoch nur wenige mΩ im untersuchten Zeitraum

KAPITEL 4: Ergebnisse

ab. Die Messungen der elektrischen Leitfähigkeit der Anode in Abb. 4-124 hatte gezeigt, dass die elektrische Leitfähigkeit dieser Anode nach dem vierten Redox-Zyklus einen Wert in der Größenordnung des 3YSZ-Elektrolyten annahm. Vergleichbare Messungen wurden von YOUNG et al. [You_07] an Ni/8YSZ-Anoden durchgeführt. Die Elektronenleitung der degradierten Anode wird nun möglicherweise über das CGO stattfinden. Anhand der Untersuchungen wird davon ausgegangen, dass vor allem die Abnahme der elektrischen Leitfähigkeit und die partielle Abplatzung der Anode für den Anstieg des ohmschen Widerstandes verantwortlich waren. Bei einer Absenkung der Betriebstemperatur von 950 auf 850°C verminderte sich sowohl die Abnahme der elektrischen Leitfähigkeit als auch die Zunahme des *ASR* der Zelle im elektrochemischen Experiment. Anhand der REM-Bilder ist anzunehmen, dass neben der elektrischen Leitfähigkeit auch die ionische Leitfähigkeit innerhalb des Cermets abnimmt.

Neben den mikroskopischen Veränderungen wurden aufgrund der Redox-Zyklierung makroskopische Abplatzungen der Anode beobachtet (siehe Abb. 4-123). Diese sind besonders kritisch in realen Systemen mit nichtidealer Kontaktierung, weil sie die Querleitfähigkeit der Anode herabsetzen und so zu hohen ohmschen Verlusten führen [Iw_07]. Die Abplatzung der Anode wird wie bereits erwähnt hervorgerufen durch eine Kombination von Materialtransport- und thermomechanischen Mechanismen. Abplatzungen werden vor allem für Anoden mit einer Stromsammlerschicht beobachtet, wie sie bei den hier gezeigten Versuchen verwendet wurden. Die Schwachstelle ist demnach die Verbindung zwischen der elektrochemisch aktiven Anode und der Stromsammlerschicht. Die Stromsammlerschicht hat im Vergleich zur elektrochemisch aktiven Anode einen erhöhten Nickelanteil, was zur Folge hat, dass zum einen die Volumenänderung während des Redox-Zyklus größer ist. Zum anderen ist der thermische Ausdehnungskoeffizient der Stromsammlerschicht höher. Während des elektrochemischen Betriebs

KAPITEL 4: Ergebnisse

kommt es zur lokalen Versinterung von Nickelpartikeln mit dem Ni-Netz, welches dem Stromabgriff dient. Unter Redox-Beanspruchung entstehen lokale mechanische Spannungen in der Anode durch (1) die reversible Volumenausdehnung, wie z.b. den Unterschieden in den thermischen Ausdehnungskoeffizienten im Zellverbund, und (2) die irreversible Volumenausdehnung bzw. Risse. Diese Spannungen können entweder unmittelbar beim Redox-Zyklus oder beim Abkühlen der Zelle zur Abplatzung der Schicht oder zum Zellriss führen.

Die Experimente haben gezeigt, dass die Schädigung der Anode durch Redox-Zyklen vor allem durch die Temperatur beeinflusst wurde, bei der der Redox-Zyklus durchgeführt wurde. Dies galt sowohl für die Schädigung der Mikrostruktur (Abb. 4-125) als auch für die Zellleistung (Abb. 4-126) bzw. für die elektrische Leitfähigkeit (Abb. 4-124).

Die Kinetik der Reduktion und Oxidation von Ni/8YSZ-Anoden wurde von TIKEKAR et al. [Tik_06] bei verschiedenen Temperaturen untersucht. Demnach zeigte die Reduktionskinetik einen linearen Verlauf mit der Zeit, während die Oxidationskinetik einen parabolischen Verlauf aufwies. Die Reduktionskinetik zeigte eine deutliche Abhängigkeit von der Temperatur, während die Oxidation oberhalb von 650°C keine Temperaturabhängigkeit zeigte. TIKEKAR et al. [Tik_06] vermuten, dass die Oxidation lediglich von der Diffusion des Sauerstoffs durch den porösen Ni/8YSZ-Probekörper bestimmt wird. Zu einem ähnlichen Ergebnis kommen auch STATHIS et al. [Sta_02] und KARMHAG et al. [Kar_00]. In den hier verwendeten anwendungsnahen Elektrolyt gestützten SOFC-Anoden könnte die O_2-Diffusionslimitierung jedoch eine untergeordnete Rolle spielen, da die Porosität im Vergleich zu den Proben von TIKEKAR et al. [Tik_06] größer und die Schichtdicke wesentlich dünner ist. In diesem Zusammenhang sei erwähnt, dass die Porosität, wie bereits beschrieben, mit einer zunehmenden Anzahl an Redox-Zyklen ebenfalls zunimmt. In den Versuchen von TIKEKAR et al. [Tik_06] wurde jedoch nur ein Redox-Zyklus durchgeführt. Es bleibt außerdem anzumerken, dass im Gegensatz zu den

KAPITEL 4: Ergebnisse

Ergebnissen von TIKEKAR, STAHIS und KARMHAG [Tik_06][Sta_02] [Kar_00] in zahlreichen Publikationen eine Abhängigkeit der Oxidationsgeschwindigkeit von der Temperatur [Gra_72][Gul_54] [Gul_57][Fue_61] und der Orientierung der Kristalloberflächen [Gra_72], an dichten Ni-Probekörpern beschrieben wurde. Es ist deshalb unklar, ob die Oxidationskinetik an anwendungsnahen Ni-Cermet-Anoden mit einer Porosität von 40 Vol. % unabhängig von der Temperatur ist oder nicht.

Die Ergebnisse von TIKEKAR et al. [Tik_06] deuten außerdem darauf hin, dass es eine Abhängigkeit der Oxidationskinetik vom Sauerstoffangebot gibt. Dies bedeutet, dass die Kinetik stark von der Versuchsdurchführung beeinflusst wird.

Die Ergebnisse aus der Literatur und den hier durchgeführten Experimenten lassen deshalb mehrere mögliche Interpretationen bzw. Hypothesen zur Ni-Vergröberung durch Redox-Zyklen zu.

(1) Ist die Kinetik der Oxidation eines Ni/YSZ-Substrates wie von TIKEKAR et al. [Tik_06] beschrieben unabhängig von der Oxidationstemperatur, so sollte die Oxidation keinen direkten Einfluss auf die Vergröberung des Nickels haben. Die Vergröberung wird demnach durch die Reduktionstemperatur bestimmt. Mit steigender Reduktionstemperatur nahm die Ni-Vergröberung zu. Dies wurde im Unterkapitel 4.2.1 gezeigt. Wie der Transport des Nickels stattfindet ist dennoch unklar. Neben der Diffusion könnte z.B. auch die Nickel-Hydroxid-Bildung unmittelbar nach der Reduktion eine Rolle spielen. In diesem Zusammenhang wäre es für weitere Versuche interessant den Einfluss der Oxidationstemperatur und der Reduktionstemperatur getrennt voneinander zu untersuchen wie es teilweise bereits von PIHLATIE et al. für die Untersuchung der irreversiblen Expansion gemacht wurde [Pih_10].

(2) Die Mikrostrukturanalysen im Rasterelektronenmikroskop zeigen, dass sich nach der Oxidation des Nickels zu NiO filigrane Oberflächen ausbilden. Dies wurde in den hier durchgeführten Experimenten und in der Literatur gezeigt [Wald_05][Faes_09]. Es ist anzunehmen, dass diese

KAPITEL 4: Ergebnisse

Vergrößerung der spezifischen Oberfläche die Sinteraktivität nach der Reduktion erhöht. Folgerichtig verschwinden die filigranen Strukturen auf der NiO-Oberfläche unmittelbar nach der Reduktion (Abb. 4-119). Das Entstehen und Verschwinden der filigranen Oberflächenstrukturen könnte eine plausible Erklärung für die, im Vergleich zum konstanten Betrieb, stärkere Ni-Agglomeration unter Redox-Zyklierung sein. In diesem Zusammenhang ist unklar, inwiefern die Entstehung dieser filigranen Strukturen von der Temperatur und dem Sauerstoffpartialdruck abhängen.

(3) Oxidiert das zuvor agglomerierte Nickel, so entstehen lokal sehr hohe mechanische Spannungen, welche sich durch Risse in der Anodenmikrostruktur abbauen. Anders ausgedrückt steigt die Porosität durch die irreversible Volumenausdehnung. Bleiben die Massen der festen Phasen (Nickel und Keramik) konstant, so bedeutet eine Zunahme der Porosität immer einen Kontaktverlust, sowohl zwischen Partikeln der gleichen Phasen als auch zwischen den Nickelpartikeln und Keramikpartikeln. Die Pfade der ionischen und elektrischen Leiter werden so unterbrochen, d.h. die elektrische und/oder ionische Leitfähigkeit sinkt und der ohmsche Widerstand steigt. Zumindest für die Ni/YSZ-Anode vermindert sich durch den Kontaktverlust zwischen Nickel und YSZ die elektrochemisch aktive Zone und der Polarisationswiderstand steigt.

Da die Ni-Agglomeration temperaturabhängig ist, muss auch die irreversible Volumenausdehnung temperaturabhängig sein. Dies wurde von PIHLATIE et al. [Pih_09] nachgewiesen. Ein weiterer Effekt ist die Bildung von interner Porosität bei der Oxidation und Reduktion des Nickels bzw. des Nickeloxids. Diese wurde von SARANTARIDIS et al. [Sar_08] und FAES et al. [Faes_09] untersucht. Die Bildung von interner Porosität in den Nickelpartikeln ist demnach temperaturabhängig. Es ist anzunehmen, dass die Ni-Agglomeration durch die Zerstörung des keramischen Verbundes und durch die Erhöhung der Porosität begünstigt wird. In diesem Zusammenhang ist unklar, ob und wie sich die Diffusionskoeffizienten für

KAPITEL 4: Ergebnisse

den Ni-Materialtransport mit der Zerstörung des keramischen Gerüstes ändern.

Zusammenfassend werden das Entstehen von Rissen und die Erhöhung der Porosität als Hauptursache für die Leistungsabnahme angesehen. Mit steigender Temperatur erhöhen sich die Abnahme der elektrischen Leitfähigkeit und der Zellleistung und die Degradation der Mikrostruktur.

KAPITEL 5. Zusammenfassung und Ausblick

Der Nachweis von langen Lebensdauern ist derzeit ein Schwerpunkt in der SOFC-Materialentwicklung. Die Langlebigkeit des Brennstoffzellen-Stacks spielt eine zentrale Rolle für die Wirtschaftlichkeit und die Akzeptanz der Brennstoffzellen-Technologie beim Endkunden. Für die stationäre SOFC-Technologie werden Standzeiten von >40'000 h angestrebt.
Bezüglich der Lebensdauer wird insbesondere die Anode als eine Schlüsselkomponente angesehen. Dennoch degradiert die Anode unter konstanten Betriebsbedingungen weniger in den ersten 1'000 h als der Elektrolyt und der metallische Interkonnektor. Bei längeren Betriebsdauern und insbesondere bei zyklischer Belastung (Thermo- und Redox-Zyklen) dominiert jedoch die Anodendegradation mit den derzeitigen Standardmaterialien. Stand der Technik sind die Anodenwerkstoffe Ni/YSZ oder Ni/CGO. Die Anode der Elektrolyt getragenen Zelle ist hohen Temperaturen von 800-950°C ausgesetzt, hohen Wasserdampfgehalten, oxidierenden und reduzierenden Atmosphären, kohlenstoffhaltigen Verbindungen und Fremdelementen, Temperaturwechseln und externen mechanischen Spannungen. Je nach Betriebsbedingungen verändert sich die Mikrostruktur der Anode unterschiedlich. Typische Beobachtungen sind z.B. die Agglomeration des Nickels, die Zerstörung des keramischen Netzwerkes, Veränderungen in der Porenstruktur und -verteilung, Risswachstum in der Anode und das Abplatzen von Zellschichten, Anlagerungen von Fremdelementen an der Dreiphasengrenze oder Verkokung.
Die Quantifizierung dieser mikrostrukturellen Veränderungen unter Variation der Betriebsparameter und der Herstellungsparameter und die direkte Korrelation mit der Zellleistung sind noch nicht vollständig erforscht. Der Einfluss mikrostruktureller Parameter auf die Zellleistung kann meist nur über Modelle abgeschätzt werde. Hierzu sind zuverlässige

KAPITEL 5: Zusammenfassung und Ausblick

und konsistente Daten notwendig. In der Literatur wurden jedoch in der Regel nur Teilaspekte der mikrostrukturellen Degradation beschrieben, die kein schlüssiges Gesamtbild ergeben. Die Entwicklung von leistungsfähigen Prognosemodellen wird mit zunehmender Lebensdauer eine wichtige Rolle in der SOFC-Materialentwicklung spielen, da Experimente kosten- und zeitintensiv sind.

Ziel dieser Arbeit war es deshalb, die wesentlichen bekannten Degradationsmechanismen der Ni-Cermet-Anode zu untersuchen und eine Korrelation zwischen den mikrostrukturellen Parametern und der Zellleistung herzustellen. Die Rohdaten aus den Experimenten dienen als Grundlage für die elektrochemische Modellierung der Anode in einem Mikrostrukturmodell. Zukünftig soll es damit möglich sein, die Lebensdauer von SOFC-Brennstoffzellen vorherzusagen. Im Rahmen dieser Arbeit wurden die Anodenmaterialien Ni/CG40, Ni/8YSZ und Ni/3YSZ untersucht. Die Resultate wurden in zwei Themengebiete gruppiert.

(1) Degradation von Zellen mit Ni-Cermet-Anoden im elektrochemischen Betrieb.
- die Degradation der Standardanoden Ni/CGO und Ni/8YSZ
- der Einfluss der Ionenleitfähigkeit auf die Veränderung des *ASR*
- der Einfluss der Anodenmikrostruktur auf die Veränderung des *ASR*
- der Einfluss der Phasenanteile von Ni und 8YSZ auf die Veränderung des *ASR*

(2) Die mikrostrukturellen Veränderungen in Ni-Cermet-Anoden in Abhängigkeit der Betriebsparameter
- Einfluss von Wasserdampf mit der Zeit
- Einfluss der Temperatur
- Einfluss der Stromdichte auf die Veränderung des *ASR*

KAPITEL 5: Zusammenfassung und Ausblick

- Einfluss der Redox-Zyklierung auf den *ASR*, die Veränderung der elektrischen Leitfähigkeit und die mikrostrukturelle Degradation

Degradation von Zellen mit Ni-Cermet-Anoden im elektrochemischen Betrieb: Verschiedene Zellen mit Ni/CG40, Ni/8YSZ und Ni/3YSZ-Anoden wurden mittels Impedanzspektroskopie, Strom-Spannungs-Messungen und elektrischen Leitfähigkeitsmessungen charakterisiert. Mikrostrukturelle Analysen erfolgten mittels Rasterelektronenmikroskopie.

Die elektrochemischen Messungen haben gezeigt, dass die flächenspezifischen Zellwiderstände (*ASR*) unter mehrfacher Redox-Zyklierung deutlich stärker zunehmen als im kontinuierlichen Betrieb. Hierbei spielte jedoch die Anzahl an Redox-Zyklen eine entscheidende Rolle. Die Zellen mit den Ni/8YSZ- und den Ni/CG40-Anoden zeigten ein unterschiedliches Degradationsverhalten. Dies lag vor allem an einem Prozess im Bereich hoher Frequenzen des Polarisationswiderstandes bei ca. 5 – 10 kHz der Ni/8YSZ-Anode, welcher bei der Ni/CG40-Anode in diesem Frequenzbereich nicht erkennbar war. Es wird vermutet, dass dieser hochfrequente Prozess der Ni/8YSZ-Anode aufgrund einer Doppelschichtkapazität zwischen Ni und 8YSZ zustande kommt. Der hochfrequente Prozess der Ni/8YSZ-Anode zeigte eine starke Mikrostrukturabhängigkeit und veränderte sich signifikant unter Redox-Beanspruchung. Dahingegen erhöhte sich für die Zelle mit der Ni/CG40-Anode vor allem der ohmsche Widerstand. Letzteres wurde vor allem auf die Abnahme der elektrischen Leitfähigkeit unter Redox-Zyklierung zurückgeführt. Bedingt durch das Sinterverhalten wiesen die Anoden, trotz ähnlicher Ausgangspartikelverteilung, eine unterschiedliche Mikrostruktur auf. Bei 850°C, zeigte die Zelle mit der Ni/CG40-Anode unter Redox-Beanspruchung eine geringere Zunahme des *ASR* als die Zelle mit der Ni/8YSZ-Anode, wobei sich bei 950°C ein umgekehrtes Verhalten zeigte.

KAPITEL 5: Zusammenfassung und Ausblick

Der Einfluss der Ionenleitung im Ni-Cermet auf die Zellleistung bzw. die Abnahme der Zellleistung mit der Zeit wurde durch Variation des Y_2O_3-Gehaltes im YSZ getestet. Es wurden Zellen mit Ni/3YSZ- und Ni/8YSZ-Anoden hergestellt und bezüglich ihrer Leitung und Stabilität getestet. Eine deutlich geringere Zellleistung und eine höhere Zunahme des *ASR* mit der Zeit wurden für die Zelle mit der Ni/3YSZ-Anode gemessen. Der höhere ohmsche Widerstand der Zelle mit der Ni/3YSZ-Anode wurde auf eine geringere Ionenleitfähigkeit in der Anode zurückgeführt. Da die Änderung des ohmschen Widerstandes keinen proportionalen Zusammenhang zur Ionenleitfähigkeit zeigte ist anzunehmen, dass sich die elektochemische Reaktionszone zum Elektrolyten hin verschiebt. Bezüglich des erhöhten Polarisationswiderstandes der Zelle mit der Ni/3YSZ-Anode werden unterschiedliche Austauschstromdichten zwischen den beiden Anode für möglich gehalten was bedeutet, dass das YSZ aktiv am Anodenreaktionsmechanismus beteiligt ist.

Durch Variation der Ausgangspartikelverteilung von 8YSZ wurden unterschiedliche Anodenmikrostrukturen hergestellt, elektrochemisch charakterisiert und die elektrischen Leitfähigkeiten gemessen. „Fein" strukturierte Ni/YSZ-Anodenmikrostrukturen zeigen im allemeinen eine höhere Zellleistung. Die Kombination „feiner" und „gröberer" 8YSZ-Partikel zeigte, dass vor allem die „feinen" Partikel die Zellleistung deutlich erhöhten. Es wird vermutet, dass dies mit einer Vergrößerung der Dreiphasengrenze in der Ni/YSZ-Anode korreliert, was dann zu einer Zunahme der Doppelschichtkapazität im hochfrequenten Bereich führt. Die absolute *ASR*-Zunahme war im kontinuierlichen Betrieb für die „feinen" Anoden geringer. Dies war vor allem auf einen starken Anstieg des *ASR* der „gröberen" Anoden in den ersten 50 – 100 h zurückzuführen. Unter Redox-Zyklierung verminderten sich die Zellwiderstände trotz unterschiedlicher Anoden, relativ zueinander gesehen, gleich. Da die

KAPITEL 5: Zusammenfassung und Ausblick

„feinere" Anode einen deutlich geringeren *ASR* zu Beginn des Versuchs aufwies ist diese den „groben" Anoden vorzuziehen. Deutliche Vorteile zeigte die „grobe" Mikrostruktur bezüglich der Stabilität der elektrischen Leitfähigkeit unter Redox-Zyklierung gegenüber der „fein" strukturierten Anode. Mit zunehmender Anzahl an Redox-Zyklen (insgesamt acht) nahm die elektrische Leitfähigkeit dieser „grob" strukturierten Anode zu. Als Konsequenz dieser Beobachtungen erscheint die Verwendung einer Doppelschichtanode mit einer elektrochemisch aktiven Schicht aus „feinen" Partikeln und einem Stromsammler aus „groben" Partikeln sinnvoll.

Durch Variation des Nickelgehaltes wurden Ni/8YSZ-Anoden mit 30, 35, 40 und 50 Vol. % Nickel hergestellt und elektrochemisch charakterisiert. Es wurden für alle Phasenzusammensetzungen „grob" und „fein" strukturierte Anoden hergestellt. Die Ergebnisse zeigten, dass ein Nickelanteil von mindestens 40 Vol. % notwendig ist um eine gute Zellleistung und Stabilität unter Redox-Beanspruchung zu gewährleisten. Dies galt vor allem für die „fein" strukturierten Anoden. Als problematisch stellte sich die niedrige elektrische Leitfähigkeit der Anoden mit < 40 Vol. % Nickel dar, die zu einem erhöhten ohmschen Widerstand der Zellen führte. Auch im Betrieb unter konstanten Bedingungen nahm der *ASR* der Zellen mit den Anoden, welche einen Phasenanteil an Nickel von unter 40 Vol. % aufwiesen, deutlich schneller zu. Das Optimum der Degradation wird bei einem Phasenanteil zwischen 40 und 50 Vol.% Nickel erwartet.

Mikrostrukturelle Veränderungen in der Anode in Abhängigkeit der Betriebsparameter: Der Einfluss von Wasserdampf, der Reduktionstemperatur und der Stromdichte auf die mikrostrukturellen Veränderungen an Ni/CG40- und Ni/8YSZ-Anoden wurde untersucht. Für die Anoden, welche in „quasi wasserdampffreier Atmosphäre" (Nernst-

KAPITEL 5: Zusammenfassung und Ausblick

Spannung 1.1 V) ausgelagert wurden zeigte sich ein Ni-Partikelwachstum. Dieses war jedoch wesentlich geringer als das Ni-Partikelwachstum in wasserdampfhaltiger Atmosphäre. Wegen der wenigen Messpunkte konnte keine Aussage über den möglichen Transportmechanismus in „quasi wasserdampffreier Atmosphäre" gemacht werden. Der Wasserdampf im Brenngas führte zu einer Beschleunigung der Agglomeration des Nickels. Die Auslagerungsversuche haben gezeigt, dass nicht zwangsläufig die Konzentration, sondern auch die Menge an Wasserdampf pro Zellfläche die Vergröberung maßgeblich beeinflusst. Ab einer bestimmten Menge an Wasserdampf stagnierte die Ni-Agglomeration. Es wird vermutet, dass der Transport von Nickel über das Hydroxid ($Ni(OH)_2$) stattfindet. Dies könnte entweder durch eine Oberflächendiffusion oder einen Verdampfungs-/Kondensationsprozess erfolgen. Der Dampfdruck von $Ni(OH)_2$ liegt im SOFC-Betriebsbereich (800 – 950°C) um etwa sechs bis acht Größenordnungen über dem Dampfdruck von reinem Nickel. Es wird angenommen, dass sich zunächst ein thermodynamisches Gleichgewicht zwischen den $Ni(OH)_2$-Molekülen an der Oberfläche der Partikel und den $Ni(OH)_2$-Molekülen in der Atmosphäre einstellt. Mit Hilfe von quantitativen REM-Bildanalysen wurde die Ni-Vergröberung über der Zeit bestimmt. Für die Anoden, welche in wasserdampfhaltiger Atmosphäre ausgelagert wurden, zeigte sich ein starkes Wachstum der Ni-Partikelradien innerhalb der ersten 200 h, welches danach stark abflachte. Mehrere Wachstumsgesetze wurden anhand der Messdaten miteinander verglichen. Demnach werden mehrere Szenarien für den Materialtransport für denkbar gehalten. Die Limitierung stellen derzeit die Streuung der Messwerte und die kurzen Auslagerungszeiten (2'000 h) dar. Ein Fit mit einem 4te-Wurzel-Zeit Gesetz, welches von IMRE et al. [Im_00] für einen Oberflächendiffusionsmechanismus vorgeschlagen wurde, lieferte teilweise gute Übereinstimmungen mit dem Messdaten. Anhand der mikrostrukturellen Beobachtung wird vermutet, dass es zunächst zur Verdampfung/Kondensation des $Ni(OH)_2$ von der Oberfläche kommt. Die

KAPITEL 5: Zusammenfassung und Ausblick

Kondensation ist gefolgt von einem Diffusionsschritt des $Ni(OH)_2$ zu einem Ort, an dem das Nickel eine stabilere Verbindung eingehen kann. Der Diffusionsschritt des $Ni(OH)_2$ wird hierbei als geschwindigkeitsbestimmend angesehen. Alternativ kann das an der Partikeloberfläche gebildete Nickelhydroxid auch direkt auf der Oberfläche diffundieren. Neben der Ni-Agglomeration wurden auch eine Vergröberung des CGO festgestellt, sowie ein starker Anstieg der Porosität bei Auslagerungszeiten > 1'000 h. Warum die Porosität der Anode anstieg, konnte nicht abschließend geklärt werden. Eine Vermutung ist, dass es zur Abdampfung des Nickel-Hydroxids kommt. Sofern es sich um einen realen Effekt handelt, kann davon ausgegangen werden, dass dies sowohl die elektrische Leitfähigkeit als auch die Zellleistung signifikant beeinflusst. Bei Auslagerungszeiten von > 1'000 h, war eine Deperkolation des CGO-Gerüstes von den Nickelpartikeln zu erkennen.

Die Veränderung der Mikrostruktur wurde in Abhängigkeit der Reduktionstemperatur an Ni/CG40-Standardanoden mit dem Rasterelektronenmikroskop beobachtet. Kontrastreiche REM-Bilder wurden hierzu quantitativ ausgewertet. Die Vergröberung des Nickels nahm in einem Temperaturbereich von 850 – 950°C markant zu. Das Wachstum der Nickelpartikel zeigte eine Arrhenius-Abhängigkeit d.h. der Ni-Transportmechanismus ist ein thermisch aktivierter Prozess. Anoden mit einem höheren Ni-Phasenanteil zeigten eine stärkere Ni-Agglomeration. Die Versuche zeigten außerdem eine Vergröberung des CGO, sowie eine Veränderung der Phasenanteile mit steigender Temperatur > 850°C.

In Versuche an Modellanoden wurde beobachtet, dass die Agglomeration von Nickelpartikeln nicht nur von der festen keramischen Matrix beeinflusst wird, sondern maßgeblich von feinen keramischen Partikeln beeinflusst wird, welche an der Oberfläche des Nickels hafteten. Die kleinen Partikel dienen offensichtlich als „Abstandshalter" zwischen benachbarten Ni-Partikeln und behindern so die Diffusionsprozesse.

KAPITEL 5: Zusammenfassung und Ausblick

Unter achtfacher Redox-Zyklierung vergröberte sich das Nickel einer Ni/CG40-Anode schneller als im Konstantbetrieb im gleichen Zeitraum. Analog nahm der flächenspezifische Widerstand dieser Zelle mit Ni/CG40-Anode stärker unter achtfacher Redox-Zyklierung ab. Als Ursache für die *ASR*-Zunahme wurde ein Anstieg des ohmschen Widerstandes gemessen. Dieser wurde auf einen Verlust an elektrischer Leitfähigkeit der Anode, mit einer zunehmenden Anzahl an Redox-Zyklen zurückgeführt. Durch ein Absenken der Temperatur von 950°C auf 850°C verringerten sich die Abnahme der elektrischen Leitfähigkeit und folgerichtig auch die Abnahme der Zellleistung. Neben der Vergröberung des Nickels wurden großflächige Abplatzungen von Teilen der Anode beobachtet. Aus dem Vergleich von REM-Bildern, welche vor und nach acht Redox-Zyklen an der gleichen Stelle der gleichen Probe aufgenommen wurden, konnte eine Zunahme der Anodendicke (2–3 µm) beobachtet werden, was unter Berücksichtigung der Massenerhaltung eine Zunahme der Porosität bedeutet. Die Zunahme der Porosität kommt zum größten Teil durch Mikrorisse zustande und wird neben der Ni-Agglomeration als Hauptgrund für den Leitfähigkeitsverlust und Leistungsverlust angesehen. Die beschleunigte Ni-Agglomeration wurde auf das Entstehen und Verschwinden Nanometer grosser NiO-Kristalle auf der NiO Partikeloberfläche zurückgeführt.

Fazit und Ausblick: Die Arbeit zeigt eine systematische Untersuchung der mikrostrukturellen Degradation von Ni-Cermet-Anoden unter Variation der Mikrostruktur, der Materialien und der Betriebsparameter sowie eine Korrelation zwischen der Mikrostruktur und den elektrochemischen Messungen. Die wichtigsten Einflussparameter auf die Zellleistung und deren Stabilität sind:
- das im Cermet verwendete keramische Material (YSZ oder CGO)
- die ionische Leitfähigkeit von YSZ in der Ni/YSZ-Anode
- die Partikelverteilung von YSZ und Nickel in der Ni/YSZ-Anode →
„Feine" Anodenmikrostrukturen führen zu hohen Zellleistungen,

KAPITEL 5: Zusammenfassung und Ausblick

wohingegen „grobe" Mikrostrukturen zu einer guten Stabilität der elektrische Leitfähigkeit führen
- der Phasenanteil von Nickel, der zwischen 40 und 50 Vol.% liegen muss, um eine ausreichende Stabilität der Zellleistung sicherzustellen
- die Art des Betriebs → Die Redox-Zyklierung führt für anwendungsnahe Anode in der Regel zu einer höheren Schädigung als der kontinuierliche Betrieb

Die wichtigsten Betriebsparameter hinsichtlich der Degradation der Mikrostruktur sind:
- *Die Temperatur* → Mit zunehmender Temperatur nimmt die Ni-Agglomeration zu. Die Zunahme der Partikelgröße kann mit einer Arrhenius-Gleichung berechnet werden. Oberhalb von 850°C tritt eine signifikante Vergröberung des Nickels ein.
- *Der Wasserdampf* → Dieser beschleunigt die Ni-Agglomeration. Hierbei spielt primär nicht nur der Wasserdampfgehalt, sondern vor allem die absolute Menge an Wasserdampf pro Zellfläche eine entscheidende Rolle. Das Ni-Wachstum in H_2O-Atmosphäre kann mit einem 4te-Wurzel-Zeit Gesetz beschrieben werden.

Die theoretischen Erkenntnisse und die generierten Rohdaten dienen als Grundlage zur Validierung eines Anodenmikrostrukturmodells, bzw. der damit berechneten Zellleistung. Das entsprechende Modell wurde im Rahmen des schweizerischen SOF-CH Projektes, bzw. dieser Arbeit, von der *ZHAW* und der *Hexis AG* entwickelt. Die ersten Simulationen zeigen die prinzipielle Funktionalität des Mikrostrukturmodells. Die Trends und die Größenordnung der flächenspezifischen Zellwiderstände der elektrochemischen Messungen konnten über das Modell korrekt wiedergegeben werden [Hoc_08][Hoc_10]. In Zukunft soll das Mikrostrukturmodell die Lebensdauer einer Zelle vorhersagen bzw. die

KAPITEL 5: Zusammenfassung und Ausblick

Sensitivität der mikrostrukturellen Parameter auf die Zellleistung klären. Hierzu dienen die hier durchgeführten quantitativen Mikrostrukturanalysen und die daraus abgeleiteten Zeitgesetze, wie beispielsweise für die Nickelvergröberung. Die Modellierung erspart somit langwierige Versuche bzw. das Abarbeiten großer Versuchsmatrizen. Materialien bzw. Elektroden können so anhand von Computersimulation gezielt und kostengünstig optimiert werden. Das Mikrostrukturmodell kann zunächst nur für die Ni/YSZ-Anode angewendet werden. Eine Doppelschichtkapazität, welche wie bei der Ni/YSZ-Anode von Mikrostruktur abhängt konnte für die Ni/CGO-Anode bisher nicht gefunden werden. In weiteren elektrochemischen Experimenten muss deshalb die Abhängigkeit des Polarisationswiderstandes von der Ni/CGO-Mikrostruktur geklärt werden.

REFERENZEN

[And_03] H.U. Anderson, F. Tietz, Interconnects, in S.C. Singhal, K. Kendall, High temperature Solid Oxide Fuel Cells – Fundamentals, Design and Applications, Elsevier (2003)

[Ab_97] J. Abel, A.A. Kornyshev, W. Lehnert, J. Electrochem. Soc. 144 (12), (1997), pp. 4253-4259

[Aga_93] P. Agarwal, M.E. Orazem, L.H. García-Rubio, "Application of the Kramers-Kronig Relations to Electrochemical Impedance Spectroscopy Analysis and Interpretation". J, Scully, D. Silverman, M. Kendig, Editors, American Society for Testing and Materials, ASTM, STP, Philadelphia, (1993), pp. 115-139

[Aru_98] S.T. Aruna, M. Muthuraman, K.C. Patil; Solid State Ionics 111, (1998), pp. 45-51

[Atk_96] P.W. Atkins, Pysikalische Chemie, zweite Auflage, VCH Verlag, Weinheim (1996)

[Ba_05] E. Barsoukov, J.R. Macdonald, Impedance Spectroscopy, theory, experiments and applications, second edition, John Wiley & Sons, Hoboken, New Jersey, (2005)

[Bad_95] S.P.S. Badwal, K. Foger, Ceramics International 22 (1996), pp. 257-265

[Bal_04] N. Balakrishnan, T. Takeuchi, K. Nomura, H. Kageyama, Y. Takeda, J. Electrochem. Soc. 151 (8), (2004), pp. A1286-A1291

[Bar_78] H.J. Bargel, G. Schulze, Werkstoffkunde, VDI-Verlag, Düsseldorf, zweite Auflage (1980).

[Barf_03] R. Barfod, S. Koch, Y.-L. Lui, P.H. Larsen, P.V. Hendriksen, in: Proc. Int. Symp. on Solid Oxide Fuel Cells VIII, S.C. Singhal and M. Dokiya, Editors, PV-203-07, The Electrochemical Proceedings Series, Pennington, NJ (2003), pp. 1158-1166

[Bat_04] E. Batawi, C. Voisard, U. Weissen, J. Hoffmann, Y. Sikora, J. Frei, Materials development at Sulzer Hexis for the provision of a combined heat and power SOFC-System, 6th European Solid oxide fuel cell Forum, Lucerne (2004), pp. 767-773

[Bie_00/D] A. Bieberle, The Electrochemistry of Solid Oxide Fuel Cell Anodes: Experiments, Modeling, and Simulations, ETH Zurich, Dissertation,

REFERENZEN

	(2000)
[Bien_00]	BINE Informationsdienst, Basis Energie 7, „Energie im Wandel" (2000), ISSN: 1438-3802
[Bien_03]	BINE Informationsdienst, Basis Energie 1, „Klima und Energie" (2003), ISSN: 1438-3802
[Bin_06/D]	P. Binkele, „Atomistische Modellierung und Computersimulation der Ostwald-Reifung von Ausscheidungen beim Einsatz von kupferhaltigen Stählen", Universität Stuttgart, Dissertation, (2006)
[BfE_07]	J. Sfeir, T. Hocker, J. Van Herle, A. Nakajo, P. Tanasini, H. Galinski, J. Kübler, SOF-CH final report, „Enhancing the lifetime of SOFC stacks for combined heat and power applications", (2007)
[BfE_09/a]	Bundesamt für Energie, Energie-Forschung 2008, Überblicksberichte der Programmleiter (2009)
[BfE_09/b]	Bundesamt Für Energie, W. Steinmann, „Die schweizerische Energiepolitik vor wichtigen Weichenstellungen", (2009)
[BMU_07]	Bundesministerium für Umwelt, Naturschutz und Reaktorsicherheit, „Wie geht es weiter mit dem Klima?", Deutschland (2007)
[BMWI_06]	Bundesministerium für Wirtschaft und Technologie, Bundesministerium für Umwelt, Naturschutz und Reaktorsicherheit, Energieversorgung in Deutschland – Statusbericht für den Energiegipfel 2006, Berlin, März 2006
[BMWI_07]	Bundesministerium für Wirtschaft und Technologie, Nationaler Energieeffizienz-Aktionsplan (EEAP) der Bundesrepublik Deutschland, Sept. 2007
[Bos_00]	U. Bossel "The birth of the fuel cell" European Fuel Cell Forum, ISBN 3-905592-06-1
[Bor_09]	B. Borglum, E. Tang, M. Pastula, "The status of SOFC development at Versa Power systems", ECS Transactions 25 (2), (2009), pp. 65-70
[Bro_00]	M. Brown, S. Primdahl, M. Mogensen, J. Electrochem. Soc. 147 (2), (2000), pp. 475-485
[BT_08]	H. Bradke, W. Brinker, J. Luther, W. Pfaffenberger, U. Wagner, „Bullesee-Thesen – Weiterführende Überlegungen zur dezentralen Mikro-Kraft-Wärme-Kopplung", 3. Auflage, Juni 2008
[Cal_08]	M. Calovini, Pressemitteilung, "Callux: Praxistest von Brennstoffzellen fürs Eigenheim" (2008)
[Cas_96]	M. Cassidy, G. Lindsay, K. Kendall, J. Power Sources 61, (1996),

REFERENZEN

	pp. 189-192
[CHL_97]	C.-H. Lee, C.-H. Lee, H.-Y. Lee, S. M. Oh; Solid State Ionics 98, (1997), pp. 39-48
[Cia_91]	F.T. Ciacchi, S.P.S. Badwal, J. Europ. Cer. Soc. 7, (1991) pp. 197-206
[Cos_98]	P. Costamagna, P. Costa, V. Antonucci, Electrochim. Acta 43 (3-4), (1998), pp. 375-394
[Cos_02]	P. Costamagna, M. Panizza, G. Cerisola, A. Barbucci, Electrochim. Acta 47, (2002), pp. 1079-1089
[Dat_08]	P. Datta, P. Majewski, F. Aldinger, J. Alloy. Compd. 455, (1-2), (2008), pp. 454-460
[DBo_98/D]	B. de Boer B. de Boer, SOFC Anode - Hydrogen oxidation at porous nickel and nickel/yttriastabilised zirconia cermet electrodes, University Twente, Dissertation, (1998)
[Dees_87]	D.W. Dees, T.D. Claar, T.E. Easler, D.C. Fee, F.C. Mrazek, J. Electrochem. Soc. 134 (9), (1987), pp. 2141-2146
[DsB_08]	Statistisches Bundesamt, Statistisches Jahrbuch 2008, pp. 691-692
[Du_51]	P. Duwez, F.H. Brown, F. Odell, J. Electrochem. Soc. 98 (9), (1951), pp. 356-362
[Ela_91]	S. Elangovan, A. Khandkar, „Analysis of the morphological instability of two phase mixed conducting electrodes" Proc. 1st international symposium on ionic and mixed conducting ceramics, Proc. Vol. 91-12, Arizona (1991), pp. 122-132, The Electrochem. Soc.
[ES_05]	Energie Schweiz, "Energie Schweiz in der 2. Etappe mehr Wirkung, mehr Nutzen – Die Strategie für EnergieSchweiz 2006 – 2010", (2005)
[EU_07]	Europäische Kommission, „Eine Energiepolitik für Europa: Kommission stellt sich den energiepolitischen Herausforderungen des 21. Jahrhunderts", MEMO/07/7, (2007)
[Faes_09]	A. Faes, J. Jeangros, J.B. Wagner, T.W. Hansen, J. Van Herle, A. Brisse, R. Dunin-Borowski, A. Hessler-Wyser, "In situ reduction and oxidation of Nickel from Solid Oxide Fuel Cells in a transmission electron microscope", ECS Transactions 25 (2) (2009), pp.1985-1992
[Faes_09/b]	A. Faes, A. Hessler-Wyser, D. Presvytes, C.G. Vayenas, J. Van Herle, Fuel Cells 09 (6), 2009, pp. 841-851
[Faes_09/c]	A. Faes, A. Nakajo, A. Hessler-Wyser, D. Dubois, A. Brisse, S. Modena, J. Van Herle, J. Power Sources 193 (2009) pp. 55-64
[Fis_05]	W. Fischer, J. Malzbender, G. Blass, R.W. Steinbrech, J. Power

Referenzen

	Sources 150, (2005), pp. 73-77
[Fou_03]	D. Fouquet, A.C. Müller, A. Weber, E. Ivers-Tiffee, Ionics (8) (2003), pp. 103-108
[Frei_05]	J. Frei, R. Kruschwitz, C. Voisard, "Application of ferritic steels as SOFC interconnects under real conditions", Electrochemical Society Proceedings 2005-07 (2005), pp. 1781-1788
[Fue_61]	K. Fueki, H. Ishibashi, J. Electrochem. Soc. 108 (4), (1961) pp. 306-311
[Fu_03]	T. Fukui, S. Ohara, M. Naito, K. Nogi, J. Eur. Ceram. Soc. 23, (2003), pp. 2963-2967
[FuQ_02]	Q. Fu, T. Wagner, Thin Solid Films 420-421 (2002), pp. 455-460
[Gew_08]	S. Gewies, W. Bessler, J. Electrochem. Soc. 155 (9) (2008), pp. B937-B952
[Gon_07]	M. Gong, X. Liu, J. Trembly, C. Johnson, J. Power Sources 168 (2), (2007), pp. 289-298.
[Gr_97]	J. Grabis, I. Steins, D. Rasmane, G. Heidemane, J. Eur. Ceram. Soc. 17 (1997), pp.1437-1442
[Gra_72]	M.J. Graham, G.I. Sproule, D. Caplan, M. Cohen, J. Electrochem. Soc. 119 (7), (1972), pp. 883-887
[Gub_97]	A. Gubner, H. Landes, J. Metzger, H. Seeg, R. Stübner, Investigations into the degradation of the cermet anode of a solid oxide fuel cell PV97-18, (1997), pp. 844-850
[Gui_00]	M. Guillodo, P. Vernoux, J. Fouletier, Solid State Ionics 127, (2000), pp. 99-107
[Gul_54]	E.A. Gulbransen, K.F. Andrew, J. Electrochem. Soc. 101 (3), (1954), pp. 128-140
[Gul_57]	E.A. Gulbransen, K.F. Andrew, J. Electrochem. Soc., 104 (7), (1957), pp. 451-454
[Haa_74]	P. Haasen, Physikalische Metallkunde, Springer Verlag, Berlin, Heidelberg, New York, (1974)
[Ha_08]	T. Hatae, Y. Matsuzaki, Y. Yamazaki, Solid State Ionics 179, (2008), pp.274-281
[Hae_01/D]	C. Haering, Degradation der Leitfähigkeit von stabilisiertem Zirkoniumdioxid in Abhängigkeit von der Dotierung und den damit verbundenen Defektstrukturen, Universität Erlangen-Nürnberg, Dissertation, (2001)

Referenzen

[Hag_06]   A. Hagen, R. Barfod, P. V. Hendriksen, Y.L. Liu, S. Ramousse, J. Electrochem. Soc. 153 (6) (2006), pp. A1165-A1171.

[Hale_72]   R. Hales, A.C. Hill, Corros. Sci 12, (1972), pp. 843-853

[Hal_75]   W.D. Halstead, Corros. Sci 15, (1975), pp.603-625

[Ham_75]   C.H. Hamann, W. Vielstich, Elektrochemie 1, Leitfähigkeit, Potentiale, Phasengrenzen, Verlag Chemie, Weinheim (1975)

[Ham_81]   C.H. Hamann, W. Vielstich, Elektrochemie 2, Elektrodenprozesse, angewandte Elektrochemie, Verlag Chemie, Weinheim (1981)

[Hau_05]   J. Haun, R. Haun, „Brennstoffzellen in der Raumfahrt" Semesterarbeit, FH Darmstadt (2005), http://schmidt-walter.eit.h-da.de/WBZ/pemss05.html

[Hb_09]   K. Hbaieb, Thin Solid Films 517, (2009), pp. 4892-4894

[HCP_09]   D.R. Lide, CRC Handbook of Chemistry and Physics, 89th Edition, Verlag: Taylor & Francis Ltd, (2009), ISBN 0849304881

[Her_87]   A. Hermann, Lexikon: Geschichte der Physik A-Z, 3. ergänzte Auflage, Aulis Verlag Deubner & CO KG, Köln, (1987)

[Hei_06]   A. Heinzel, F. Mahlendorf, J. Roes, Brennstoffzellen – Entwicklung, Technologie, Anwendung, 3. neu bearbeitete und erweiterte Auflage, C.F. Müller Verlag, Heidelberg, (2006), ISBN 3-7880-7741-7

[Hoc_08]   T. Hocker, R. Denzler, B. Iwanschitz, A. Mai, J. Sfeir, Model-based analysis of degradation phenomena and performance losses in Real SOFC-Stacks, 5th symposium on Fuel Cell Modelling and Experimental Validation ,Winterthur, 11th - 12th march, 2008

[Hoc_10]   T. Hocker, B. Iwanschitz, L. Holzer, "Assessing the effect of electrode microstructure on repeat unit performance and cell degradation" 7th Symposium on Fuel Cell Model-ing and Experimental Validation, Morges, March 22–24, 2010

[Hof_05]   J. Hoffmann, M. Woski, R. Denzler, B. Doggwiler, T. Doerk, PV 2005-07, (2005), pp. 177-183.

[Holt_99]   P. Holtappels, I.C. Vinke, L.G.J. de Haart, U. Stimming; J. Electrochem. Soc. 146 (8), (1999), pp. 2976-2982

[Hol_09]   Holzer, L., Muench B. and Cantoni M., 3D-microstructure analysis of solid oxide fuel cell (SOFC) anode. In: Interdisciplinary Symposium on 3D Microscopy, Interlaken, Switzerland. Swiss Society for Optics and Microscopy SSOM (2009), p 40-43

REFERENZEN

[Hol_10]   L. Holzer, B. Iwanschitz, Th. Hocker, B. Münch, M. Prestat, D. Wiedenmann, U. Vogt, P. Holtappels, J. Sfeir, A. Mai, Th. Graule, J. Power Sources 196 (2011) pp. 1279–1294
[Hor_06]   T. Horita, H. Kishimoto, K. Yamaji, Y. Xiong, N. Sakai, M. E. Brito, H. Yokokawa, Solid State Ionics 177 (2006), pp. 1941-1948
[Hui_08]   Rolf Huiberts, Karl Hermann Buchner, Hans-Peter Baldus, "Commercialisation of SOFC Technology at H.C. Starck", 8th European Solid Oxide Fuel Cell Forum, Lucern (2008), B0302
[Im_99]   A. Imre, E. Gontier-Moya, D.L. Beke, I.A. Szabó, G. Erdélyi, Surface Science, 441 (1999), pp.133-139
[Im_00]   A. Imre, D.L. Beke, E. Gontier-Moya, I.A. Szabó, E. Gillet, Appl. Phys. A 70, (2000) pp. 1-4
[IPCC_07/a] Le Treut, H., R. Somerville, U. Cubasch, Y. Ding, C. Mauritzen, A. Mokssit, T. Peterson and M. Prather, 2007: Historical Overview of Climate Change. In: Climate Change 2007: The Physical Science Basis. Contribution of Working Group I to the Fourth Assessment Report of the Intergovernmental Panel on Climate Change [Solomon, S., D. Qin, M. Manning, Z. Chen, M. Marquis, K.B. Averyt, M. Tignor and H.L. Miller (eds.)]. Cambridge University Press, Cambridge, United Kingdom and New York, NY, USA.
[IPCC_07/b] Bates, B.C., Z.W. Kundzewicz, S. Wu and J.P. Palutikof, Eds.: Climate Change and Water. Technical Paper of the Intergovernmental Panel on Climate Change, IPCC Secretariat, Geneva (2008), 210 pp.
[Ios_99]   A. Ioselevich, A. A. Kornyshev, and W. Lehnert, Solid State Ionics 124, (1999), pp. 221-237
[Ito_97]   H. Itoh, T. Yamamoto, M. Mori, T. Horita, N. Sakai, H. Yokokawa, M. Dokiya, J. Electrochem. Soc. 144 (2), (1997), pp. 641-646
[Iw_07]   B. Iwanschitz, J. Sfeir, A. Mai, T. Hocker, Origin and mechanisms of anode degradation. International workshop on degradation issues in fuel cells, Greece, September 2007
[Iwa_96]   T. Iwata, J. Electrochem. Soc. 143 (5), (1996), pp. 1521-1525
[Jen_03]   K.V. Jensen, R. Wallenberg, I. Chorkendorff, M. Mogensen, Solid State Ionics 160, (2003), pp. 27-37
[Jia_99]   S.P. Jiang, S.P.S. Badwal, Solid State Ionics 123, (1999), pp. 209-224
[Jia_00]   S.P. Jiang, P.J. Callus, S.P.S. Badwal, Solid State Ionics 132, (2000),

REFERENZEN

	pp. 1-14
[Jia_03/a]	S.P. Jiang, J. G. Love, L. Apateanu, Solid State Ionics 160, (2003), pp. 15-26
[Jia_03/b]	S.P. Jiang, J. Electrochem. Soc. 150 (11), (2003), pp. E548-E559
[Jia_03/c]	S.P. Jiang, J. Mater. Sci. 38, (2003), pp. 3775-3782
[Kar_00]	R. Karmhag, T. Tesfamichael, E. Wäckelgard, G. A. Niklasson, M. Nygren, Solar Energy 68 (4), (2000), pp 329-333
[Kaw_07]	M. Kawano, H. Yoshida, K. Hashino, H. Ijichi, S. Suda, K. Kawahara, T. Inagaki, J. Power Sources 173, (2007), pp. 45-52
[Ken_07]	K. Kendall, C.M. Dikwal, W. Bujalski, ECS Transactions 7 (1), (2007), pp. 1521-1526
[Ken_03]	K. Kendall, N.Q. Minh, S.C. Singhal, Cell and Stack Designs, Introduction to SOFC's, in S.C. Singhal, K. Kendall, High temperature Solid Oxide Fuel Cells – Fundamentals, Design and Applications, Elsevier (2003)
[Ket_02/D]	G. Ketteler, Präparation und Charakterisierung von epitaktischen Oxidfilmen für modellkatalytische Untersuchungen, Freie Universität Berlin, Dissertation, (2002)
[Kie_07/D]	T. Kiefer, Entwicklung neuer Schutz- und Kontaktierungsschichten für Hochtemperatur-Brennstoffzellen, Universität Bochum, Dissertation, (2007)
[Ki_09]	P. Kim, D.J.L. Brett, N.P. Brandon; J. Power Sources 189, (2009), pp. 1060-1065
[Kis_09]	H. Kishimoto, K. Yamaji, T. Horita, Y.-P. Xiong, M.E. Brito, M. Yoshinaga, H. Yokokawa; Electrochemistry 77 (2), (2009), pp.190-194
[Kiu_57]	K. Kiukkola, C. Wagner, J. Electrochem. Soc. 104 (6), (1957), pp. 379-387
[Kle_05]	T. Klemensø, C. Chung, P.H. Larsen, M. Mogensen, J. Electrochem. Soc. 152 (11), (2005) , pp. A2186-A2192
[Kle_06]	T. Klemensø, C.C. Appel, M. Mogensen, Electrochemical and Solid State Letters 9 (9), (2006), pp. A403-A407
[Kni_01/D]	S. Knies, "Herstellungsprozess und Mikrostruktur von aktivierten Nickelkatalysatoren", Technische Universität Darmstadt, Dissertation, (2001)
[Ko_06]	S. Koch, P. V. Hendriksen, M. Mogensen, Y. L. Liu, N. Dekker, B. Rietveld, B. de Haart, F. Tietz, Fuel Cells 06 (2), (2006), pp. 130-136,

REFERENZEN

[Koi_00]	H. Koide, Y. Someya, T. Yoshida, T. Maruyama, Solid State Ionics 132, (2000), pp. 253-260
[Kon_04/b]	J. Kondoh, H. Shiota, K. Kawachi, T. Nakatani; J. Alloy. Compd. 365, (2004), pp. 253-258
[Knac_56]	Knacke, O. and Stranski, I. N., Prog. Met. Phys. 6, (1956), pp. 181-235
[KyP_97]	Protokoll von Kyoto zum Rahmenübereinkommen der Vereinten Nationen über Klimaänderungen, www.bmu.de/files/pdfs/allgemein/application/pdf/protodt.pdf
[Lee_00]	C.H. Lee, G.M. Choi, Solid State Ionics 135, (2000), pp. 653-661
[Lee_03]	J. H. Lee, J. W. Heo, D. S. Lee, J. Kim, G. H. Kim, H. W. Lee, H. S. Song, J. H. Moon, Solid State Ionics 158 (2003), pp. 225-232
[Li_10]	M. Linder, T. Hocker, R. Denzler, A. Mai, B. Iwanschitz, Fuel Cells 00 (0), (2011), pp. 1-8
[Lin_01]	S. Linderoth, N. Bonanos, K.V. Jensen, J.B. Bilde-Sorensen, J. Am. Ceram. Soc. 84 (111), (2001), pp. 2652-56
[Liu_03]	Y.L. Liu, S. Primdahl, M. Mogensen, Solid State Ionics 161, (2003), pp. 1-10
[Liu_05]	Y.L. Liu, C. Jiao, Solid State Ionics 176 (2005), pp. 435-442
[Lo_00]	A. Lo, R.T. Skodje, J. Chem. Phys. 112 (4), (2000), pp. 1966-1974
[Lou_85]	V.L.K. Lou, T.E. Mitchell, A.H. Heuer, J. Am. Ceram. Soc 68 (2), (1985), pp. 49-58
[Lov_09]	J. Love, S. Amarasinghe, D. Selvey, X. Zheng, L. Christiansen; „Development of SOFC Stacks at Ceramic Fuel Cells Limited, ECS Transactions 25 (2), (2009), pp.115-124, The Electrochemical Society
[Mai_04/D]	A. Mai, Katalytische und elektrochemische Eigenschaften von eisen- und kobalthaltigen Perovskiten als Kathoden für die oxidkeramische Brennstoffzelle (SOFC), Universität Bochum, Dissertation, (2004)
[Ma_98]	T. Matsushima, H. Ohrui, T. Hirai; Solid State Ionics 111, (1998), pp. 315-321
[Malz_06]	J. Malzbender, T. Wakui, R.W. Steinbrech, Fuel Cells 06 (2), (2006), pp. 123-129
[Mari_00]	R. Maric, T. Fukui, S. Ohara, H. Yoshida, M. Nishimura, T. Inagaki, K. Miura, J. Mater. Sci. 35, (2000), pp.1397-1404
[Mar_99]	O. A. Marina, C. Bagger, S. Primdahl, M. Mogensen, Solid State Ionics 123, (1999), pp. 199-208

REFERENZEN

[Mat_00]   Y. Matsuzaki, I. Yasuda, Solid State Ionics 132, (2000), pp. 261-269
[Mau_94]   V. Maurice, H. Talah, P. Marcus, Surface Science 304, (1994), pp. 98-108
[McEv_03] A. McEvoy, Anodes, in S.C. Singhal, K. Kendall, High temperature Solid Oxide Fuel Cells – Fundamentals, Design and Applications, Elsevier (2003)
[Miz_94]   J. Mizusaki, H. Tagawa, T. Saito, K. Kamitani, T. Yamamura, K. Hirano, S. Ehara, T. Takagi, T. Hikita, M. Ippommatsu, S. Nakagawa, K. Hashimoto, J. Electrochem. Soc. 141 (8), (1994), pp. 2129-2134
[Möb_03]   H.H. Möbius, History, in S.C. Singhal, K. Kendall, High temperature Solid Oxide Fuel Cells – Fundamentals, Design and Applications, Elsevier (2003)
[Mog_91]   M. Mogensen, B. Malmgren-Hansen, T. Lindegaard, U.R. Hansen, Properties of CeO-based SOFC anode materials. Second International Symposium on Solid Oxide Fuel Cells, Athens, Greece, 2-5 July 1991, pp. 577-584
[Mog_93]   M. Mogensen and T. Lindegaard, "The kinetics of hydrogen oxidation on a Ni-YSZ SOFC electrode at 1000°C," in Proceedings of the Third International Symposium on Solid Oxide Fuel Cells, S.C. Singhal and H. Iwahara, Editors, The Electrochemical Society Proceedings Series PV 93-4, 1993, pp. 484-493
[Mog_94]   M. Mogensen, T. Lindegaard, U.R. Hansen, G. Mogensen, J. Electrochem. Soc. 141 (8), (1994), pp. 2122-2128
[Mog_00]   M. Mogensen, N.M. Sammes, G.A. Tompsett, Solid State Ionics 129, (2000), pp. 63-94
[Mog_02]   M. Mogensen, K.V. Jensen, Solid State Ionics 150, (2002), pp. 123-129
[Mon_02]   C.S. Montross, H. Yokokawa, M. Dokiya, British Ceramic Transactions 101 (3), 2002, pp. 85-93
[Mo_99]   J.W. Moon, H.L. Lee, J.D. Kim, G.D. Kim, D.A. Lee, H.W. Lee, Materials Letters, (1999), pp. 214-220
[Mori_98] M. Mori, T. Yamamoto, H. Itoh, H. Inaba, H. Tagawa, J. Electrochem. Soc. 145 (4), (1998), pp.1374-1380
[Mü_04/D] A. Müller, Mehrschicht-Anode für die Hochtemperatur-Brennstoffzelle (SOFC), Technische Hochschule Karlsruhe, Dissertation, (2004)
[Mün_08]   B. Münch, L. Holzer, J. Amer. Ceram. Soc. 91 (12), (2008), pp. 4059-4067

Referenzen

[Muk_09] S. Mukerjee, K. Haltiner, D. Klotzbach, J. Vordonis, A. Iyer, R. Kerr, V. Sprenkle, J.Y. Kim, K. Meinhardt, N. Canfield, J. Darsell, B. Kirby, T.K. Oh, G. Maupin, B. Voldich, J. Bonnett, "Solide Oxide Fuel Cell stack for transportation and stationary applications", ECS Transactions, 25 (2), (2009) pp. 59-63

[Naka_86] A. Nakamura, J.B. Wagner, J. Electrochem. Soc.133 (8), (1986), pp. 1542-1548

[Nak_99] N. Nakagawa, K. Nakajima, M. Sato, K. Kato, J. Electrochem. Soc. 146 (4), (1999), pp. 1290-1295

[Nig_03] Y. Nigara, K. Yashiro, T. Kawada, J. Mizusaki, Solid State Ionics 159, (2003), pp. 135-141

[Nig_04] Y. Nigara, K. Yashiro, J.-O. Hong, T. Kawada, J. Mizusaki, Solid State Ionics 171, (2004), pp. 61-67

[Nor_05] K. Nørgaard Toft, D. Lybye, M. Mogensen, C. Hatchwell, Performance of Ni-YSZ SOFC Anodes: Strong time dependence is observed, Proceeding of the 26th Risø International Symposium on Material Science: Solid State Electrochemistry (2005), pp. 291-296

[Oli_96] S. Olive, U. Grafe, I. Steinbach, Comp. Mater. Sci 7, (1996), pp. 94-97

[Ost_01] W. Ostwald, Z. Phys. Chem. 37, (1901), pp. 385-406

[Ou_08] J.P. Ouweltjes, F. van Berkel, B. Rietveld, Development and Evaluation of Redox Tolerant Anodes, 8th European Solid Oxide Fuel Cell Forum, Lucern (2008), pp. A0504

[Per_01] M.L. Perry, T.F. Fuller, J. Electrochem. Soc. 149 (7), (2002), pp. 59-67

[Pet_78] N.L. Peterson, J. Nucl. Mater. 69 & 70, (1978), pp. 3-37

[Pih_07] M. Pihlatie, A. Kaiser, P.H. Larsen. M. Mogensen, ECS Transactions 7 (1), (2007), pp. 1501 1510

[Pih_09] M. Pihlatie, A. Kaiser, P.H. Larsen, M. Mogensen, J. Electrochem. Soc. 156 (3), (2009), pp. B322-B329

[Pih_10] M.H. Pihlatie, H.L. Frandsen, A. Kaiser, M. Mogensen, J. Power Sources 195, (2010), pp. 2677-2690

[Pop_09] R. Popescu, R. Schneider, D. Gerthsen, A. Böttcher, D. Löffler, P. Weis, M.M. Kappes, Surface Science 603 (2009), pp. 3119-3125

[Pra_99] S.K. Pratihar, R.N. Basu, S. Mazumder, H.S. Maiti; "Electrical conductivity and microstructure of Ni-YSZ Anode prepared by liquid dispersion method", Electrochemical Society Proceedings, Volume 99-

Referenzen

	19, (1999), pp. 513-521
[Prim_97]	S. Primdahl, M. Mogensen, J. Electrochem. Soc. 144 (10), (1997), pp. 3409-3419
[Prim_98]	S. Primdahl, M. Mogensen, J. Electrochem. Soc. 145 (7), (1998), pp. 2431-2438
[Prim_99/D]	S. Primdahl, Nickel/Yttria-stabilized Zirconia cermet anodes for Solid Oxid Fuel Cells, University Twente, Dissertation, (1999)
[Prim_99]	S. Primdahl, M. Mogensen, J. Electrochem. Soc. 146 (8), (1999), pp. 2827-2833
[Prim_00]	S. Primdahl, B.F. Sørensen, M. Mogensen, J. Am. Ceram. Soc. 83 (3), (2000), pp. 489-94
[Prim_02]	S. Primdahl, M. Mogensen, Solid State Ionics 152-153, (2002), pp. 597-608
[Pusz_07]	J. Pusz, A. Smirnova, A. Mohammadi, N.M. Sammes, J. Power Sources 163, (2007), pp. 900-906
[Reum_06]	M. Reum, S.A. Freunberger, F.N. Büchi, "Measuring the local current density distribution on a sub-milimeter scale", 3rd Fuel Cell Research Symposium Modelling and Experimental Validation, EMPA Dübendorf, 16-17th March 2006
[Ric_92]	J.T. Richardson, B. Turk, M. Lei, K. Forster, M.V. Twigg, Applied Catalysis A: General 83, (1992), pp. 87-101
[Rob_02]	G. Robert, A. Kaiser, K. Honegger, E. Batawi, 5th European Solid oxide fuel cell Forum, Lucerne (2002), pp. 116-122
[Rob_04]	G. Robert, A. Kaiser, E. Batawi, Anode Substrate Design for RedOx-Stable ASE Cells, 6th European SOFC Forum, Lucern (2004), pp.193-200
[Rö_96]	Römpp Chemie Lexikon, Thieme, Stuttgart; Auflage: 10., (1996), ISBN-10: 3131078308
[RS_08]	R. Steinberger-Wilckens, EU Project: REAL SOFC, Publishable Executive Summary M37-M48, (2008)
[Sak_99]	N. Sakai, K. Yamaji, T. Horita, H. Yokokawa, Y. Hirata, S. Sameshima, Y. Nigara, J. Mizusaki, Solid State Ionics 125, (1999), pp. 325-331
[Sam_03]	T. Ishihara, N.M. Sammes, O. Yamamoto, Electrolytes, in S.C. Singhal, K. Kendall, High temperature Solid Oxide Fuel Cells – Fundamentals, Design and Applications, Elsevier (2003)

Referenzen

[Sar_07]   D. Sarantaridis, R.A. Rudkin, A. Atkinson, ECS Transactions 7 (1), (2007), pp. 1491-1499
[Sar_07/b] D. Sarantaridis, A. Atkinson, Fuel Cells 07 (3), 2007, pp. 246-258
[Sar_08]   D. Sarantaridis, R.J. Chater, A. Atkinson, J. Electrochem. Soc. 155 (5), (2008) pp. B467-B472
[Schu_02]   A. Schuler, J. Schild, E. Batawi, A. Rüegge, M. Tamas, T. Doerk, H. Raak, B. Doggwiler, 5th European SOFC Forum, Luzern (2002), pp.446-452
[Schu_04]   A. Schuler, 6th European SOFC Forum, Luzern (2004), pp.363-368
[Schu_10]   A. Schuler, V. Nerlich, T. Doerk, A. Mai, „Galileo 1000 N – Status of Development and Operation Experiences", 9th European SOFC Forum, Luzern (2010), pp.2-98 – 2-105
[Schü_97]   M. Schütze, Protective oxide scales and their breakdown, John Wiley & Sons, Chichester (1997)
[Schü_01]   M. Schütze, S. Ito, W. Przybilla, H. Echsler, C. Bruns, Materials at high temperatures 18 (1), (2001), pp. 39-50
[Schw_43]   G.M. Schwab, Handbuch der Katalyse, vierter Band: Heterogene Katalyse, Springer Verlag, Wien (1943)
[Seh_03]   J. Sehested, J. Catalysis 217, (2003), pp.417-426
[Seh_04]   J. Sehested, J.A.P. Gelten, I.N. Remediakis, H. Bengaard, J.K. Norskov, J.Catalysis 223, (2004), pp.432-443
[Seh_06/a] J. Sehested, J. A. P. Gelten, S. Helveg, Applied Catalysis A: General 309, (2006), pp. 237-246
[Seh_06/b] J. Sehested, Catalyst Today 111, (2006), pp. 103-110
[Sel_97]   A. Selcuk, A. Atkinson, J. Europ. Cer. Soc. 17, (1997), pp. 1523-1532
[Set_92]   T. Setoguchi, K. Okamoto, K. Eguchi, H. Arai, J. Electrochem. Soc. 139 (10), (1992), pp. 2875-2880
[Sf_01/D]   J. Sfeir, Alternative anode materials for methane oxidation in solid oxide fuel cells, EPFL Lausanne, Dissertation (2001)
[Sf_08]   J. Sfeir, A. Mai, B. Iwanschitz, U. Weissen, R. Denzler, D. Haberstock, T. Hocker, M. Roos Status of SOFC Stack and Material Development at Hexis, 8th European Solid Oxide Fuel Cell Forum, Lucern 2008, pp. B0307

Referenzen

[Sim_99/D]	D. Simwonis, „Optimierung von Anoden der Hochtemperatur-Brennstoffzelle durch Korrelation von Herstellungsverfahren, Gefüge und Eigenschaften", ISSN 0944-2952, Universität Bochum, Dissertation, (1999)
[Sim_00]	D. Simwonis, F. Tietz, D. Stöver, Solid State Ionics 132, (2000), pp. 241-251
[Sing_97]	S.C. Singhal, "Recent progress in tubular Solid Oxide Fuel Cell technology", Electrochemical Proceeding, Volume 97-18, (1997), pp. 37-50
[Sing_01]	S.C. Singhal, Solid State Ionics 135, (2000), pp.305-313
[Son_08/a]	V. Sonn, A. Leonide, E. Ivers-Tiffee; J. Electrochem. Soc. 155 (7), (2008), pp. B675-B679
[Son_08/b]	V. Sonn, E. Ivers-Tiffée, "Degradation in Ionic Conductivity of Ni/YSZ-Anode cermets", 8th European Solid Oxide Fuel Cell Forum, Lucern (2008), pp. B1005
[Sor_98]	B.F. Sørensen, S. Primdahl, J. Mater. Sci. 33, (1998), pp. 5291-5300
[Sta_02]	G. Stathis, D. Simwonis, F. Tietz, A. Moropoulou, A. Naoumides, J. Mater. Res. 17 (5), (2002), pp. 951-958
[Ste_95]	B.C. H. Steele, Solid State Ionics 75, (1995), pp. 157- 165
[Stb_07]	R. Steinberger-Wilckens, "Worldwide Best Practice - An Overview of Achievements in Degradation Mitigation", International Workshop on Degradation Issues in Fuel Cells, Hersonissos, Crete, 19 – 21 Sept 2007
[Stb_09]	R. Steinberger-Wilckens, L. Blum, H.-P. Buchkremer, L.G.J. de Haart, M. Pap, R.W. Steinbrech, S. Uhlenbruck, F. Tietz, „Overview of Solid Oxide Fuel Cell development at Forschungszentrum Jülich", ECS Transactions 25 (2), (2009), pp. 213-220
[Stü_02/D]	R. Stübner, „Untersuchung zu den Eigenschaften der Anode der Festelektrolytbrennstoffzelle", Technische Universität Dresden, Dissertation, (2002)
[Sun_07]	C. Sun, U. Stimming, J. Power Sources 171, (2007), pp. 247-260
[Sund_96/a]	S. Sunde, J. Electrochem. Soc. 143 (3), (1996), pp. 1123-1132
[Sund_96/b]	S. Sunde, J. Electrochem. Soc. 143 (6), (1996), pp. 1930-1938

Referenzen

[Suz_09]   M. Suzuki, S. Iwata, K. Higaki, S. Inoue, T. Shigehisa, I. Miyachi, H. Nakabayashi, T. Shimazu, „Development and field test results of residential SOFC CHP System" ECS Transactions 25 (2), (2009), pp.143-147

[Tel_01]   H. Salmang, H. Scholze, R. Telle, Keramik, Springer Verlag, Heidelberg, 7. Auflage, (2003)

[Tei_01]   A.C.S.C. Teixeira, R. Giudici, Chemical Engineering Science 56, (2001), pp. 789-798

[Thy_08/D]   K. Thydén, "Microstructural Degradation of Ni-YSZ Anodes for Solid Oxide Fuel Cells", Risø National Laboratory, Dissertation (2008)

[Tie_00]   F. Tietz, F.J. Dias, D. Simwonis, D. Stöver, J. Eur. Ceram. Soc. 20, (2000), pp. 1023-1034

[Tik_06]   N.M. Tikekar, T.J. Armstrong, A.V. Virkar, J. Electrochem. Soc. 153 (4), (2006), pp. A654-A663

[Tu_04]   H. Tu, U. Stimming, J. Power Sources 127, (2004), pp. 284-293

[Ueh_87]   T. Uehara, K. Koto, F. Kanamru, H. Horiuchi, Solid State Ionics 23, (1987), pp. 137-143

[Vas_01]   R. Vaßen, D. Simwonis, D. Stöver, J. Mater. Sci. 36, (2001), pp. 147-151

[Vir_00]   A.V. Virkar, J. Chen, C.W. Tanner, J.W. Kim, Solid State Ionics 131, (2000), pp. 189-198

[Voi_04]   C. Voisard, International Journal of applied ceramic technology 1 (1), (2004), pp. 31-38

[Wagn_33]   C. Wagner, Z. physikal. Chem. (B), 21 (1/2), (1933), pp. 25-41

[Wagn_36]   C. Wagner, Z. physikal. Chem. (B) 32 (6), (1936), pp. 447-462

[Wagn_38]   C. Wagner, K. Grünewald, Z. physikal. Chem. (B), 40 (6), (1938), pp. 455-475

[Wagn_61]   C. Wagner, Z. Electrochem. 65 (7/8), (1961), pp. 581-591

[Wag_02/D]   R. Wagner, Edelmetalle auf Rhenium-Oberflächen, Freie Universität Berlin, Dissertation, (2002)

[Wald_05]   D. Waldbillig, A. Wood, D.G. Ivey, J. Power Sources 145, (2005), pp. 206-215

[Wald_07]   D. Waldbillig, A. Wood, D.G. Ivey, J. Electrochem. Soc. 154 (2), (2007), pp. B133-B138

[Wan_01]   X. Wang, N. Nakagawa, K. Kato, J. Electrochem. Soc. 148 (6), (2001),

	pp. A565-A569
[Wa_06]	Y. Wang, M.E. Walter, K. Sabolsky, M.M. Seabaugh, Solid State Ionics 177, (2006), pp. 1517-1527
[Weis_62]	J. Weissbart, R. Ruka, J. Electrochem. Soc. 109 (8), (1962), pp. 723-726
[Wul_08]	Z. Wuillemin, A. Müller, A. Nakajo, N. Autissier, S. Diethelm, M. Molinelli, J. Van Herle, D. Favrat, „Investigation of local electrochemical performance and local degradation in an operating Solid Oxide Fuel Cell", (2008), pp. B1009
[Yas_98]	I. Yasuda, M. Hishinuma, "Electrical conductivity, dimensional instability and internal stresses of CeO_2-Gd_2O_3 solid solutions", Ionic and mixed conducting ceramics 3, Electrochemical Society Proceedings 97-24, (1998), pp. 178-187
[Yoko_97]	H. Yokoyama, A. Miyahara, S.E. Veyo, „Verification test of a 25kW class SOFC cogeneration system", Electrochemical proceedings, Volume 97-18, (1997), pp. 94-103
[Yok_03]	H. Yokokawa, T. Horita, Cathodes, in S.C. Singhal, K. Kendall, High temperature Solid Oxide Fuel Cells – Fundamentals, Design and Applications, Elsevier (2003)
[Yok_04]	H. Yokokawa, T. Horita, N. Sakai, K. Yamaji, M.E. Brito, Y.-P. Xiong, H. Kishimoto, Solid State Ionics 174, (2004), pp. 205-221
[Yok_08]	H. Yokokawa, H. Tu, B. Iwanschitz, A. Mai, J. Power Sources 182 (2008), pp. 400-412
[You_07]	J.L.Young, V. Vedahara, S. Kung, S. Xia, V.I. Briss, ECS Transactions 7(1), (2007), pp. 1511-1519
[Yu_07]	J.H. Yu, G.W. Park, S. Lee, S.K. Woo, J. Power Sources 163, (2007), pp. 926-932
[Zah_04]	R.A. Zahoransky, Energietechnik, 2. Auflage, Vieweg, (2004), p231-257, ISBN: 3-528-13925-0
[Zhu_03]	W.Z. Zhu, S.C. Deevi, Materials Science and Engineering A362 (2003), pp. 228-239

Danksagung

Die Doktorarbeit entstand während meiner Tätigkeit bei der *Hexis AG* im Rahmen des schweizerischen SOF-CH Projektes und wurde von *swisselectric research* und dem *Schweizer Bundesamt für Energie* finanziert.

Zunächst möchte ich mich bei meinem Doktorvater Herrn Prof. Dr.-Ing. Michael Schütze für die stets konstruktive und kompetente Betreuung meiner Dissertation ganz herzlich bedanken. Der nächste Dank geht an Dr.-Ing. Alexander Schuler (Geschäftsführer der *Hexis AG*) durch dessen Engagement diese Arbeit maßgeblich ermöglicht wurde.

Mein besonderer Dank geht an meinen Betreuer bei der *Hexis AG*, Dr. Andreas Mai für dessen hervorragende Betreuung. Die zahlreichen Diskussionen und Anregungen haben maßgeblich zum Gelingen dieser Arbeit beigetragen.

Während meiner Doktorarbeit konnte ich mich auf die Unterstützung des *Hexis* Teams verlassen. Dafür möchte ich mich recht herzlich bei allen Mitarbeitern bedanken. Mein besonderer Dank gilt Herrn Thomas Gamper für seine stets unkomplizierte Unterstützung bei technischen Problemen aller Art, Ueli Weissen und Heinz Waterkamp für die alltägliche Unterstützung im Labor, Martin Liechti für die administrative Hilfe, sowie Roman Kruschwitz, Roland Denzler, Hanspeter Kuratli und Dirk Haberstock für die Unterstützung beim Aufbau der Messapparaturen.

Ein weiterer besonderer Dank geht an Prof. Dr. Thomas Hocker (*ZHAW*) und Dr. Lorenz Holzer (*EMPA*) für die hervorragende Mitarbeit am Mikrostrukturmodell. Die zahlreichen angeregten Diskussionen haben mir sehr geholfen und zum gelingen der Arbeit beigetragen. Ich hoffe deshalb, dass wir die Zusammenarbeit auch in Zukunft fortsetzten können.

Herrn Prof. Dr. rer. nat. Rainer Telle (*RWTH Aachen*) möchte ich für die unkomplizierte Übernahme des Co-Referenten, das große Interesse an meiner Arbeit und seinen fachlichen Anmerkungen danken.

Einen ganz herzlichen Dank auch an meine externen Korrektoren Dr. Peter Holtappels (*DTU*), Dr. Kaspar Honegger, Dr. Klaus-Michael Mangold (*DECHEMA*) und Herrn Johannes Iwanschitz, für das kritische Lesen des Manuskripts und die anschließenden Diskussionen.

Zuletzt möchte ich mich bei meiner Familie für die dauernde Unterstützung bedanken.

i want morebooks!

Buy your books fast and straightforward online - at one of world's fastest growing online book stores! Environmentally sound due to Print-on-Demand technologies.

Buy your books online at
www.get-morebooks.com

Kaufen Sie Ihre Bücher schnell und unkompliziert online – auf einer der am schnellsten wachsenden Buchhandelsplattformen weltweit! Dank Print-On-Demand umwelt- und ressourcenschonend produziert.

Bücher schneller online kaufen
www.morebooks.de

VDM Verlagsservicegesellschaft mbH
Heinrich-Böcking-Str. 6-8   Telefon: +49 681 3720 174   info@vdm-vsg.de
D - 66121 Saarbrücken   Telefax: +49 681 3720 1749   www.vdm-vsg.de

Printed by Books on Demand GmbH, Norderstedt / Germany